电气工程 安装调试 实用技术技能丛书
运行维护

10/0.4kV 供配电系统的施工、运行和维护

芮静康　主编

机械工业出版社

本书共分七章，包括 10/0.4kV 供配电系统概述，10/0.4kV 供配电系统的施工要点，架空线和电缆的敷设，电力变压器及变配电室的施工，电气设备的安装和施工，防雷与接地装置的安装和施工，10/0.4kV 供配电系统的运行和维护。本书内容广泛实用，可操作性强，文字通俗易懂。本书可供电气技术人员在从事电气设备的施工、运行、维护中阅读使用，也可供有关职业院校师生在教学实践中参考。

图书在版编目（CIP）数据

10/0.4kV 供配电系统的施工、运行和维护/芮静康主编．—北京：机械工业出版社，2016.3（2025.4 重印）

（电气工程安装调试运行维护实用技术技能丛书）

ISBN 978-7-111-53261-3

Ⅰ.①1… Ⅱ.①芮… Ⅲ.①供电—电力系统—基本知识　②配电系统—基本知识　Ⅳ.①TM72

中国版本图书馆 CIP 数据核字（2016）第 056523 号

机械工业出版社（北京市百万庄大街 22 号　邮政编码 100037）
策划编辑：张俊红　　　责任编辑：张俊红
责任校对：刘怡丹　　　封面设计：马精明
责任印制：常天培
北京机工印刷厂有限公司印刷
2025 年 4 月第 1 版第 3 次印刷
184mm×260mm・13 印张・321 千字
标准书号：ISBN 978-7-111-53261-3
定价：49.00 元

电话服务　　　　　　　　　　网络服务
客服电话：010-88361066　　　机　工　官　网：www.cmpbook.com
　　　　　010-88379833　　　机　工　官　博：weibo.com/cmp1952
　　　　　010-68326294　　　金　书　网：www.golden-book.com
封底无防伪标均为盗版　　　　机工教育服务网：www.cmpedu.com

前　言

当前，我们的国家正处于改革开放、经济腾飞的伟大转折时代。在这样的大好形势下，我们可以看到电工技术突飞猛进的发展，新技术、新材料、新设备、新工艺层出不穷、日新月异。电子技术、计算机技术以及通信、信息、自动化、控制工程、电力电子、传感器、机器人、机电一体化、遥测遥控等技术及装置已与电力、机械、化工、冶金、交通、航天、建筑、医疗、农业、金融、教育、科研、国防等行业技术及管理融为一体，并成为推动工业发展的核心动力。特别是电气系统，一旦出现故障将会造成不可估量的损失。2003年8月美国、加拿大大面积停电，几乎使整个北美瘫痪。我国2008年南方雪灾，引起大面积停电，造成1110亿元人民币的经济损失，这些都是非常惨痛的教训。

电气系统的先进性、稳定性、可靠性、灵敏性、安全性是缺一不可的，因此电气工作人员必须稳步提高，具有精湛高超的技术技能，崇高的职业道德以及对专业工作认真负责、兢兢业业、精益求精的执业作风。

随着技术的进步、经济体制的改革、用人机制的变革及市场需求的不断变化，对电气工作人员的要求越来越高，技术全面、强（电）弱（电）精通、精通技术的管理型电气工作人员成为用人单位的第一需求，为此，我们组织编写了《电气工程安装调试运行维护实用技术技能丛书》。

编写本丛书的目的，首先是帮助读者在较短的时间里掌握电气工程的各项实际工作技术技能，使院校毕业的学生尽快地在工程中能够解决工程实际设计、安装、调试、运行、维护、检修以及工程质量管理、监督、安全生产、成本核算、施工组织等技术问题；其次是为工科院校电气工程及自动化专业提供一套实践读物，亦可供学生自学及今后就业参考；第三是技术公开，做好电气工程技术技能的传、帮、带的交接工作，每个作者都是将个人几十年从事电气技术工作的经验、技术、技能毫无保留，公之于众，造福社会；第四是为刚刚走上工作岗位的电气工程及自动化专业的大学生尽快适应岗位要求提供一个自学教程，以便尽快完成从大学生到工程师的过渡。

本丛书汇集了众多实践经验极为丰富、理论知识精通扎实、能够将科研成果转化为实践、能够解决工程实践难题的资深高工、教授、技师承担编写工作，他们分别来自设计单位、安装单位、工矿企业、高等院校、通信单位、供电公司、生产现场、监理单位、技术监督部门等。他们将电气工程及自动化工程中设计、安装、调试、运行、维护、检修、保养和安全技术、读图技能、施工组织、预算编制、质量管理监督、计算机应用等实践技术技能，以及实践经验、绝活窍门，由浅入深、由易至难、由简单到复杂、由强电到弱电进行了详细的论述，供广大读者特别是青年工人和电气工程及自动化专业的学生们学习、模仿、参考，以期在技术技能上取得更大的成绩和进步。

本丛书的特点是实用性强，可操作性强，通用性强。但需要说明，本丛书讲述的技术技能及方法不是唯一的，也可能不是最先进、最科学的，然而按照本丛书讲述的方法，一定能将各种工程，包括复杂且难度大的工程顺利圆满地完成。读者及青年朋友们在遇到技术难题时，只需翻阅相关分册的内容便可找到解决难题的办法。

从事电气工作这个特殊的职业，从前述分析可以得知电气工程及自动化工程的特点，主要是：安全性强，这是万万不容忽视的；专业理论性强，涉及自动控制、通信网络、自动检测及复杂的控制系统；从业人员文化层次较高；技术技能难度较大，理论与实践联系紧密；工程现场条件局限性大，环境特殊，如易燃、易爆等；涉及相关专业广，如机、钳、焊、铆、吊装、运输等；节能指标要求严格；系统性、严密性、可靠性、稳定性要求严密，从始至终不得放松；最后一条是法令性强，规程、规范、标准多，有150多种。电气工作人员除了技术技能的要求外，最重要的一条则是职业道德和敬业精神。只有高超的技术技能与高尚的职业道德、崇高的敬业精神结合起来，才能保证电力系统及自动化系统的安全运行及其先进性、稳定性、可靠性、灵敏性和安全性。

因此，作为电气工程工作人员，特别是刚刚进入这个行业的年轻人，应该加强电工技术技能的学习和锻炼，深入实践，不怕吃苦、不怕受累；同时应加强电工理论知识的学习，并与实践紧密结合，提高技术水平，在工程实践中加强职业道德的修养，加强和规范作业执业行为，才能成为电气行业的技术高手。

在国家经济高速发展的过程中，作为一名电气工作者肩负着非常重要的责任。国家宏观调控的重要目标就是要全面贯彻落实科学发展观，加快建设资源节约型、环境友好型社会，把节能减排作为调整经济结构、转变增长方式的突破口。在电气工程、自动化工程及其系统的每个环节和细节里，每个电气工作者只要能够尽心尽责，兢兢业业，确保安装调试的质量，做好运行维护工作，就能够减少工程费用，减小事故频率，降低运行成本，削减维护开支；就能确保电气系统的安全、稳定、可靠运行。电气工作人员便为节能减排、促进低碳经济发展，保增长、保民生、促稳定做出巨大的贡献。

在这中华民族腾飞的时代里，每个人都有发展和取得成功的机遇，倘若这套《电气工程安装调试运行维护实用技术技能丛书》能为您提供有益的帮助和支持，我们全体作者将会感到万分欣慰和满足。祝本丛书的所有读者，在通往电工技术技能职业高峰的道路上，乘风破浪、一帆风顺、马到成功。

本书由芮静康先生担任主编，中国石化工程建设公司副总工程师、电气高级工程师袁学群，北京海博智能电气防火科技有限公司总工程师张燕杰教授和邬川京担任副主编。参加编写的有黄旭、王财、张白帆、关肇、李恒、杨龙山、师省委、贾淑兰、陈晓峰、陈洁、屠姝姝、呼志华、杨晓玲、刘彦彬、田慧君、刘学俭、王梅、李志展等。

本书提供的图纸和数据可在设计、安装、施工、运行、维修时参考，但产品生产和工程施工应以设计图样为准，特向读者表示歉意。

由于作者水平有限，书中错漏之处在所难免，恳请广大读者和专业同仁批评指正。

作者于北京

2016 年 4 月

目 录

前言
第一章 10/0.4kV 供配电系统概述 ……… 1
第一节 10kV 配电系统变配电所主接线 …… 1
第二节 低压供配电系统 …………………… 2
一、接地方式的概况 …………………… 2
二、供配电系统的方式 ………………… 4
第二章 10/0.4kV 供配电系统的施工要点 …………………………………… 12
第一节 供配电系统的施工内容 …………… 12
一、架空线路和电缆敷设的施工内容 …… 12
二、变压器的安装和变配电室的施工内容 …………………………………… 12
三、低压配电系统的施工和用电设备的安装施工内容 ………………………… 13
四、防雷、接地装置的施工内容 ……… 14
第二节 供配电系统的施工控制要点 ……… 14
一、架空线路及变压器安装的施工控制要点 …………………………………… 14
二、配电柜的安装、电缆敷设、母线安装的施工控制要点 ………………… 16
三、照明系统的施工控制要点 ………… 19
四、用电设备安装的施工控制要点 …… 24
五、防雷、接地装置安装的施工控制要点 …………………………………… 27
第三章 架空线和电缆的敷设 ……………… 28
第一节 架空配电线路的敷设 ……………… 28
一、架空线路的一般要求及规定 ……… 28
二、电杆基坑的施工 …………………… 39
三、电杆组立的施工 …………………… 40
四、拉线安装 …………………………… 43
五、导线架设 …………………………… 46
六、导线连接 …………………………… 48

七、接户线安装 ………………………… 49
第二节 电缆的敷设 ………………………… 51
一、电缆敷设前的准备 ………………… 51
二、电缆敷设 …………………………… 52
三、电缆终端和接头的制作 …………… 63
第四章 电力变压器及变配电室的施工 …………………………………… 70
第一节 变压器的安装 ……………………… 70
一、安装电力变压器的基本要求 ……… 70
二、变压器安装前的准备工作 ………… 70
三、电力变压器的安装 ………………… 74
第二节 变配电室的施工 …………………… 77
一、电站的施工 ………………………… 77
二、配电室的施工 ……………………… 81
第五章 电气设备的安装和施工 …………… 95
第一节 高压电器的安装和施工 …………… 95
一、断路器的安装和施工 ……………… 95
二、其他高压电器的安装和施工 ……… 102
第二节 低压电器的安装和施工 …………… 106
第三节 电机的安装和施工 ………………… 111
第四节 照明系统的安装和施工 …………… 116
第六章 防雷与接地装置的安装和施工 …………………………………… 121
第一节 防雷装置的安装和施工 …………… 121
一、建筑防雷 …………………………… 121
二、防雷装置 …………………………… 128
三、防雷击电磁脉冲 …………………… 130
第二节 接地装置的安装和施工 …………… 132
一、电气装置的接地 …………………… 132
二、特殊接地 …………………………… 137
三、智能建筑的接地 …………………… 142
第三节 接零 ………………………………… 154

一、接零的定义 ……………………… 154
二、接零的有关要求 ………………… 154
三、低压配电系统的接地形式 ……… 155
四、低压配电系统接地故障保护的
　　要求 ……………………………… 156
五、零线（N）、保护线（PE）及保护
　　中性线（PEN）的选择 ………… 156
六、接地、接零保护中应注意的问题 …… 158

第七章　10/0.4kV 供配电系统的运行和维护 ………………………………… 159
第一节　变压器的运行和维护 ………… 159
　一、变压器的检查周期 ……………… 159
　二、变压器巡视检查内容 …………… 159
　三、变压器的运行 …………………… 160

四、变压器的故障和修理 …………… 164
五、干式电力变压器的设备检验及安装
　　验收 ……………………………… 169
六、干式电力变压器的运行及维护 …… 172
第二节　输配电线路的运行和维护 …… 180
　一、输配电线路的运行 ……………… 180
　二、输配电线路的故障和检修 ……… 183
第三节　变配电室、高低压配电装置的运行和
　　　　维护 ………………………… 188
　一、变配电室的运行和值班 ………… 189
　二、高低压配电装置的运行 ………… 191
　三、高低压配电装置的故障与检修 …… 195

参考文献 …………………………………… 202

第一章　10/0.4kV 供配电系统概述

第一节　10kV 配电系统变配电所主接线

1. 10kV 一路配电系统

一路电源供电的系统，一般只适用 3 类负荷的用户。这种供电方式，一次接线简单，设备费用低，可用电缆进线，也可用架空进线，如图 1-1 所示。图中是手车柜式一路电源供电系统图。

一路配电系统维护简单，操作方便，但检修需要全部停电。因此不适宜重要负荷。

2. 10kV 两路配电系统

10kV 两路电源配电系统分为单母线不分段配电系统、单母线用隔离开关分段的配电系统、单母线用断路器分段的配电系统。

两路电源配电系统，一般适用于 1 类、2 类负荷或用电量超过 10000kVA 的用户。

图 1-2 是手车柜式 10kV 两路配电系统图。

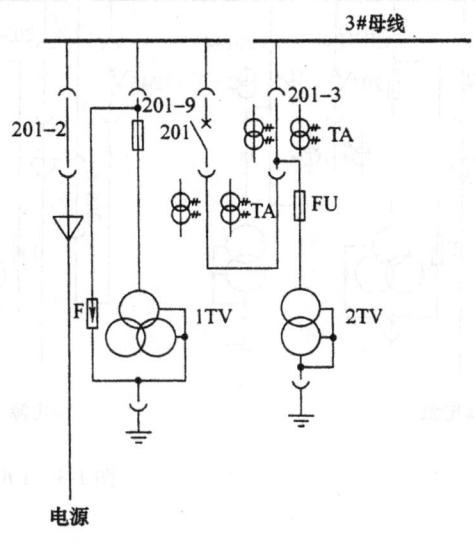

图 1-1　10kV 一路电源配电系统

这种配电系统容量大，适用于配电回路多的变电站。其供电经济、合理，可靠性高，运行操作灵活性大；但投资较高，操作步骤复杂，占地面积较大。

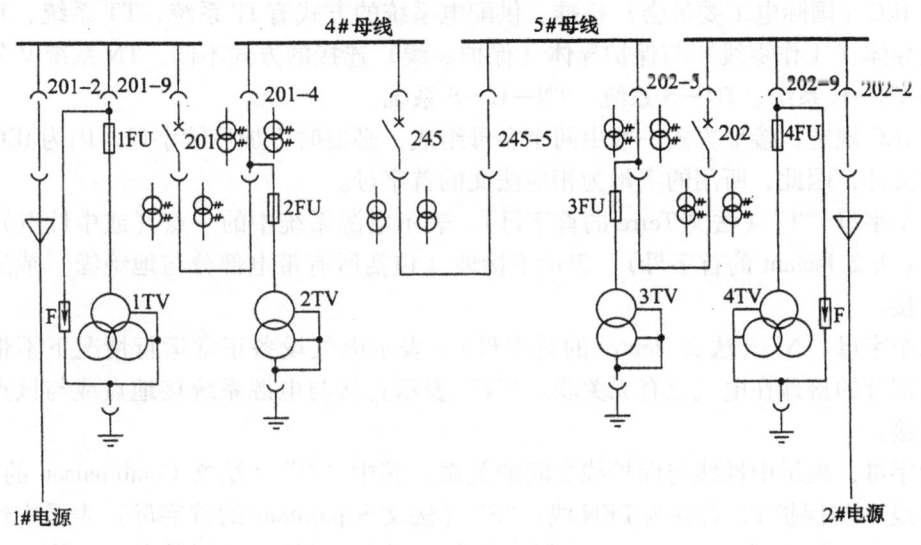

图 1-2　10kV 两路电源配电系统

3. 10kV 三路配电系统

图 1-3 为 10kV 三路配电系统。这种配电系统适用于 1 类、2 类负荷的大用户。可满足

供电经济、可靠、安全、合理的要求；运行操作灵活，可根据负荷情况，改变运行方案。但投资大，操作步骤复杂，占地面积和建设面积大。给1类负荷供电时，还应配备备用发电机或大容量UPS（不间断电源装置）。

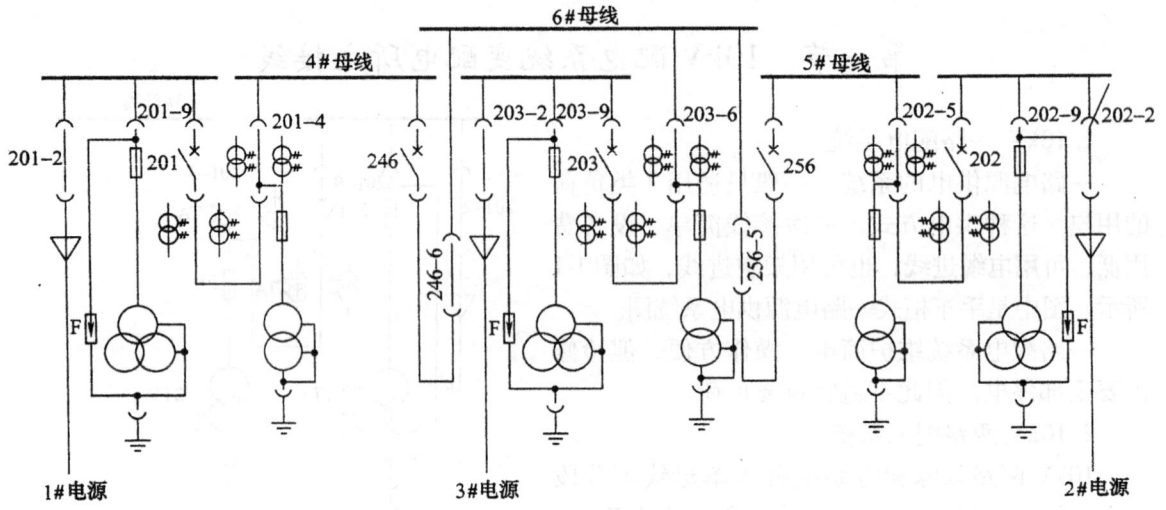

图1-3　10kV三路电源配电系统

第二节　低压供配电系统

一、接地方式的概况

根据IEC（国际电工委员会）标准，供配电系统的方式有IT系统、TT系统、TN系统。根据中性导体（工作零线）与保护导体（保护零线）连接的方式不同，TN系统又分为三种形式，即TN—C系统、TN—S系统、TN—C—S系统。

按照IEC规定，接地方式一般由两个字母组成，必要时可加后续字母。因为IEC以法文作为正式文件，因此，所用的字母为相应法文的首字母。

第一个字母"T"（法文Terre的首字母），表示电源系统中的一点（或中性点）直接接地；"I"（法文Isolant的首字母），表示不接地（包括所有带电部分与地绝缘）或通过阻抗与大地连接。

第二个字母"N"（法文Neutre的首字母），表示电气设备正常运行情况下不带电的外露可导电部分的接地在电气上有无关联。"N"表示直接与电源系统接地点或与该点引出的导体相连接。

后续字母，表示中性线与保护线之间的关系，其中"C"（法文Combinaison的首字母）表示中性线N与保护PE合并为PEN线；"S"（法文Separateur的首字母）表示中性线与保护线分开；C—S表示在电源侧（变压器二次侧）为PEN线，以后从某点（某一配电柜）分开为N和PE线。

在几个工业发达的国家内，完全按照IEC标准，划分接地方式，并制定相应的规程，如德国电气工程师协会VDE规程、法国电气联合会（UTE）规程、英国电气工程师学会

(IEE)规程、美国国家电气规程(NEC)、日本电气学会(JEAC)法规和瑞典电工委员会(SEN)法规,分为接地系统(主要为TT系统,但也述及TN系统)和不接地系统(IT系统)。

我国供配电系统的接地制式,已与IEC接轨。

保护接地线PE线的颜色,我国过去生产的电工产品,都以黑色为标志,这种标志已作废。现在已执行IEC标准,采用的黄、绿双色绝缘线即黄绿相间色。但目前也有部分国家,如日本、西欧一些国家的公司,采用单一绿色作为保护接地线PE。

保护接地线PE截面积的选择,据JGJ/T 16—2008《民用建筑电气设计规范》中规定,最小截面积见表1-1。

GB 50168—2006《电路线缆施工及验收规范》中规定见表1-2。

表1-1 PE线的最小截面积(mm^2)

装置的相线截面积 S_ϕ	PE线的最小截面积 S_{PE}
$S_\phi \leq 16$	$S_{PE} \leq 16$
$16 < S_\phi \leq 35$	16
$S_\phi > 35$	$S_\phi/2$

表1-2 电缆终端接地线截面积(mm^2)

电缆截面积	接地线截面积
≤120	16
≥150	25

从表1-2来看,比表1-1值要小,即《施工规范》比《设计规范》所取的接地线截面积要小,如何把两者统一起来?可参考德国标准DIN VDE 0100第540部分,对此说明见表1-3。

表1-3 保护线或PEN线和单独敷设的保护线截面积的选取(mm^2)

相线截面积	保护线或PEN线		单独敷设的保护线截面积	
	绝缘电力导线	0.6kV/1kV四芯电缆	防护式(Cu)	非防护式
35	16	16	16	16
50	25	25	25	25
70	35	35	35	35
95	50	50	50	50
120	70	70	50	50
150	70	70	50	50
185	95	95	50	50
240	—	120	50	50
300	—	150	50	50
400	—	185	50	50

从表1-3可看出,对0.6kV/1kV电缆及绝缘导线,截面积在$35mm^2$及以上,PE线的截面积为相线截面积的1/2。当相线为$35\sim70mm^2$时单独敷设的PE线的截面积为相线的1/2;相线截面积为$95mm^2$及以上时,PE线截面积为$50mm^2$。

根据德国标准,并对照我国标准,可理解为,表1-1适用于电缆的PE芯线的截面积选取;表1-2适用于单独敷设的PE线(表1-2与德国标准相比小一档,实际施工时,可适当向德国标准靠拢)。

选取 PE 线的截面积时，必须考虑机械强度、热稳定，在地下部分还要考虑腐蚀。选取 PE 线截面积时应注意：

（1）当 PE 线是不与相线在同一电缆中的芯线或是不与相线在同一外护物（例如钢管）内的绝缘线时，其 PE 线的最小截面积应不小于：有机械保护的为 2.5mm² （铜线）；没有机械保护的为 4mm²（铜线）。

（2）当 PE 线与截面积不大于 2.5mm² 的相线安装在同一电缆、护套内时，其截面积与相线截面积相等。

（3）对于架空和悬挂的 PE 线，可根据其类型及敷设跨度截面积应适当加大。在有冰雪和大风的环境内，截面积相应增大。

（4）PE 线一般不需要绝缘，只有用于电压故障保护的接地线必须绝缘，避免与其他 PE 线任何外露可导电部分及外部可导电部分相接触而使电压敏感元件遭受到难以发现的短路。

二、供配电系统的方式

（一）TN—S 系统

TN—S 系统，即通常所说的三相五线制系统，如图 1-4 所示。该系统规定中性线 N 与保护接地零线 PE 分开，N 线仅在供电变压器二次绕组中性点处接地，其接地电阻小于 4Ω，此外 N 线对地是绝缘的。保护接地零线 PE 是为满足某些防护需要，而用来与外露可导电部分、外界可导电部分、接地端子、接地极、电源接地点或人工接地点，作电气连接的导体。中性线 N 中，仅流过系统中的不平衡电流及 L 线与 N 线短路时的单相短路电流，而对于设备金属外壳及地短路时的故障电流，则流经 PE 线。

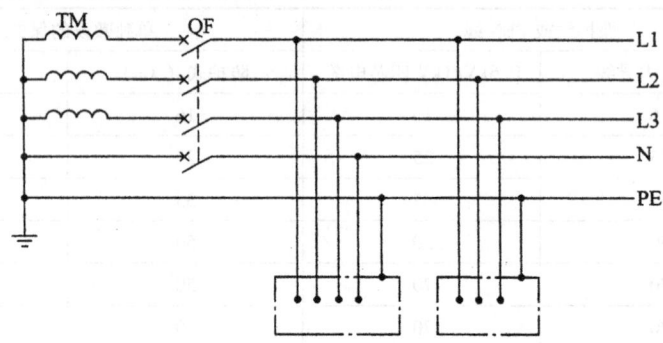

图 1-4 TN—S 系统

由于 TN—S 系统的 PE 线和建筑物处于等电位连接，因此，可减少杂散电流、谐波电流等，以及这些电流产生的压降对电子设备的干扰。TN—S 系统适用于数据处理和精密电子仪器设备的供电，也可用于防爆危险的环境中，装有漏电开关的用电设备。在民用建筑内部，家用电器大都有单独接地点的插头，采用 TN—S 系统供电，既方便又安全。但 TN—S 系统不能解决相线对大地短路引起电压升高和对地故障电压蔓延问题。

目前在我国 380V/220V 供配电系统中，特别是在计算机设备、大型晶闸管设备、通信网络负荷中，TN—S 供配电系统被广泛应用。但在应用中，由于设计、安装不规范，则在运行中出现了一些问题。

1. TN—S 的接线

TN—S 系统正确的接线如图 1-4 所示。

国家标准（GB 14050）规定 TN—S 系统接地方式中：T—电源端有一点直接接地；N—电气装置的外露可导电部分与电源端接地点有直接电气连接；S—中性导体和保护导体是分开的。从规定中可知：PE 线和 N 线应直接接变压器中性点再接地。在 TN—S 系统中，只有在此处，PE 线和 N 线是接在一起的，其他无论在任何地方，PE 线和 N 线都应是绝缘的。因此，要求竣工验收时，应把该点解开，测量 PE 线和 N 线间的绝缘，其绝缘电阻值应和其他相间绝缘电阻值一样，合格后，再把该点接上。如绝缘不合格，就把该点接上，那就又形成了 TN—C 系统了。这其中也是漏电开关合不上闸的原因之一。

甚至有人在安装时，把变压器的中性点接入接地极的接地网 E 上，而把配电屏中的 PE 主母线排也单独接入接地极的接地网 E 上，使 PE 主母线通过接地扁钢和变压器中性点连接。实际上，这已形成了 TT 系统，而不是 TN—S 系统了，如图1-5所示。

因此，建议设计、安装订货时，应要求配电屏生产厂家，把主电源开关配电屏内 PE 主母线排和 N 主母线排用可拆卸的连接母线连接起来。连接母线的材料、截面积应和 N 母线排一样。如主电源开关是 4 极开关，PE 母线排应接在主电源开关的上口，与 N 母线排处连接如图 1-6 所示。

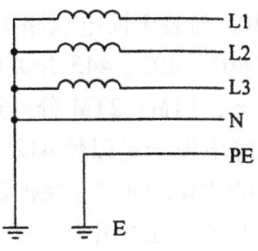

图 1-5　TN—S 的错误接线

以上所述情况，往往都是设计图交代不清，该画详图的没画详图，形成安装者自作主张随意安装造成的。再者，由于技术人员对 IT、TT、TN—C、TN—S、TN—C—S 各种接地方式的认识、理解不一致，造成技术上的混乱。

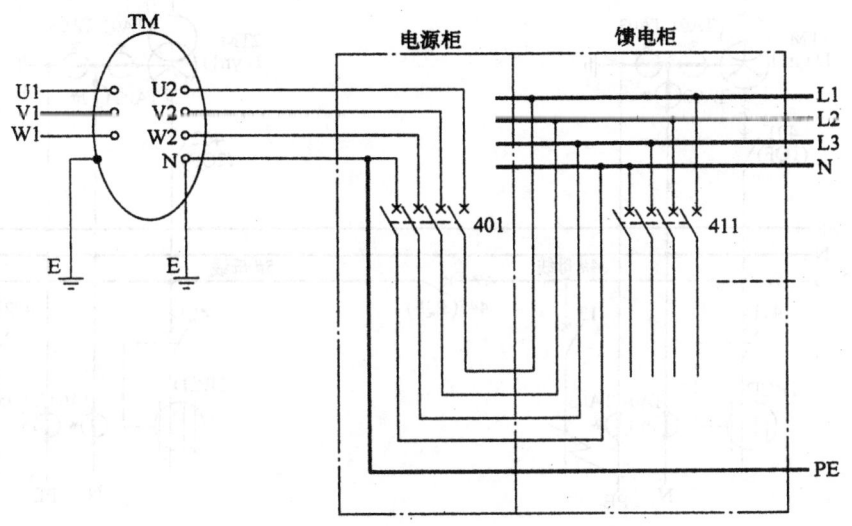

图 1-6　TN—S 接地制式 PE 主母线的接法

2. 关于 4 极开关

4 极开关在 IEC 和国家标准中，没有明确规定在什么情况下必须使用，在什么情况下可以不用。因此，在设计、安装、竣工验收中，众说不一。甚至应该使用时，有人也不同意使用，理由是怕产生断零问题。当然，断零问题同断相问题同样重要，甚至在单相负荷中，特别是照明负荷中，断零比断相还严重。但断零问题并不是因为使用了4极开关造成的，而是因为使用不合理造成的。至于4极开关本身，生产厂家既然能保证3极开关不会产生断相问题，就一定能保证4极开关也不会产生断零问题。过去曾经发生过的断零问题，是由于使用不当造成的，例如：有的单位在TN—S系统中，用3极开关控制L1、L2、L3三相电源，而用交流接触器控制N母线，这当然有可能产生断零问题了。

TN—S系统的应用如图1-7所示（图中：TA01为装于PE主母线上的零序电流互感器，将流过三相不平衡电流和接地故障电流；TA02为装于N主母线上的零序电流互感器，将流过三相不平衡电流；TA03为装于PE主母线上的零序电流互感器，将流过接地故障电流；TA04为装于馈电线路N线上的零序电流互感器，将流过该馈电线路的三相不平衡电流；TA05为装于馈电线路上PE线的零序电流互感器，将流过该馈电线路的接地故障电流）。图中401、402、445开关应考虑装4极开关。如不装4极开关，例如：当445母联开关为断开状态，1TM、2TM分列运行时，如4#母线的馈电线路K点发生单相接地故障时，由于接地故障电流未足以使412开关跳闸，则将使5#母线系统装于PE主母线的TA03或装于N主母线的TA02的零序保护误动作，使402开关跳闸，造成大面积停电。如445母联开关装了4极开关，在断开状态下，同时也断开了4#母线和5#母线的主母线N，以上现象就不会发生了。如果PE主母线或N主母线都没有装零序保护，以上故障将使5#母线供配电系统的用电设备的金属外露可导电部分存有危险的电压。在TN—S系统中，为了电源主开关（如401、402开关）起到漏电保护作用，因此，在1TM、2TM配电变压器二次出口PE主母线上都装有零序电流保护（如图1-7中的TA03）。也有的装于N主母线上的（如图1-7中的TA02），但此时漏电电流$I_{\Delta n}$不好整定，因为正常的三相不平衡电流不好确定。

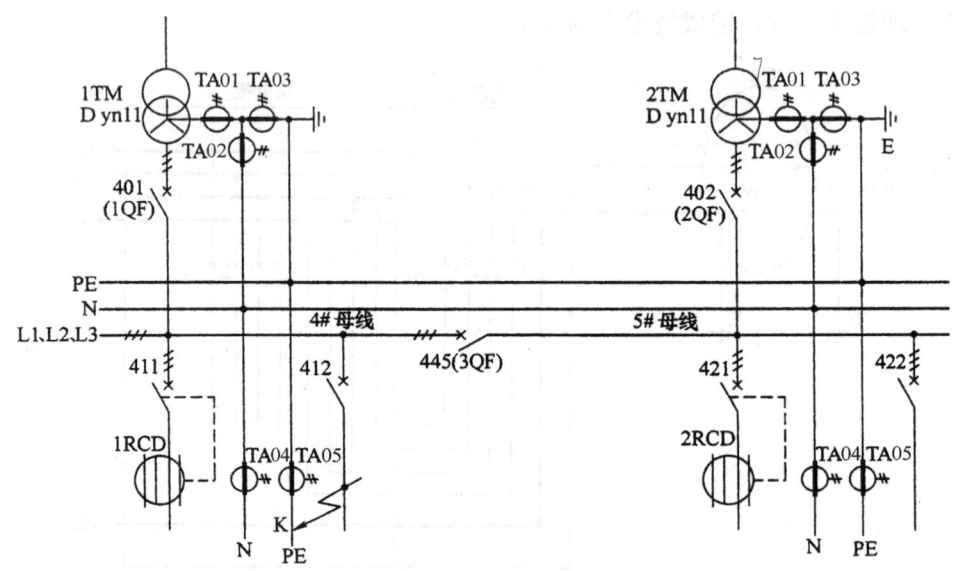

图1-7 TN—S系统的应用

3. TN—S系统的保护

IT、TT、TN—C、TN—S、TN—C—S供电系统的速断保护（短路保护）、过电流保护（过载保护）基本都是一样的，一般都是由断路器内所装的电磁脱扣器、热脱扣器来完成的。所不一样的是接地故障保护不同，而接地故障又是380V/220V供电系统的用电设备与人接触机会最多，将直接影响人身生命安全和设备安全，所以，这部分安全是不容忽视的。

（1）TN—S供配电系统中，能够最大发挥TN—S系统的特点的，是在PE主母线上装设零序电流互感器作为主电源开关的漏电保护装置，在小容量的馈电线路装设漏电开关，也只有这样，TN—S系统才能发挥最大作用。但目前有些供配电系统中，采用的是TN—S系统，既不装零序电流保护，也不装漏电保护装置，这在接地故障保护方面几乎和TN—C系统没什么两样了。

当其中有一相对设备外壳发生单相接地时，则在故障相和PE线之间形成一个较大的短路电流，促使电源开关的速断或过电流保护装置动作，使开关跳闸，达到接地故障保护的目的。

但是，无论TN—C系统，还是TN—S系统，单相接地故障保护如采取不装零序电流保护和RCD的保护形式，则接地故障保护特性应符合下式要求：

$$Z_s I_a \leqslant U_0$$

式中　Z_s——接地故障回路的阻抗（Ω）；

　　　I_a——保证保护电器在规定的时间内，切断故障回路的电流（A）；

　　　U_0——相线对地标称电压（V）。

《低压配电设计规范》中规定：当过电流保护能满足切断故障回路的时间要求时，即配电线路或仅供给固定式电气设备用电的末端线路不宜大于5s；供电给手握式和移动式电气设备的末端线路或插座回路不应大于0.4s时，宜采用过电流保护兼作接地故障保护。

根据上述情况，接地故障保护，采用短延时过电流脱扣器的断路器作保护比较适宜。

如把TN—S系统接成图1-5的接线形式，使PE主母线通过扁钢去连接变压器中性点，则扁钢较铜母排电阻大得多，发生接地故障时，呈现高的阻抗，使设备外壳呈现危险的电压，而断路器又不易跳闸。

为了保证接地故障时故障回路的阻抗值不致过大，设计变电站内供电主母线时，应考虑PE主母线截面积不应过小。根据JGJ/T 16—2008《民用建筑电气设计规范》规定：在三相四线或二相三线的配电线路中，当用电负荷大部分为单相用电设备时，其N线或PE线的截面积不宜小于相线截面积；以气体放电灯为主要负荷的回路中，N线截面积不应小于相线截面积；采用晶闸管调光的三相四线或二相三线配电线路，其N线或PE线的截面积不应小于相线截面积的2倍。

接地干线的截流量不应小于相线载流量的50%。

大容量晶闸管设备，照明负荷容量大的供电系统的电力变压器，宜采用Dyn11联结，因较之采用Yyn0联结的变压器，具有零序阻抗小、更有利于低压侧单相接地故障的切除和抑制高次谐波电流等优点。

（2）关于零序保护和RCD　图1-7中TA01零序电流互感器装于PE主母线上。当L1、L2、L3某一相对地时，TA01将流过故障电流，则TA01保护装置动作，但是正常运行时，TA01又流过了中性线N电流。当三相不平衡时，将使TA01误动作，因此，整定值不好确定。

TA02装于N主母线上。TA02的零序继电器的保护动作值应躲开正常的三相不平衡电流，但动作灵敏度低。TA02和TA01一样，两台以上变压器的供配电系统，在母联开关445

断开情况下，两台变压器独立运行时，如 445 是三极开关，没有断 N，如一台 TA01 或 TA02，因接地故障动作时，则将使没有故障的一台变压器的 TA01 或 TA02 的保护装置误动作。

所以，TA01、TA02、TA03 的安装方式必须和 4 极开关配合使用，才不致于使另一台变压器的 TA01 或 TA02、TA03 误动作。

TA03 装于 PE 主母线上，TA03 保护装置动作灵敏度和 TA01 一样。

4. 结束语

（1）为了充分发挥 TN—S 系统的特点，设计时，应充分考虑系统的供电情况和负荷性质，选择不同的接地故障保护形式。

（2）在 TN—S 系统中，接地故障的理想保护必须是零序保护、RCD、4 极开关配合使用。

（3）为了确保供电可靠，图 1-7 中的 TA01、TA02、TA03 只能作接地故障的后备保护，主保护应依靠各馈电回路的 RCD 或零序保护装置。

（4）接地故障的后备保护，应采用 TA03 的接线位置。

（5）在没有等电位联结措施的情况下，无论是采用 TN—S，还是 TN—S 加零序保护、加 RCD 都不可能完全排除安全隐患。

（6）在 TN—C—S 系统，漏电开关下端负荷端的 N 线上不要做重复接地。

（二）TN—C 系统

TN—C 系统，即通常所说的三相四线制保护接零接地系统，如图 1-8 所示。

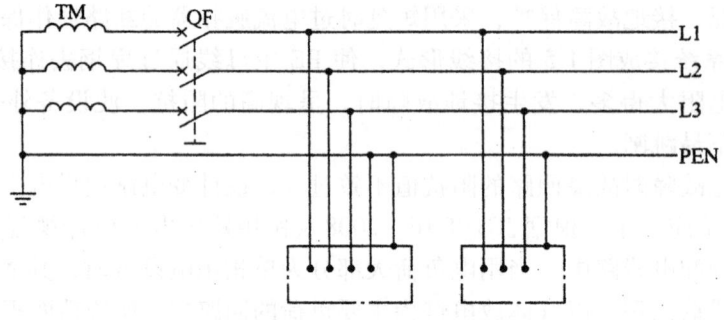

图 1-8　TN—C 系统

在 TN—C 系统中，保护接地线 PE 与中性线 N 合并为 PE 线，具有简单、经济的优点。当发生接地短路故障时，故障电流大，可采用一般过电流继电器切断电源，保证设备、线路安全。但对于单相负荷或三相不平衡负荷以及有谐波电流负荷的线路中，PEN 线有电流流过，所产生的压降呈现在电气设备的金属外壳和线路的金属套管上，对敏感的电子设备有干扰。另外，PEN 线上的微弱电流在爆炸危险环境中也可能引起爆炸。因此，我国《爆炸和火灾危险环境电力设计规范》中明确规定：在爆炸危险环境中，不能采用 TN—C 系统。同时，由于 PEN 线在同一建筑物内往往相互有电气连接，因此，当 PEN 线断线或相线直接与大地短路时，都将呈现相当高的对地故障电压，这时，可能扩大事故范围。

如果采用 TN—C 系统，应做到供电变压器二次绕组中性点必须直接接地，接地电阻不应大于 4Ω；并按规定将零线做重复接地；在 TN—C 系统中，不允许其中任一设备再单独采用保护接地；零线上不得装设开关或断路器；零线的截面积选择，除考虑机械强度外，还必须保证在发生短路故障时，短路电流能达到使保护电器动作的水平。

（三）TN—C—S 系统

TN—C—S 系统如图 1-9 所示。此系统为三相四线制和三相五线制的混用。从供电变压器二次侧送出为三相四线制，PEN 线自 A 点起（A 点一般为供电单位总配电柜的电源进线处），分为中性线 N 和保护地线 PE。N 线和 PE 线分开以后，N 线不可以再次直接接地，也绝对不可以将 N 线与 PE 线直接连接，否则会造成漏电保护装置错误动作。为了防止 PE 线与 N 线混淆，应按国家标准 GB 7947—2010 的规定，PE 线是涂以黄绿相间的色标或黄绿相间的绝缘导线，N 线是涂以浅蓝色色标或浅蓝色的绝缘导线。可见，该系统是由 TN—C 系统到 TN—S 系统的一种过渡系统。

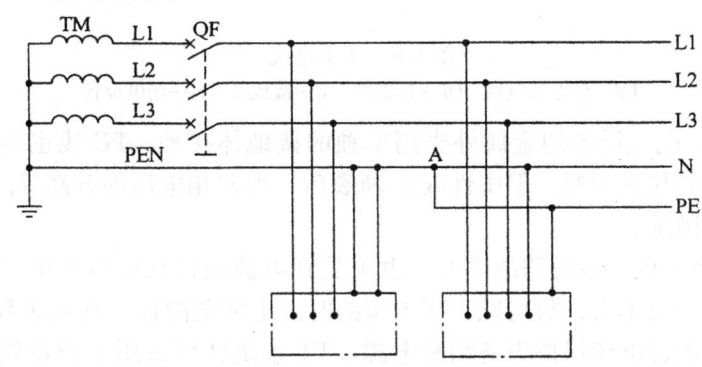

图 1-9　TN—C—S 系统

TN—C—S 是一个广泛采用的供配电系统。在工矿企业中，对电位敏感的电气设备往往设置在线路的末端，而线路前端，大多为固定设备，因此，到了末端改为 TN—S 系统十分有利。

但应注意：TN—C—S 系统的前端不能装有漏电开关，否则漏电开关将误动作。如有漏电开关，PE 线应从漏电开关主触头上端的 PEN 线上取出。在民用建筑中，电源线路采用 TN—C 系统，进入建筑物内，改为 TN—S 系统。这种系统，线路结构简单，又能保证一定的安全水平。在电源侧的 PEN 线上，难免有一定电压降，但对工矿企业的固定设备及作为民用建筑的电源线都没有影响，PEN 分开后，即有了专用保护地线，可以确保 TN—S 系统所具有的优点。

（四）TT 系统

TT 系统（即三相四线制保护接地系统）如图 1-10 所示，TT 系统在供电变压器端必须有一个直接接地点，例如 380V/220V 供配电系统的接地点，一般是供配电变压器二次绕组中性点或发电机的中性点。用电设备端，电气装置内部正常运行情况下不带电的外露可导电部分，和电气设备外部正常运行情况下不带电的可导电部分（即电气设备的金属外壳），也必须接地。

在 TT 供配电系统中，共用同一保护装置保护的所有外露可导电部分，必须用保护线与这些部分共用的接地极相互连接。

TT 系统防止间接电击的具体措施是：当发生单相短路故障时，保证电气设备的外露可导电部分的接触电压不超过安全电压值（即接触电压≤50V），而且保护设备在适当时间内自动切断电源，确保电气安全。

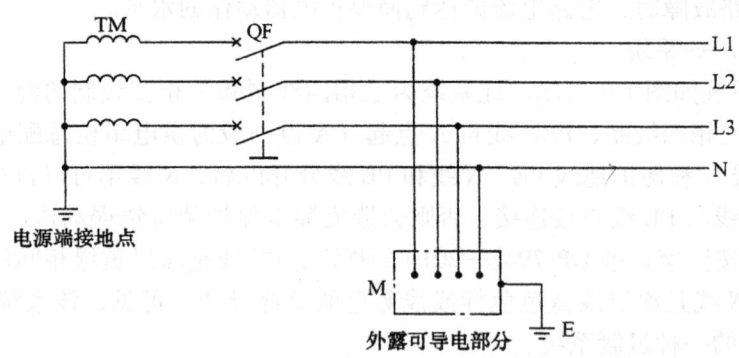

图 1-10　T T 系统

TM—配电变压器　QF—断路器　E—接地线　M—用电设备

在 TT 系统内，电气设备的金属外壳用单独的接地体接地。PE 线也各自独立，不会发生故障时对地故障的蔓延问题。但中性线 N 断裂后，引起相电压的升高等问题和 TN 系统一样，需要采取适当措施。

TT 系统中，当出现对地短路故障时，由于受到电源侧接地电阻和电气设备侧接地电阻的限制，短路电流一般不大，故可减少接地短路时产生的危险性。在大多数情况下，接地故障电流不足以使一般过电流保护设备切断电源。TT 系统特别适用于容量较小分散式供电的电气负荷，例如，对分散式居民平房住宅供电等。此种供电方式必须采用漏电断路器，利用接地故障时的泄漏电流，使漏电断路器动作，切断供电电源以确保人身安全。

（五）IT 系统

IT 系统（即三相三线制中性点不接地系统）如图 1-11 所示。其供配电变压器的中性点不接地或通过 R 接地。用电设备端电气装置内，正常运行情况下，不带电的外露可导电部分和电气设备外，不带电的可导电部分（即设备金属外壳）可直接接地。

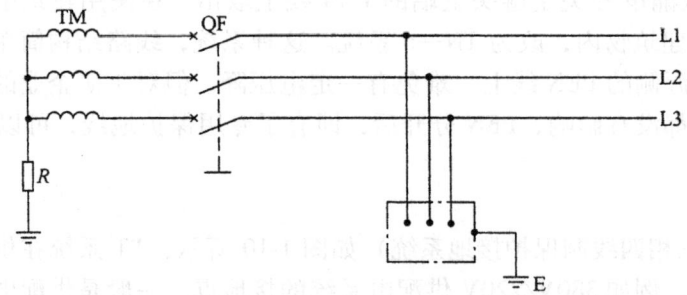

图 1-11　IT 系统

IT 系统防止间接电击的具体措施是：当发生第一次单相接地故障时，保证电气设备的外露可导电部分上的接触电压不应超过安全电压 50V。此时的电力系统仍可继续运行，但应发出声光信号，告知变电所值班人员及时消除故障，以免发生第二次接地故障，否则，将造成电力系统的相间短路。如第一次单相接地故障尚未消除，又发生第二次短路故障时，必须根据不同的接线方式，采用类似 TN 或 TT 系统的防止间接电击的措施，以确保人身和财产安全。

IEC 标准规定，IT 系统不宜配置中性线，因为配置中性线后，当发生第一次故障时，IT 系统将根据电气设备外露导电部分的接地情况，转变为 TN 或 TT 系统。而线路的保护装置，按 IT 系统装置，不能按 TN 或 TT 系统的要求动作，所以非常不安全。如果 IT 系统引出中性线，则在中性线上需要装设过电流检测装置，该装置受到激励时，应将包括中性线在内的所有带电导线从电源断开。如果该中性线短路已受到电源侧保护电器的有效保护，或该回路由漏电断路器保护，且其额定漏电电流不超过该中性线载流量的 0.15 倍时，该装置动作。有时能够将所有带电导线（包括中性线）断开，则可不装设检测设备。

IT 系统相线的绝缘耐压水平应为相电压的 $\sqrt{3}$ 倍。

IT 系统适用于某些不间断供电要求高的场所及对环境有防火、防爆要求的场所，例如医院的手术室。我国 10kV 供配电系统大部分地区采用的是 IT 系统。我国目前实际运行的低压（0.4kV）供电系统，绝大部分（大于 90%）采用 TN—S、TN—C 和 TN—C—S 供电方式；其他方式的低压（0.4kV）供电方式，只适用于特殊用电负载或特殊用电场所。

第二章 10/0.4kV 供配电系统的施工要点

第一节 供配电系统的施工内容

供配电系统（10kV 及以下）的施工内容包括架空线路和电缆的敷设、变压器的安装、变配电室的施工、低压配电系统的施工，以及用电设备的安装防雷、接地装置的施工等几部分。

一、架空线路和电缆敷设的施工内容

（一）架空配电线路的敷设施工内容

架空配电线路是供配电系统的重要组成部分。架空线路系线路架在杆塔上，其构造是由基础、电杆、导线、金具、绝缘子和拉线等组成。架空线路易于架设、运行维护较为简便，因此在供配电系统广泛采用。

架空配电线路施工的主要内容包括：线路测量定位、基础施工、杆顶组装、电杆组立、拉线制作、导线架设、杆上设备安装和进户线安装等。电杆基础包括底盘、卡盘和拉线盘。

架空配电线路的施工质量直接影响用户供电的可靠性，因此，必须严格按照设计要求和施工质量验收规范的要求施工，严格按照操作规程操作，保证施工质量和主要功能。

施工中还必须严格按安全操作规程操作和进行施工，以确保安全。

（二）电缆的敷设施工内容

电力电缆有油浸纸绝缘电缆、橡胶绝缘电缆、聚氯乙烯绝缘电缆、交联聚乙烯绝缘电缆等。电缆由导电线芯、绝缘层及保护层三个主要部分组成。其中导电线芯是用来传输电流；绝缘层是线芯之间、线芯与铅包之间绝缘；保护层是用来对绝缘层密封，避免潮气侵入绝缘层，并保护电缆免受外界损伤。

电力电缆适用于 10kV 及以下输送配电线路的敷设。电缆的敷设有室外和室内敷设两种。室外高、低压电缆进线敷设有三种方式：架空、直埋、电缆沟。在市区内电缆架空敷设禁止使用，后两种使用较多，而电缆沟敷设有利于维护检修。

不同的敷设方式有不同的施工内容，但无论哪种施工方式，施工前都必须进行电缆的选择，正确选择电缆的型号和规格，按照各种电缆的使用特点和相应的施工方式选择电缆的类型。

对于电缆沟敷设方式，其施工内容包括：电缆沟的施工、电缆的敷设、覆盖、进户电缆头的制作和接线等。

高、低压变配电柜内、电缆进出线有三种方式：

（1）电缆由桥架或插接母线上进上出；

（2）电缆由地沟下进下出；

（3）电缆由柜体上方、上入吊顶走天沟敷设上进上出。

二、变压器的安装和变配电室的施工内容

（一）变压器的安装施工内容

电力变压器分油浸变压器和干式变压器两种，其安装方式又分室外和室内安装两类。在

10kV 的供配电系统中越来越多地采用干式电力变压器。变压器的变台又分电杆变台和落地式变台两种，但是目前越来越多地采用落地式变台。在智能建筑中，所采用的干式变压器通常安装在室内，所以要求有良好的通风，通常采用强迫通风方式，并采用自动温度保护装置。目前，较多的小型电站，通常采用干式变压器，而且安装在室外，但采取可靠的保护措施。

变压器安装的内容包括：变压器到施工现场的外观检查、检查试验、变台的施工、变压器吊装、变压器投入运行前的检查和试验。

（二）变配电室（所）的施工内容

变配电室（所）是供配电系统的核心部分，它的重要性是人所共知的。变配电室有永久的和临时的两大类，例如施工期间常常是临时的变配电室，负责施工时的供电，待建设项目完成以后常常是永久性的变配电室。变配电室通常建于供电系统的中心位置，有的是高低压合建于同一室内，有的是高低分建两个变配电室；还有的是高压组建一个变配电室，低压则是分散的，常在占地面积较大的工厂企业中采用，变压器也是分散的，一台变压器配以一个低压配电室；高低压设备集中建设的变配电室常在宾馆、饭店、写字楼等高层建筑中采用，又常建在地下室，又常常将变压器安装在一起。地下变配电室的规模有大有小，有的规模很大，例如北京的国际贸易中心的地下变配电室的规模是非常庞大的，变配电室的规模和供电容量、电压等级有关。

35kV 的系统，通常单独建变电站，相当多的是室外的，而小用户又往往只建低压配电室。

变配电室（所）的建设应根据工程特点、规模和发展规划正确处理近期建设和远期发展的关系，做到远近期结合并考虑扩容的可能性，适当留有裕量，用电指标要向当地主管部门提出申请。变配电室（所）的建设应进行多方案的技术和经济比较，其目的是在对用户负荷等级的分类和变配电室（所）的位置的选择上，变压器容量和台数的确定以及系统主接线上，主要设备造型以及是否设置自备应急发电机等方面作若干个方案及经济比较，建设标准要满足用户需要，同时要符合国情，并体现先进性，不能标准过低，影响安全运行，也不能标准过高，脱离当前实际需要，基本要求是安全适用、技术先进、经济合理、维护管理方便等。

变配电室（所）采用的设备和器材应符合国家或地区有关规定以及行业的产品技术标准，并应优先选用技术先进、经济适用和节能的成套设备和定型产品，不得采用淘汰产品。

变配电室（所）的施工内容包括：所址的选择，土建施工，高压配电柜、低压配电柜、变压器、电容器等设备和器材到场的检查和试验，以及高压配电柜的安装、变压器的安装、低压配电柜的安装，电容器的安装，母线安装和电缆的敷设，一次和二次系统的接线，系统的运行、试验（试运行）等。

三、低压配电系统的施工和用电设备的安装施工内容

低压配电系统是变配电室（所）和用电设备的中间环节，但也有少数用电设备直接由变配电室（所）供电，小型电动机往往由专门的变压器供电，高压电动机又常常直接由高压柜供电。通常的低压配电系统由低压配电间（包括开关柜、动力箱）和电缆或导线组成。在高层建筑中常常在每一层设置一个配电间、宜和弱电综合布线系统分开安装，电缆和导线

安装在竖井内,由每层的配电间向每层的用电设备供电。

在工业企业中,低压配电间向各动力箱供电,再由动力箱向用电设备供电,在动力箱内安装有开关和熔断器,开关负责接通和断开电源,熔断器起短路保护的作用。

(一)低压配电系统的施工内容

低压配电系统分布比较分散,其施工工作量也是很大的。一般来说,技术复杂程度不太高,低压配电间常常不设值班人员。

低压配电系统的施工内容,包括低压配电间的选址、低压配电间的施工,布线(又包括和供电电源间的布线,以及向用电设备的动力箱和开关板布线),接线(包括在变配电室接线,低压配电间供电端接线和输出端接线,以及在用电设备的动力箱和开关板接线),标牌设置(标明向哪一用电设备供电),以及保护电器的选择和整定(如熔断器熔体的选择与安装)。

(二)用电设备供电的施工内容

用电设备供电的施工和用电设备情况有关。

对于机电企业,施工内容包括车、铣、刨、磨、钻、镗、插等机械设备的供电施工,例如从车间动力箱给一台C620车床供电,一般要在地上挖沟,用电线管(要用气焊将电线管弯曲),再在电源管内穿线,在动力箱内接线,另一端和C620车床电源接线板或总电源开关接线,并应做电源护头进行保护。企业内也有较大容量的设备,如空压机,有许多单位有空压机房,要采用较大容量的动力柜供电,也有采用单独的变压器供电。企业内有各种用电负荷,而且比较分散,必须进行规划,再进行统一的施工。

对于智能建筑,施工内容包括各楼层照明系统的施工,以及空调机房供电施工、采暖和泵房供电施工、电梯系统供电施工、交换机房供电施工、广播电视机房供电施工、监控中心和消防中心供电施工、通风机房供电施工、水泵房供电施工等。

四、防雷、接地装置的施工内容

(一)防雷装置的施工内容

各类防雷建筑物应采取防直击雷和防雷电波侵入的措施,装有防雷装置的建筑物,在防雷装置与其他设施和建筑物内人员无法隔离的情况下,应采取等电位连接。

防雷装置施工内容包括接闪器的施工、引下线的施工和接地装置的施工三部分。

(二)接地装置的施工内容

接地装置的安装应按已批准的设计进行施工,采用的器材应符合国家标准的规定,施工中的安全技术措施应符合现行规范的规定。接地装置的安装应配合建筑工程的施工,隐蔽部分必须在覆盖前施工并会同有关单位做好中间检查及验收记录,接地装置的施工及验收必须按照国家标准和现行的规范进行。

接地装置的施工内容包括接地装置的选择、接地体的安装、接地线的敷设、接地体(线)的连接、避雷针(线、带、网)的接地施工、工程交接验收等。

第二节 供配电系统的施工控制要点

一、架空线路及变压器安装的施工控制要点

(一)架空线路及杆上电气设备安装的施工控制要点

架空线路及杆上电气设备安装的施工控制要点，如下：

（1）电杆坑、拉线坑的深度允许偏差，应不深于设计坑深 100mm、不浅于设计坑深 50mm。

（2）架空导线的弧垂值，允许偏差为设计弧垂值的 ±5%，水平排列的同挡导线间弧垂值偏差为 ±50mm。

（3）变压器中性点应与接地装置引出干线直接连接，接地装置的接地电阻值必须符合设计要求。

（4）杆上变压器和高压绝缘子、高压隔离开关、跌落式熔断器、避雷器等必须符合规范的规定并交接试验合格。

（5）杆上低压配电箱的电气装置和馈电线路，应符合下列规定：

1）每路配电开关及保护装置的规格、型号，应符合设计要求；

2）相间和相对地间的绝缘电阻值应大于 $0.5M\Omega$；

3）电气装置的交流工频耐压试验电压为 1kV，当绝缘电阻值大于 $10M\Omega$ 时，可采用 2500V 兆欧表（绝缘电阻表）遥测替代，试验持续时间 1min，无击穿闪络现象。

（二）变压器、箱式变电所安装的施工控制要点

变压器、箱式变电所安装的施工控制要点，如下：

（1）变压器安装应位置正确，附件齐全，油浸变压器油位正常，无渗油现象。

（2）接地装置引出的接地干线与变压器的低压侧中性点直接连接；接地干线与箱式变电所 N 母线和 PE 母线直接连接；变压器箱体、干式变压器的支架或外壳应接地（PE）。所有连接应可靠，紧固件及防松零件齐全。

（3）变压器必须按现行规范的规定交接试验合格。干式电力变压器的各项技术指标应符合现行国家标准《干式电力变压器》GB6450、《干式电力变压器负载导则》GB/T17211 和《干式电力变压器技术参数和要求》GB/T10228 等的规定及工程设计要求。包封线圈树脂浇注的干式电力变压器的局部放电测量值，对 10kV 电压等级不应大于 10PC，对 35kV 电压等级不应大于 20PC。

（4）安装干式电力变压器的室（洞）内应有独立的通风系统。运行在环境温度较高场所的干式电力变压器及户外阳光照射下的箱式变电站，应具有进一步改善通风的条件。应有以绕组温度来控制风冷装置适时投切的温控装置。运行在严寒低温条件下的干式电力变压器，其最大运行极限电流不应超过 1.5 倍铭牌额定电流。

（5）箱式变电所及落地式配电箱的基础应高于室外地坪，周围排水通畅。用地脚螺栓固定的螺帽齐全，拧紧牢固；自由安放的应垫平放正。金属箱式变电所及落地式配电箱，箱体应接地（PE）或接零（PEN）可靠，且有标识。

（6）箱式变电所的交接试验，必须符合下列规定：

1）由高压成套开关柜、低压成套开关柜和变压器三个独立单元组合成的箱式变电所高压电气设备部分，按现行规范的规定交接试验合格；

2）高压开关、熔断器等与变压器组合在同一个密闭油箱内的箱式变电所，交接试验按产品提供的技术文件要求执行；

3）低压成套配电柜交接试验，应符合现行规范的规定。

二、配电柜的安装、电缆敷设、母线安装的施工控制要点

(一) 成套配电柜、控制柜 (屏、台) 安装的施工控制要点

成套配电柜、控制柜 (屏、台) 安装的施工控制要点,如下:

(1) 柜、屏、台、箱、盘的金属框架及基础型钢必须接地 (PE) 或接零 (PEN) 可靠;装有电器的可开启门、门和框架的接地端子间应用裸编织铜线连接,且有标识。

(2) 高压成套配电柜必须按现行规范的规定交接试验合格,且应符合下列规定:

1) 继电器保护元器件、逻辑元件、变送器和控制用计算机等单体校验合格,整组试验动作正确,整定参数符合设计要求;

2) 凡经法定程序批准,进入市场投入使用的新高压电气设备和继电保护装置,按产品技术文件要求交接试验。

(3) 手车、抽出式成套配电柜推拉应灵活,无卡阻碰撞现象。动触头与静触头的中心线应一致,且触头接触紧密,投入时,接地触头先于主触头接触;退出时,接地触头后于主触头脱开。

(4) 低压成套配电柜、控制柜 (屏、台) 应有可靠的电击保护。柜 (屏、台) 内保护导体应有裸露的连接外部保护导体的端子,当设计无要求时,柜 (屏、台) 内保护导体最小截面积 S_p 不应小于表 2-1 的规定。

表 2-1　保护导体的截面积 (mm^2)

序号	相线的截面积 S	相应保护导体的最小截面积 S_p
1	$S \leq 16$	S
2	$16 < S \leq 35$	16
3	$35 < S \leq 400$	$S/2$
4	$400 < S \leq 800$	200
5	$S > 800$	$S/4$

注:S 指柜 (屏、台) 电源进线相线截面积,且两者 (S、S_p) 材质相同。

低压成套配电柜交接试验,必须符合现行规范的规定。

(5) 柜 (屏、台) 间线路的线间和线对地间绝缘电阻值,馈电线路必须大于 0.5MΩ;二次回路必须大于 1MΩ。柜 (屏、台) 间二次回路交流工频耐压试验,当绝缘电阻值大于 10MΩ 时,用 2500V 兆欧表遥测 1min,应无闪络击穿现象;当绝缘电阻值在 1~10MΩ 时,做 1kV 交流工频耐压试验,时间 1min,应无闪络击穿现象。

(6) 直流屏试验,应将屏内电子器件从线路上退出,检测主回路线间和线对地间绝缘电阻值应大于 0.5MΩ,直流屏所附蓄电池组的充、放电应符合产品技术文件要求;整流器的控制调整和输出特性试验应符合产品技术文件要求。

(二) 电缆敷设的施工控制要点

1. 电缆沟内和电缆竖井内电缆敷设的施工控制要点

(1) 金属电缆支架、电缆导管必须接地 (PE) 或接零 (PEN) 可靠。

(2) 电缆敷设严禁有绞拧、铠装压扁、护层断裂和表面严重划伤等缺陷。

2. 电缆桥架安装和桥架内电缆敷设的施工控制要点

(1) 金属电缆桥架及其支架和引入或引出的金属电缆导管必须接地（PE）或接零（PEN）可靠，且必须符合下列规定：

1) 金属电缆桥架及其支架全长应不少于2处与接地（PE）或接零（PEN）干线相连接；

2) 非镀锌电缆桥架间连接板的两端跨接铜芯接地线，接地线最小允许截面积不小于 4mm^2；

3) 镀锌电缆桥架间连接板的两端不跨接接地线，但连接板两端不少于2个有防松螺帽或防松垫圈的连接固定螺栓。

(2) 电缆敷设严禁有绞拧、铠装压扁、护层断裂和表面严重划伤等缺陷。

3. 电缆导管及电缆穿管施工控制要点

(1) 金属的导管必须接地（PE）或接零（PEN）可靠，并符合下列规定：

1) 镀锌的钢导管、可挠性导管不得熔焊跨接接地线，以专用接地卡跨接的两卡间连线为铜芯软导线，截面积不小于 4mm^2；

2) 当非镀锌钢导管采用螺纹连接时，连接处的两端焊跨接接地线；当镀锌钢导管采用螺纹连接时，连接处的两端用专用接地卡固定跨接接地线；

(2) 金属导管严禁对口熔焊连接；镀锌和壁厚小于等于2mm的钢导管不得套管熔焊连接。

(3) 防爆导管不应采用倒扣连接；当连接有困难时，应采用防爆活接头，其接合面应严密。

(4) 当绝缘导管在砌体上剔槽埋设时，应采用强度等级不小于M10的水泥砂浆抹面保护，保护层厚度大于15mm。

(5) 三相或单相的交流单芯电缆，不得单独穿于钢导管内。

(6) 爆炸危险环境的电缆，其额定电压不得低于750V，且必须等于钢导管内。

4. 电缆头制作、接线和线路绝缘测试的施工控制要点

(1) 高压电力电缆直流耐压试验必须符合现行规范的规定，交接试验合格。

(2) 低压电线和电缆，线间和线对地面的绝缘电阻值必须大于 $0.5\text{M}\Omega$。

(3) 铠装电力电缆头的接地线应采用铜绞线或镀锡铜编织线，截面积不应小于表2-2的规定。

表2-2 电缆芯线和接地线截面积（mm^2）

序号	电缆芯线截面积	接地线截面积
1	120及以下	15
2	150及以上	25

注：电缆芯线截面积在 16mm^2 及以下，接地线截面积与电缆芯线截面积相等。

(4) 电线、电缆接线必须准确，并联运行电线和电缆的型号、规格、长度、相位应一致。

(三) 母线安装的施工控制要点

裸母线、封闭母线、插接式母线安装的施工控制要点，如下：

(1) 绝缘子的底座、套管的法兰、保护网（罩）及母线支架等可接近裸露导体应接地（PE）或接零（PEN）可靠。不应作为接地（PE）或接零（PEN）的接续导体。

（2）母线与母线或母线与电器接线端子，当采用螺栓搭接连接时，应符合下列规定：

1）母线的各类搭接连接的钻孔直径和搭接长度应符合表 2-3 的规定。

表 2-3 母线螺栓搭接尺寸

搭接形式	类别	序号	连接尺寸/mm			钻孔要求		螺栓规格
			b_1	b_2	a	ϕ/mm	个数	
直线连接	直线连接	1	125	125	b_1 或 b_2	21	4	M20
		2	100	100	b_1 或 b_2	17	4	M16
		3	80	80	b_1 或 b_2	13	4	M12
		4	63	63	b_1 或 b_2	11	4	M10
		5	50	50	b_1 或 b_2	9	4	M8
		6	45	45	b_1 或 b_2	9	4	M8
直线连接	直线连接	7	40	40	80	13	2	M12
		8	31.5	31.5	63	11	2	M10
		9	25	25	50	9	2	M8
垂直连接	垂直连接	10	125	125	—	21	4	M20
		11	125	100～80	—	17	4	M16
		12	125	63	—	13	4	M12
		13	100	100～80	—	17	4	M16
		14	80	80～63	—	13	4	M12
		15	63	63～50	—	11	4	M10
		16	50	50	—	9	4	M8
		17	45	45	—	9	4	M8
垂直连接	垂直连接	18	125	50～40	—	17	2	M16
		19	100	63～40	—	17	2	M16
		20	80	63～40	—	15	2	M14
		21	63	50～40	—	13	2	M12
		22	50	45～40	—	11	2	M20
		23	63	31.5～25	—	11	2	M10
		24	50	31.5～25	—	9	2	M8
垂直连接	垂直连接	25	125	31.5～25	60	11	2	M10
		26	100	31.5～25	50	9	2	M8
		27	80	31.5～25	50	9	2	M8
垂直连接	垂直连接	28	40	40～31.5	—	13	1	M12
		29	40	25	—	11	1	M10
		30	31.5	31.5～25	—	11	1	M10
		31	25	22	—	9	1	M8

用力矩扳手拧紧钢制连接螺栓的力矩值应符合表 2-4 的规定。

2）母线接触面保持清洁，涂电力复合脂，螺栓孔周边无毛刺。

3）连接螺栓两侧有平垫圈，相邻垫圈间有大于 3mm 的间隙，螺母侧装有弹簧垫圈或锁紧螺母。

4）螺栓受力均匀，不使电器的接线端子受额外应力。

表2-4 母线搭接螺栓的拧紧力矩

序号	螺栓规格	力矩值/(N·m)	序号	螺栓规格	力矩值/(N·m)
1	M8	8.8~10.8	5	M16	78.5~98.1
2	M10	17.7~22.6	6	M18	98.0~127.4
3	M12	31.4~39.2	7	M20	156.9~196.2
4	M14	51.0~60.8	8	M24	274.6~343.2

(3) 封闭、插接式母线安装应符合下列规定：

1) 母线与外壳同心，允许偏差为±5mm；

2) 当段与段连接时，两相邻段母线及外壳对准，连接后不使母线及外壳受额外应力；

3) 母线的连接方法符合产品技术文件要求。

(4) 室内裸母线的最小安全净距应符合表2-5的规定。

表2-5 室内裸母线最小安全净距（mm）

符号	适用范围	图号	额定电压/kV			
			0.4	1~3	6	10
A_1	1. 带电部分至接地部分之间 2. 网状和板状遮栏向上延伸线距地2.3m处与遮栏上方带电部分之间	图2-1	20	75	100	125
A_2	1. 不同相的带电部分之间 2. 断路器和隔离开关的断口两侧带电部分之间	图2-1	20	75	100	125
B_1	1. 栅状遮栏至带电部分之间 2. 交叉的不同时停电检修的无遮栏带电部分之间	图2-1 图2-2	800	825	850	875
B_2	网状遮栏至带电部分之间	图2-1	100	175	200	225
C	无遮栏裸导体至地（楼）面之间	图2-1	2300	2375	2400	2425
D	平行的不同时停电检修的无遮栏裸导体之间	图2-1	1875	1875	1900	1925
E	通向室外的出线套管至室外通道的路面	图2-2	3650	4000	4000	4000

表2-5中，关于室内A_1、A_2、B_1、B_2、C、D值校验，见图2-1；关于室内B_1、E值校验，见图2-2。

(5) 高压母线交流工频耐压试验必须符合现行国家标准《电气装置安装工程电气设备交接试验标准》GB 51050的规定。

(6) 低压母线交接试验应符合现行规范的规定。

三、照明系统的施工控制要点

(一) 照明配电箱（盘）安装的施工控制要点

照明配电箱（盘）安装的施工控制要点，如下：

(1) 照明配电箱（盘）的金属框架及基础型钢必须接地（PE）或接零（PEN）可靠，可开启门，门和框架的接地端子间应用裸编织铜线连接，且有标识。

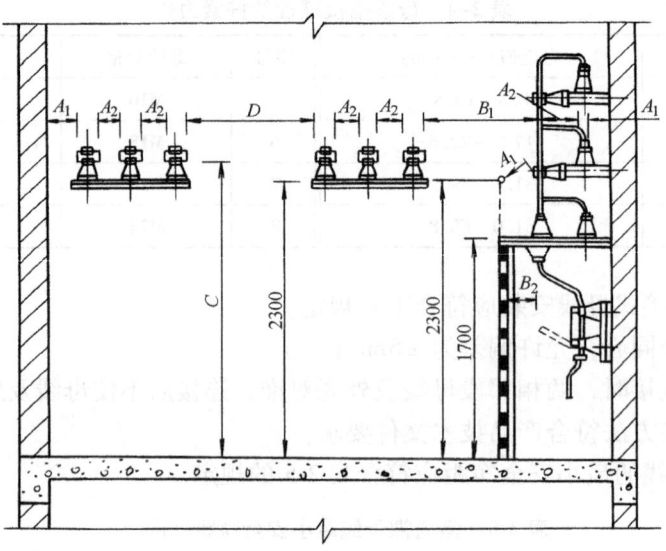

图 2-1 室内 A_1、A_2、B_1、B_2、C、D 值检验

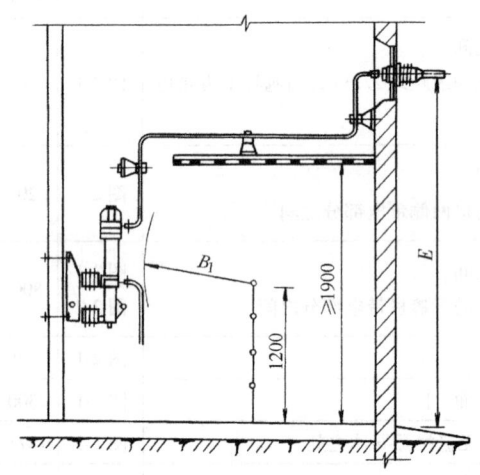

图 2-2 室内 B_1、E 值检验

(2) 照明配电箱（盘）应有可靠的电击保护。箱（盘）内保护导体应有裸露的连接外部保护导体的端子，当设计无要求时，箱（盘）内保护导体最小截面积 S_p 不应小于表 2-1 的规定。

(3) 箱（盘）间线路的线间和线对地面绝缘电阻值，馈电线路必须大于 0.5MΩ。

(4) 照明配电箱（盘）安装应符合下列规定：

1) 箱（盘）内配线整齐，无铰接现象。导线连接紧密，不伤芯线，不断股。垫圈下螺丝两侧压的导线截面积相同，同一端子上导线连接不多于 2 根，防松垫圈等零件齐全；

2) 箱（盘）内开关动作灵活可靠，带有漏电保护的回路，漏电保护装置动作电流不大于 30mA，动作时间不大于 0.1s；

3) 照明箱（盘）内，分别设置零线（N）和保护地线（PE 线）汇流排，零线和保护地线经汇流排配出。

（二）普通灯具安装的施工控制要点

普通灯具安装的施工控制要点，如下：

(1) 灯具的固定应符合下列规定：

1) 灯具重量大于 3kg 时，固定在螺栓或预埋吊钩上；

2) 软线吊灯，灯具重量在 0.5kg 及以下时，采用软电线自身吊装；大于 0.5kg 的灯具采用吊链，且软电线编叉在吊链内，使电线不受力；

3) 灯具固定牢固可靠，不使用木楔。每个灯具固定用螺钉或螺栓不少于 2 个；当绝缘台直径在 75mm 及以下时，采用 1 个螺钉或螺栓固定。

(2) 花灯吊钩圆钢直径不应小于灯具挂销直径，且不应小于 6mm。大型花灯的固定及悬吊装置，应按灯具重量的 2 倍做过载试验。

(3) 当钢管做灯杆时，钢管内径不应小于 10mm，钢管厚度不应小于 1.5mm。

(4) 固定灯具带电部件的绝缘材料以及提供防触电保护的绝缘材料，应耐燃烧和防明火。

(5) 当设计无要求时，灯具的安装高度和使用电压等级应符合下列规定：

1) 一般敞开式灯具，灯头对地面距离不小于下列数值（采用安全电压时除外）：

a) 室外：2.5m（室外墙上安装）；

b) 厂房：2.5m；

c) 室内：2m；

d) 软吊线带升降器的灯具在吊线展开后：0.8m。

2) 危险性较大及特殊危险场所，当灯具距地面高度小于 2.4m 时，使用额定电压为 36V 及以下的照明灯具，或有专用保护措施。

(6) 当灯具距地面高度小于 2.4m 时，灯具的可接近裸露导体必须接地（PE）或接零（PEN）可靠，并应有专用接地螺栓，且有标识。

（三）专用灯具安装的施工控制要点

专用灯具安装的施工控制要点，如下：

(1) 36V 及以下行灯变压器和行灯安装必须符合下列规定：

1) 行灯电压不大于 36V，在特殊潮湿场所或导电良好的地面上以及工作地点狭窄、行动不便的场所行灯电压不大于 12V；

2) 变压器外壳、铁心和低压侧的任意一端或中性点，接地（PE）或接零（PEN）可靠；

3) 行灯变压器为双圈变压器，其电源侧和负荷侧有熔断器保护，熔体额定电流分别不应大于变压器一次侧、二次侧的额定电流；

4) 行灯灯体及手柄绝缘良好，坚固耐热耐潮湿；灯头与灯体结合紧固，灯头无开关，灯泡外部有金属保护网、反光罩及悬吊挂钩，挂钩固定在灯具的绝缘手柄上。

(2) 游泳池和类似场所灯具（水下灯及防水灯具）的等电位联结应可靠，且有明显标识，其电源的专用漏电保护装置应全部检测合格。自电源引入灯具的导管必须采用绝缘导管，严禁采用金属或有金属护层的导管。

(3) 手术台无影灯安装应符合下列规定：

1) 固定灯座的螺栓数量不少于灯具法兰底座上的固定孔数，且螺栓直径与底座孔径相适配；螺栓采用双螺母锁固；

2）在混凝土结构上螺栓与主筋相焊接或将螺栓末端弯曲与主筋绑扎锚固；

3）配电箱内装有专用的总开关及分路开关，电源分别接在两条专用的回路上，开关至灯具的电线采用额定电压不低于750V的铜芯多股绝缘电线。

(4) 应急照明灯具安装应符合下列规定：

1）应急照明灯的电源除正常电源外，另有一路电源供电；或者是独立于正常电源的柴油发电机组供电；或由蓄电池柜供电，或选用自带电源型应急灯具；

2）应急照明在正常电源断电后，电源转换时间为：疏散照明≤15s；备用照明≤15s（金融商店交易所≤1.5s）；安全照明≤0.5s；

3）疏散照明由安全出口标志灯和疏散标志灯组成。安全出口标志灯距地高度不低于2m，且安装在疏散出口和楼梯口里侧的上方；

4）疏散标志灯安装在安全出口的顶部，楼梯间、疏散走道及其转角处应安装在1m以下的墙面上。不易安装的部位可安装在上部。疏散通道上的标志灯间距不大于20m（人防工程不大于10m）；

5）疏散标志灯的设置，不影响正常通行，且不在其周围设置容易混同疏散标志灯的其他标志牌等；

6）应急照明灯具、运行中温度>60℃的灯具，当靠近可燃物时，采取隔热、散热等防火措施。当采用白炽灯、卤钨灯等光源时，不直接安装在可燃装修材料或可燃物件上；

7）应急照明线路在每个防火分区有独立的应急照明回路，穿越不同防火分区的线路有防火隔堵措施；

8）疏散照明线路采用耐火电线、电缆，穿管明敷或在非燃烧体内穿刚性导管暗敷，暗敷保护层厚度不小于30mm。电线采用额定电压不低于750V的铜芯绝缘电线。

(5) 防爆灯具安装应符合下列规定：

1）灯具的防爆标志、外壳防护等级和温度组别与爆炸危险环境相适配。当设计无要求时，灯具种类和防爆结构的选型应符合表2-6的规定；

表2-6 灯具种类和防爆结构的选型

照明设备种类	爆炸危险区域 防爆结构	Ⅰ区		Ⅱ区	
		防爆型 d	增安型 e	防爆型 d	增安型 e
固定式灯		○	×	○	○
移动式灯		○	—	△	—
携带式电池灯		○	—	○	—
镇流器		○	△	○	○

注：○为适用；△为慎用；×为不适用。

2）灯具配套齐全，不用非防爆零件替代灯具配件（金属护网、灯罩、接线盒等）；

3）灯具的安装位置离开释放源，且不在各种管道的泄压口及排放口上下方安装灯具；

4）灯具及开关安装牢固可靠，灯具吊管及开关与接线盒螺纹齿合扣数不少于5扣，螺纹加工光滑、完整、无锈蚀，并在螺纹上涂以电力复合酯或导电性防锈脂；

5）开关安装位置便于操作，安装高度 1.3m。

（四）建筑物景观照明灯、航空障碍标志灯和庭院灯安装的施工控制要点

建筑物景观照明灯、航空障碍标志灯和庭院灯安装的施工控制要点，如下：

（1）建筑物彩灯安装应符合下列规定：

1）建筑物顶部彩灯采用有防雨性能的专用灯具，灯罩要拧紧；

2）彩灯配线管路按明配管敷设，且有防雨功能。管路间、管路与灯头盒间螺纹连接，金属导管及彩灯的构架、钢索等可接近裸露导体接地（PE）或接零（PEN）可靠；

3）垂直彩灯悬挂挑臂采用不小于 10# 的槽钢。端部吊挂钢索用的吊钩螺栓直径不小于 10mm，螺栓在槽钢上固定，两侧有螺帽，且加平垫及弹簧垫圈紧固；

4）悬挂钢丝绳直径不小于 4.5mm，底把圆钢直径不小于 16mm，地锚采用架空外线用拉线盘，埋设深度大于 1.5m；

5）垂直彩灯采用防水吊线灯头，下端灯头距离地面高于 3m。

（2）霓虹灯安装应符合下列规定：

1）霓虹灯管完好，无破裂；

2）灯管采用专用的绝缘支架固定，且牢固可靠。灯管固定后，与建筑物、构筑物表面的距离不小于 20mm；

3）霓虹灯专用变压器采用双圈式，所供灯管长度不大于允许负载长度，露天安装的有防雨措施；

4）霓虹灯专用变压器的二次电线和灯管间的连接线采用额定电压大于 15kV 的高压绝缘电线。二次电线与建筑物、构筑物表面的距离不小于 20mm。

（3）建筑物景观照明灯具安装应符合下列规定：

1）每套灯具的导电部分对地绝缘电阻值大于 2MΩ；

2）在人行道等人员来往密集场所安装的落地式灯具，无围栏防护，安装高度距地面 2.5m 以上；

3）金属构架和灯具的可接近裸露导体及金属软管的接地（PE）或接零（PEN）可靠，且有标识。

（4）航空障碍标志灯安装应符合下列规定：

1）灯具装设在建筑物或构筑物的最高部位。当最高部位平面面积较大或为建筑群时，除在最高端装设外，还在其外侧转角的顶端分别装设灯具；

2）当灯具在烟囱顶上装设时，安装在低于烟囱口 1.5~3m 的部位且呈正三角形水平排列；

3）灯具的选型根据安装高度决定：低光强的（距地面 60m 以下装设时采用）为红色光，其有效光强大于 1600cd。高光强的（距地面 150m 以上装设时采用）为白色光，有效光强随背景亮度而定；

4）灯具的电源按主体建筑中最高负荷等级要求供电；

5）灯具安装牢固可靠，且设置维修和更换光源的措施。

（5）庭院灯安装应符合下列规定：

1）每套灯具的导电部分对地绝缘电阻值大于 2MΩ；

2）立柱式路灯、落地式路灯、特种园艺灯等灯具与基础固定可靠，地脚螺栓备帽齐

全。灯具的接线盒或熔断器盒，盒盖的防水密封垫完整；

3）金属立柱及灯具可接近裸露导体接地（PE）或接零（PEN）可靠。接地线单设干线，干线沿庭院灯布置位置形成环网状，且不少于2处与接地装置引出线连接。由干线引出支线与金属灯柱及灯具的接地端子连接，且有标识。

（五）建筑物照明通电试运行控制要点

建筑物照明通电试运行控制要点，如下：

（1）照明系统通电，灯具回路控制应与照明配电箱及回路的标识一致；开关与灯具控制顺序相对应，风扇的转向及调速开关应正常。

（2）公用建筑照明系统通电连续试运行时间为24h，民用住宅照明系统通电连续试运行时间应为8h。所有照明灯具均应开启，且每2h记录运行状态1次，连续试运行时间内无故障。

四、用电设备安装的施工控制要点

（一）低压电动机、电加热器及电动执行机构安装的施工控制要点

（1）电动机、电加热器及电动执行机构的可接近裸露导体必须接地（PE）或接零（PEN）。

（2）电机、电加热器及电动执行机构绝缘电阻值应大于 $0.5M\Omega$ 。

（3）100kW以上的电动机，应测量各相直流电阻值，相互差不应大于最小值的2%；无中性点引出的电动机，测量线间直流电阻值，相互差不应大于最小值的1%。

（二）柴油发电机组安装的施工控制要点

柴油发电机组安装的施工控制要点，如下：

（1）发电机组至低压配电柜馈电线路的相间、相对地间的绝缘电阻值应大于 $0.5M\Omega$ ，塑料绝缘电缆馈电线路直流耐压试验为2.4kV，时间15min，泄漏电流稳定，无击穿现象。

（2）柴油发电机馈电线路连接后，两端的相序必须与原供电系统的相序一致。

（3）发电机中性线（工作零线）应与接地干线直接连接，螺栓防松零件齐全，且有标识。

（4）发电机的交接试验，必须符合表2-7的规定。

（三）不间断电源安装的施工控制要点

不间断电源安装的施工控制要点，如下：

（1）不间断电源的整流装置、逆变装置和静态开关装置的规格、型号必须符合设计要求。内部结线连接正确，紧固件齐全，可靠不松动，焊接连接无脱落现象。

（2）不间断电源的输入、输出各级保护系统和输出的电压稳定性、波形畸变系数、频率、相位、静态开关的动作等各项技术性能指标试验调整必须符合产品技术文件要求，且符合设计文件要求。

（3）不间断电源装置间连线的线间、线对地面绝缘电阻值应大于 $0.5M\Omega$ 。

（4）不间断电源输出端的中性线（N极），必须与由接地装置直接引来的接地干线相连接，做重复接地。

（四）低压电气动力设备试验和试运行的控制要点

（1）试运行前，相关电气设备和线路应按现行规范的规定试验合格。

（2）现场单独安装的低压电器交接试验项目，应符合表2-8的规定。

表2-7 发电机交接试验

序号	部位	试验内容	试验结果
1	静态试验 / 定子电路	测量定子绕组的绝缘电阻和吸收比	绝缘电阻值大于0.5MΩ；沥青浸胶及烘卷云母绝缘吸收比大于1.3；环氧粉云母绝缘吸收比大于1.6
2	定子电路	在常温下，绕组表面温度与空气温度差在±3℃范围内测量各相直流电阻	各相直流电阻值相互间差值不大于最小值2%，与出厂值在同温度下比差值不大于2%
3	定子电路	交流工频耐压试验1min	试验电压为$1.5U_n + 750V$，无闪络击穿现象，U_n为发电机额定电压
4	转子电路	用1000V兆欧表测量转子绝缘电阻	绝缘电阻值大于0.5MΩ
5	转子电路	在常温下，绕组表面温度与空气温度差在±3℃范围内测量绕组直流电阻	数值与出厂值在同温度下比差值不大于2%
6	转子电路	交流工频耐压试验1min	用2500V摇表测量绝缘电阻替代
7	励磁电路	退出励磁电路电子器件后，测量励磁电路的线路设备的绝缘电阻	绝缘电阻值大于0.5MΩ
8	励磁电路	退出励磁电路电子器件后，进行交流工频耐压试验1min	试验电压1000V，无击穿闪络现象
9	其他	有绝缘轴承的用1000V兆欧表测量轴承绝缘电阻	绝缘电阻值大于0.5MΩ
10	其他	测量检温计（埋入式）绝缘电阻，校验检温计精度	用250V兆欧表检测不短路，精度符合出厂规定
11	其他	测量灭磁电阻，目同步电阻器的直流电阻	与铭牌相比较，其差值为±10%
12	运转试验	发电机空载特性试验	按设备说明书比对，符合要求
13	运转试验	测量相序	相序与出线标识相符
14	运转试验	测量空载和负荷后轴电压	按设备说明书比对，符合要求

表2-8 低压电器交接试验

序号	试验内容	试验标准或条件
1	绝缘电阻	用500V兆欧表遥测，绝缘电阻值大于等于1MΩ；潮湿场所，绝缘电阻值大于等于0.5MΩ
2	低压电器动作情况	除产品另有规定外，电压、液压或气压在额定值的85%~110%范围内能可靠动作
3	脱扣器的整定值	整定值误差不得超过产品技术条件的规定
4	电阻器和变阻器的直流电阻差值	符合产品技术条件规定

（五）槽板及钢索配线的施工控制要点

槽板配线、钢索配线的施工控制要点，如下：

（1）槽板内电线无接头，电线连接设在器具处；槽板与各种器具连接时，电线应留有余量，器具底座压住槽板端部。

（2）槽板敷设应紧贴建筑物表面，且横平竖直、固定可靠，严禁用木楔固定；木槽板应经阻燃处理，塑料槽板应采用阻燃塑料制品，并应有阻燃标识。

（3）应采用镀锌钢索，不应采用含油芯的钢索。钢索的钢丝直径应小于0.5mm，钢索不应有扭曲和断股等缺陷。

（4）钢索的终端拉环埋件应牢固可靠，钢索与终端拉环套接处应采用心形环，固定钢索的线卡不应少于2个，钢索端头应用镀锌铁线绑扎紧密，且应接地（PE）或接零（PEN）可靠。

（5）当钢索长度在50m及以下时，应在钢索一端装设花篮螺栓紧固；当钢索长度大于50m时，应在钢索两端装设花篮螺栓紧固。

（六）开关、插座、风扇安装的施工控制要点

开关、插座及风扇安装的施工控制要点，如下：

（1）当交流、直流或不同电压等级的插座安装在同一场所时，应有明显的区别，且必须选择不同结构、不同规格和不能互换的插座；配套的插头应按交流、直流或不同电压等级区别使用。

（2）插座接线应符合下列规定：

1）单相两孔插座，面对插座的右孔或上孔与相线连接，左孔或下孔与零线连接；单相三孔插座，面对插座的右孔与相线连接，左孔与零线连接；

2）单相三孔、三相四孔及三相五孔插座的接地（PE）或接零（PEN）线接在上孔。插座的接地端子不与零线端子连接。同一场所的三相插座，接线的相序一致。

3）接地（PE）或接零（PEN）线在插座间不串联连接。

（3）特殊情况下插座安装应符合下列规定：

1）当接插有触电危险家用电器的电源时，采用能断开电源的带开关插座，开关断开相线；

2）潮湿场所采用密封型并带保护地线触头的保护型插座，安装高度不低于1.5m。

（4）照明开关安装应符合下列规定：

1）用一建筑物、构筑物的开关采用同一系列的产品，开关的通断位置一致，操作灵活、接触可靠；

2）相线经开关控制；民用住宅无软线引至床边的床头开关。

（5）吊扇安装应符合下列规定：

1）吊扇挂钩安装牢固，吊扇挂钩的直径不小于吊扇挂销直径，且不小于8mm；有防振橡胶垫；挂销的防松零件齐全、可靠；

2）吊扇扇叶距地高度不小于2.5m；

3）吊扇组装不改变扇叶角度，扇叶固定螺栓防松零件齐全；

4）吊杆间、吊杆与电机间螺纹连接，啮合长度不小于20mm，且防松零件齐全紧固；

5）吊扇接线正确，当运转时扇叶无明显颤动和异常声响。

（6）壁扇安装应符合下列规定：

1）壁扇底座采用尼龙塞或膨胀螺栓固定；尼龙塞或膨胀螺栓的数量不少于2个，且直径不小于8mm。固定牢固可靠；

2）壁扇防护罩扣紧，固定可靠，当运转时扇叶和防护罩无明显颤动和异常声响。

五、防雷、接地装置安装的施工控制要点

（一）接闪器安装的施工控制要点

接闪器安装的施工控制要点，如下：

（1）建筑物顶部的避雷针、避雷带等必须与顶部外露的其他金属物体连成一个整体的电气通路，且与避雷引下线连接可靠。

（2）避雷针、避雷带应位置正确，焊接固定的焊缝饱满无遗漏，螺栓固定的应备帽等防松零件齐全，焊接部分补刷的防腐油漆完整。

（3）避雷带应平正顺直，固定点支持件间距均匀、固定可靠，每个支持件应能承受大于49N（5kg）的垂直拉力。

（二）避雷引下线和变配电室接地干线敷设的施工控制要点

避雷引下线和变配电室接地干线敷设的施工控制要点，如下：

（1）暗敷在建筑物抹灰层内的引下线应有卡钉分段固定；明敷的引下线应平直、无急弯，与支架焊接处，油漆防腐，且无遗漏。

（2）变压器室、高低压开关室内的接地干线应有不少于2处与接地装置引出干线连接。

（3）当利用金属构件、金属管道做接地线时，应在构件或管道与接地干线间焊接金属跨接线。

（三）接地装置安装的施工控制要点

接地装置安装的施工控制要点，如下：

（1）人工接地装置或利用建筑物基础钢筋的接地装置必须在地面以上按设计要求位置设测试点。

（2）测试接地装置的接地电阻值必须符合设计要求。

（3）防雷接地的人工接地装置的接地干线埋设，经人行通道处埋地深度不应小于1m，且应采取均压措施或在其上方铺设卵石或沥青地面。

（4）接地模块顶面埋深不应小于0.6m，接地模块间距不应小于模块长度的3~5倍。接地模块埋设基坑，一般为模块外形尺寸的1.2~1.4倍，且在开挖深度内详细记录地层情况。

（5）接地模块应垂直或水平就位，不应倾斜设置，保持与原土层接触良好。

（四）建筑物等电位联结的施工控制要点

建筑物等电位联结的施工控制要点，如下：

（1）建筑物等电位联结干线应从与接地装置有不少于2处直接连接的接地干线或总等电位箱引出，等电位联结干线或局部等电位箱间的连接线形成环形网路，环形网路应就近与等电位联结干线或局部等电位箱连接。支线间不应串联连接。

（2）等电位联结的线路最小允许截面应符合表2-9的规定。

表2-9 线路最小允许截面（mm^2）

材料	干线	支线
铜	16	6
钢	50	16

第三章 架空线和电缆的敷设

第一节 架空配电线路的敷设

架空配电线路的敷设，包括基坑的施工、电杆组立、拉线安装、架空线路导线的架设、导线连接、杆上变压器及变压器台的安装、接户线的安装、架空线路的调试运行及验收等施工项目。

一、架空线路的一般要求及规定

（一）架空线路的一般要求

架空线路的一般要求，如下：

(1) 发展规划。架空线路应与城镇规划及配电网络改造相协调，一般按 5～10 年发展规划确定。

(2) 线路路径的选择。线路路径选择的要求，如下：

1) 应根据建筑总图及现场调查的情况，在保证设计规范规定的与各种设施间最小间距的前提下，尽可能地选择最短路径；

2) 应考虑到安全运行，施工方便和交通运输便利；

3) 尽量沿道路平行架设，尽量避开超重机械频繁活动地区和露天仓库；

4) 尽量减少与其他设施的交叉和跨越建筑物。

(3) 导线在电杆上的排列。导线在电杆上排列的要求，如下：

1) 高压线路的导线，应采用三角排列或水平排列，双回路线同杆架设时，宜采用三角排列或垂直三角排列；低压线路的导线，宜采用水平排列；

2) 向重要负荷供电的双回路架空导线，不宜同杆架设。向一般负荷供电的高低压线路，宜同杆架设，高压线路在上面，低压线路在下面，路灯线路在最下层；

3) 电杆上的 N 线、PEN 线或 PE 线应靠近电杆。如线路沿建筑物架设时，上述导线应在建筑物一侧；

4) 高、低压同杆架设的线路，高压线路在上。架设同一电压等级的不同回路导线时，应把弧垂较大的导线放置在下层。路灯照明回路应架设在最下层；

5) 高、低压线路同杆或仅高压线路时，可在最下面架设广播明线和通信电缆，其垂直距离不得小于 2.50m；仅低压线路时，可在最下面架设广播明线和通信电缆，其垂直距离不得小于 1.50m；

6) 向一级负荷供电的双电源线路，不得同杆架设。

(4) 相序排列。相序排列的要求，如下：

1) 高压线路，面向负荷从左侧起，导线排列相序为 L_1、L_2、L_3；

2) 低压线路，面向负荷从左侧起，导线排列相序为 L_1、N、L_2、L_3。

（二）架空线路的基本规定

1. 架空线路的电压等级

架空线路按电压等级可分为低压和高压两种，1kV 及以下的为低压架空线路，超过 1kV 为高压架空线路。

2. 架空线路的档距，一般采用表 3-1 所列数值。

表 3-1 架空线路档距（m）

区域	线路电压	
	3~10kV	3kV 以下
市区	45~50	40~50
郊区	50~100	40~60

3. 架空线路的各种安全距离

（1）架空线路导线的线间距离，一般不小于表 3-2 所列数值。

表 3-2 架空线路导线间的最小距离（m）

电压＼档距	≤40	50	60	70	80	90	100
1~10kV	0.6	0.65	0.7	0.75	0.85	0.9	1.0
1kV 以下	0.3	0.4	0.45	—	—	—	—

注：表中所列数值适用于导线的各种排列方式；靠近电杆的两导线间的水平距离，对于低压线路，不应小于 0.5m。

（2）架空线路的导线与地面的距离，不应小于表 3-3 所列数值。

表 3-3 架空线路导线对地面或水面的最小距离（m）

序号	线路经过地区	线路电压	
		1~10kV	<1kV
1	居民区	6.5	6.0
2	非居民区	5.5	5.0
3	交通困难地区	4.5	4.0
4	步行可以到达的山坡	4.5	3.0
5	步行不能到达的山坡、峭壁和岩石	1.5	1.0
6	不能通航及不能浮运的河、湖（冬季至冰面）	5.0	5.0
7	不能通航及不能浮运的河、湖（从高水位算起）	1.0	3.0
8	人行道、里、巷至地面 裸导线 绝缘导线	 3.5 2.5	

注：1. 居民区指工业企业地区、港口码头、城镇等人口密集地区。
 2. 非居民区指居民区以外的地区。有时虽有人和车到达，但房间稀少，亦属非民区。
 3. 交通困难地区指车辆不能到达的地区。
 4. 序号 4、5 两项的最小距离，是指导线与山坡、峭壁等之间的净距离。

（3）架空线路的导线与建筑物、街道、行道、树间的距离，应不小于表 3-4 所列数值。

表3-4 架空线路导线与建筑物、街道、行道、树间的最小距离 (m)

序号	线路经过地区	线路电压	
		1~10kV	<1kV
1	线路跨越建筑物垂直距离	3.0	2.5
2	线路边线与建筑物水平距离	1.5	1.0
3	线路跨越行道、树在最大弧垂时的最小垂直距离	1.5	1.0
4	线路边线在最大风偏时与行道、树的最小水平距离	2.0	1.0

注：架空线路不应跨越屋顶为易燃材料的建筑物，对于无防火屋顶的建筑物也不宜跨越。

（4）同杆架设的双回路或多回路线路，横担间的垂直距离，不应小于表3-5所列数值。

表3-5 多种用途导线共杆时多层横担间最小垂直距离 (m)

序号	导线排列方式	直线杆	分歧或转角杆
1	高压与高压	0.80	0.45/0.60
2	高压与低压	1.20	1.00
3	低压与低压	0.60	0.30
4	高压与信号线路	2.00	2.00
5	低压与信号线路	0.60	0.60

注：高压转角或分歧横担，距上层横担采用0.45m，距下层横担采用0.6m。

（5）架空线路与弱电线路交叉时，架空线路应在弱电线路的上方。交叉角应满足表3-6要求。

表3-6 架空线路与弱电线路交叉角

交叉线路	交叉角	交叉线路	交叉角
一级弱电线路与架空线路交叉时	≥45°	三级弱电线路与架空线路交叉时	不限
二级弱电线路与架空线路交叉时	≥30°		

注：弱电线路等级划分见表3-7。

表3-7 弱电线路等级

级别	弱电线路内容
一级	1. 首都与各省（市）、自治区所在地及其相互联系的线路 2. 首都至各重要工矿城市、海港的线路以及由首都通达国外的线路 3. 邮电部指定的其他国际线路和国防线路 4. 铁道部与各铁路局及铁路局之间联系用的线路，以及铁路信号自动闭塞装置专用线路
二级	1. 各省（市）、自治区所在地与各专（市）、县及相互间的通信线路 2. 相邻两省（自治区）各专（市）、县相互间的通信线路 3. 一般市内电话线路 4. 铁路局与各站、段及站段相互间的线路，及铁路信号闭塞装置的线路
三级	1. 县至乡、镇、村的县内线路和两对以下的城郊线路 2. 铁路的地区线路及有线广播线路

（6）架空线路的导线在最大风偏时，与街道绿化之间的距离不应小于表3-8所列数值。

（7）架空线路与铁路、道路、通航河流、索道及各种架空线交叉或接近时，应符合

表 3-9、表 3-10 的要求。

表 3-8 导线与街道绿化树木之间的最小距离（m）

最大弧垂时的垂直距离		最大风偏时的水平距离	
高压	低压	高压	低压
1.5	1.0	2.0	1.0

表 3-9 架空线路与管道和索道交叉的最小垂直距离（m）

线路电压（kV）	电车道	特殊管道	索道
1~10	9.0	3.0	2.0
1 以下	9.0	1.5	1.5

表 3-10 架空线路与铁路、道路及各种架空线路交叉或接近时的基本要求

项目		铁路	公路和道路	电车道（有轨及无轨）	通航河流	不通航河流	架空明线弱电线路	电力线路	特殊管道	一般管道、索道
导线或地线在跨越档接头		标准轨距：不得接头 窄轨：不限制	高速公路和一、二级公路及城市一、二级道路：不得接头 三、四级公路和城市三级道路：不限制	不得接头	不得接头	不限制	一、二级：不得接头 三级：不限制	35kV及以上：不得接头 10kV及以下：不限制	不得接头	不得接头
交叉档导线最小截面		35kV 及以上采用钢芯铝绞线为 35mm²；10kV 及以下采用铝绞线或铝合金线为 35mm²；其他导线为 16mm²								—
交叉档距绝缘固定方式		双固定	高速公路和一、二级公路及城市一、二级道路为双固定	双固定	双固定	不限制	10kV 及以下线路跨一、二级为双固定	10kV 线路跨 6~10kV 线路为双固定	双固定	双固定
最小垂直距离/m	线路电压	至标准轨顶 / 至窄轨顶	至承力索或接触线	至路面	至承力索或接触线	至常年高水位	至最高航行水位的最高船桅杆	至最高洪水位	冬季至冰面	至被跨越线	至被跨越线	至管道任何部分	至索道任何部分
	35~66kV	7.5 / 7.5	3.0	7.0	10.0	3.0	6.0	2.0	3.0	5.0	3.0	3.0	4.0	3.0
	3~10kV	7.5 / 6.0	3.0	7.0	9.0	3.0	6.0	1.5	3.0	5.0	2.0	2.0	3.0	2.0
	3kV 以下	7.5 / 6.0	3.0	6.0	9.0	3.0	6.0	1.0	3.0	5.0	1.0	1.0	1.5	1.5

（续）

项目		铁路		公路和道路		电车道（有轨及无轨）		通航河流	不通航河流	架空明线弱电线路		电力线路		特殊管道		一般管道、索道
最小水平距离/m	线路电压	杆塔外缘至轨道中心		杆塔外缘至路基边缘		杆塔外缘至路基边缘		边导线至斜坡上缘（线路与拉纤小路平行）		边导线间		至被跨越线		边导线至管道、索道任何部分		
		交叉	平行	开阔地区	路径受限地区	市区内	开阔地区	路径受限地区			开阔地区	路径受限地区	开阔地区	路径受限地区	开阔地区	路径受限地区
	35~66kV	30	最高杆（塔）高加3m	交叉：8.0 平行：最高杆（塔）高	5.0	0.5	交叉：8.0 平行：最高杆（塔）高	5.0	最高杆（塔）高		4.0	最高杆（塔）高	5.0	最高杆（塔）高	4.0
	3~10kV	5		0.5	0.5	0.5	0.5	0.5				2.0		2.5		2.0
	3kV以下	5		0.5	0.5	0.5	0.5	0.5				1.0		2.5		1.5
其他要求		35~66kV不宜在铁路出站信号机以内跨越		在不受环境和规划限制的地区架空电力线路与国道的距离不宜小于20m，省道不宜小于15m，县道不宜小于10m，乡道不宜小于5m		—		最高洪水位时，有抗洪抢险船只航行的河流，垂直距离应协商确定		电力线应架设在上方；交叉点应尽量靠近杆塔		电压高的线路应架设在电压低的线路上方；电压相同时公用线应在专用线上方		与索道交叉，如索道在上方，下方索道应装设保护措施；交叉点不应选在管道检查井处；与管道、索道平行、交叉时，管道、索道应接地		

注：1. 特殊管道指架设在地面上输送易燃、易爆物的管道；
2. 管道、索道上的附属设施，应视为管道、索道的一部分；
3. 常年高水位是指5年一遇洪水位，最高洪水位对35kV及以上架空电子线路是指百年一遇洪水位，对10kV及以下架空电力线路是指50年一遇洪水位；
4. 不能通航河流指不能通航，也不能浮运的河流；
5. 对路径受限制地区的最小水平距离的要求，应计及架空电力线路导线的最大风偏；
6. 对电气化铁路的安全距离主要是电力线导线与承力索和接触线的距离控制，因此，对电气化铁路轨顶的距离按实际情况确定。

（8）架空线路与各种架空电力线路交叉跨越时的最小垂直距离，在最大弛度时，不应小于表3-11所列数值；且低压的线路应架设在下方。

表 3-11　架空线路与各种架空电力线路交叉跨越的最小垂直距离（m）

配电线路电压（kV）	电力线路（kV）				
	1 以下	1~10	35~110	220	330
1~10	2	2	3	4	5
1 以下	1	2	3	4	5

4. 接户线的各种安全距离

（1）接户线对地、对路面中心的垂直距离，不应小于表 3-12 所列数值。

表 3-12　接户线对地、路面的最小垂直距离

序号	接户线架设条件	最小垂直距离/m
1	6~10kV 接户线对地	4.5
2	低压接户线对地	2.7（2.5）
3	跨越道路的低压接户线至路面中心： 通车道路 难通车道路、人行道	 6.0 3.5

注：1. 低压接户线应采用绝缘导线。
　　2. 括号内数字，在建筑物高度受限制时采用。

（2）低压接户线与建筑物有关部分的距离，不应小于表 3-13 所列数值。

表 3-13　低压接户线与建筑物有关部分的最小距离

序号	接户线接近建筑物的部位	最小距离/mm
1	与接户线下方窗户间的垂直距离	300
2	与接户线上方阳台或窗户的垂直距离	800
3	与窗户或阳台的水平距离	750
4	与墙壁、构架之间距离	50

（3）接户线的线间距离，不应小于表 3-14 所列数值。

表 3-14　接户线的线间最小距离

电压	架设方式	档距/m	线间距离/mm
1kV 及以下低压	从电杆上引下	25 及以下	150
	沿墙敷设	6 及以下	100
		6 及以上	150
6~10kV 高压		30 及以下	450

（4）低压接户线与弱电线路交叉时，垂直距离要求为：接户在上方时 >0.6m；接户线在下方时 >0.3m。

5. 电杆的选择

电杆一般采用钢筋混凝土电杆，其规格和埋深，应符合表 3-15 的要求。

6. 横担的选择

横担的类型、优缺点及其适用范围，见表 3-16；高压角铁横担的选择，见表 3-17；低压角铁横担的选择，见表 3-18。

表 3-15　钢筋混凝土电杆规格和埋设深度

杆长/m	8		9		10		11	12	13
梢径/mm	150	170	150	190	150	190	190	190	190
底径/mm	256	277	270	310	283	323	337	350	363
埋设深度/mm	1500		1600		1700		1800	1900	2000

注：表中埋设深度系按一般土质情况。

表 3-16　横担的类型、优缺点及其适用范围

类型	优缺点	适用范围
木横担	加工容易，具有较好的绝缘性能，但易腐朽	木材资源丰富的边远山区
角铁横担	具有良好的机械强度，但易锈蚀，需定期涂漆防锈	广泛用于高低压架空线路中
瓷横担	具有良好的绝缘性能，能降低电杆高度，节省木材和钢材，且安装方便，能减少维修工作量，但耐冲击性差，易碎裂	6~10kV 架空线路中应优先采用

表 3-17　高压角铁横担的选择

档距/m	50												90											
杆型	直线杆				耐张杆				终端杆				直线杆				耐张杆				终端杆			
覆冰厚/mm	0	5	10	15	0	5	10	15	0	5	10	15	0	5	10	15	0	5	10	15	0	5	10	15
LJ-35	L63×6				2×L63×6				2×L63×6				L63×6				2×L63×6				2×L63×6			
LJ-50																					2×L75×8			
LJ-70									2×L75×8															
LJ-95																								
LJ-120									2×L90×8												2×L90×8			
LJ-150																								
LJ-185																								
LJ-240					2×L75×8				2×L63×6 带斜撑				L75×8				2×L75×8				2×L63×6 带斜撑			
LJ-25	L63×6				2×L63×6				2×L75×8				L63×6				2×L63×6				2×L75×8			
LJ-35																					2×L90×8			
LJ-50									2×L90×8												2×L63×6			
LJ-70																	2×L75×8				带斜撑			
LJ-95					2×L75×8				2×L63×6 带斜撑															
LJ-120																								
LJ-150																								
LJ-185																								
LJ-240					①				2×L90×8				②				L75×8				2×L90×8 带斜撑 2×L75×8			

注：1. 本表只适用于单回路的高压线路。
2. L63×6 表示边长×厚度 = 63mm×6mm 规格的角铁横担；2×L63×6 表示 63mm×6mm 规格的角铁双横担。
3. 空格中①为 L75×8，②为 2×L75×8，带斜撑的角铁横担。

第三章 架空线和电缆的敷设

表 3-18 低压角铁横担的选择

类型	杆型	直线杆				<45°转角杆、耐张杆				终端杆			
	覆冰厚/mm	0	5	10	15	0	5	10	15	0	5	10	15
2线横担	LJ-16	L40×4	L40×4	L40×4	L40×4	2×L40×4	2×L40×4	2×L40×4	2×L40×4	2×L40×4	2×L40×4	2×L40×4	2×L40×4
	LJ-25									2×L50×5	2×L50×5	2×L50×5	2×L50×5
	LJ-35									2×L63×6	2×L63×6	2×L63×6	2×L63×6
	LJ-50												
	LJ-70												
	LJ-95												
	LJ-120				①	2×L50×5	2×L50×5	2×L50×5	2×L50×5	2×L75×8	2×L75×8	2×L75×8	2×L75×8
	LJ-150												
	LJ-185												
4线横担	LJ-16	L50×5	L50×5	L50×5	L50×5	2×L50×5	2×L50×5	2×L50×5	2×L50×5	2×L63×6	2×L63×6	2×L63×6	2×L63×6
	LJ-25												
	LJ-35									2×L75×8	2×L75×8	2×L75×8	2×L75×8
	LJ-50												
	LJ-70					2×L63×6	2×L63×6	2×L63×6	2×L63×6				
	LJ-95	L63×6	L63×6	L63×6	L63×6					2×L90×8	2×L90×8	2×L90×8	2×L90×8
	LJ-120												
	LJ-150					2×L75×8	2×L75×8	2×L75×8	2×L75×8				
	LJ-185				②					2×L75×8 带斜撑	2×L75×8 带斜撑	2×L75×8 带斜撑	2×L75×8 带斜撑
6线横担	LJ-16	L63×6	L63×6	L63×6	L63×6	2×L63×6	2×L63×6	2×L63×6	2×L63×6	2×L75×8	2×L75×8	2×L75×8	2×L75×8
	LJ-25									2×L90×8	2×L90×8	2×L90×8	2×L90×8
	LJ-35					2×L75×8	2×L75×8	2×L75×8	2×L75×8				
	LJ-50									2×L63×8	2×L63×8	2×L63×8	2×L63×8
	LJ-70												
	LJ-95									2×L75×8 带斜撑	2×L75×8 带斜撑	2×L75×8 带斜撑	2×L75×8 带斜撑
	LJ-120					2×L90×8	2×L90×8	2×L90×8	2×L90×8				
	LJ-150												
	LJ-185	L75×8	L75×8	L75×8	③	2×L75×8 带斜撑	2×L75×8 带斜撑	2×L75×8 带斜撑	2×L75×8 带斜撑	2×L90×8 带斜撑	2×L90×8 带斜撑	2×L90×8 带斜撑	2×L90×8 带斜撑

注：①为 L50×5；②为 L75×8；③为 L90×8。

7. 绝缘子的选择

绝缘子类型的选择，见表 3-19。

8. 拉线的选择

拉线选择的一般要求，见表 3-20。

表 3-19 架空线路绝缘子的选择

线路电压		直线杆		耐张杆
		木横担	铁横担	
高压	6kV	P-6 型针式	P-10 型针式	一个 X-3C 型悬式与一个 E-6 型或 E-10 型悬式组成绝缘子串,或两个 X-3C 型悬式组成绝缘子串
	10kV	P-10 型针式	P-15 型针式	
低压		低压针式		低压蝴蝶式
备注		高压直线杆采用瓷横担时不需另外装设绝缘子		

表 3-20 拉线选择的一般要求

项目		一般选择要求		
拉线材料		镀锌钢绞线	最小截面	25mm²
		镀锌铁线		3×12.6mm²
拉线与电杆夹角		一般取 45°(如受地形局限,可适当减少,但不得小于 30°)		
跨越道路的水平拉线		跨越汽车路时对路面垂直距离	对路边	不小于 4.5m
			对路面中心	不小于 6m
		拉线柱	倾斜角	一般取 10°~20°
			埋设深度	柱长的 1/6
转角杆		线路转角	45°及以下	可装设分角拉线
			45°以上	应装设顺线行拉线
耐张杆		当两侧导线截面相差较大时		应装设对穿拉线
终端杆		一般		应装设终端拉线
两组横担电杆		一般		应装设 Y 型拉线
		两组均为低压,且导线在 50mm² 及以下时		可只装设一组拉线
拉线盘		埋设深度		一般不小于 1.2m
撑杆		在地形受限不能装设拉线时采用	埋设深度	一般为 1m
			与主杆夹角	宜为 30°
拉紧绝缘子		钢筋混凝土电杆的拉线必须采用	距地面	不小于 2.5m
			型号	J-4,5 型(适用)	镀锌钢绞线 25,35mm²
				镀锌铁线 3,5,7 股
				J-9 型(适用)	镀锌钢绞线 50mm²
				镀锌铁线 9,11 股

(三) 架空线路导线的选择

1. 导线的类型

(1) 架空线路的导线一般采用铝绞线 (LJ 型铝绞线或 LQJ 型钢芯铝绞线)。当高压线路档距或交叉档距较长、杆位高差较大时,宜采用钢芯铝绞线。在沿海地区,由于盐雾或有化学腐蚀气体的存在,宜采用防腐铝绞线、铜绞线或采取其他措施。

(2) 在街道狭窄和建筑物稠密地区应采用绝缘导线。

2. 导线截面的选择

(1) 10kV 及以下架空线路的导线截面，一般按计算负荷、允许电压损失及机械强度确定。

(2) 当采用电压损失校核截面时：

1) 高压线路，自供电的变电所二次侧出口至线路末端变压器或末端受电变电所一次侧入口的允许电压损失，为供电变电所二次侧额定电压（6kV、10kV）的 5%。

2) 低压线路，自配电变压器二次侧出口至线路末端（不包括接户线）的允许电压损失，一般为额定配电电压（220V、380V）的 4%。

当建筑物的规模及容量较大，可按总的电压允许偏移对内外线路的电压损失值进行适当调整。

(3) 当确定高、低压线路的导线截面时，除根据负荷条件外，尚应与地区配电网的发展规划相结合。当无地区配电网规划时，配电线路的导线截面不宜小于表 3-21 所列数值。

表 3-21 导线截面（mm^2）

线路 导线种类	高压线路			低压线路		
	主干线	分干线	分支线	主干线	分干线	分支线
铝绞线及铝合金绞线	120	70	35	70	50	35
钢芯铝绞线	120	70	35	70	50	35
铜绞线	—	—	16	50	35	16

(4) 架空线路导线的长期允许载流量，应按周围空气温度进行校正。

当导线按发热条件验算时，最高允许工作温度宜取 +70℃。验算时周围空气温度采用当地最热月平均最高温度。

(5) 配电线路的导线不应采用单股的铝线或铝合金线。高压线路的导线不应采用单股铜线。

(6) 配电线路导线的截面按机械强度要求不应小于表 3-22 所列数值。

表 3-22 导线最小截面（mm^2）

线路 导线种类	高压线路		低压线路
	居民区	非居民区	
铝绞线及铝合金绞线	35	25	16
钢芯铝绞线	25	16	16
铜绞线	16	16	（直径 3.2mm）

注：低压线路与铁路交叉跨越档，当采用裸铝绞线时，截面不应小于 35mm^2。

(7) 三相四线制的中性线截面不应小于表 3-23 所列数值。单相制的中性线截面应与相线截面相同。

表 3-23 中性线最小截面（mm^2）

线别 导线种类	相线截面	中性线截面
铝绞线及钢芯铝绞线	LGJ-50 及以下	与相线截面同
	LGJ-70 及以上	不小于相线截面的 50%，但不小于 50mm^2
铜绞线	TJ-35 及以下 TJ-50 及以上	不小于相线截面的 50%，但不小于 35mm^2

3. 接户线

由高、低压线路至建筑物第一个支持点之间的一段架空线，称为接户线。由接户线至室内第一个配电设备的一段低压线路，称为进户线。此段线路不宜过长。

（1）低压接户线的档距不宜大于 25m，档距超过 25m 时，宜设接户杆。低压接户杆的档距不应超过 40m。

低压接户线接户点处的墙体应牢固，接户点应接近供电线路，宜接近负荷中心，并便于维修和保证施工安全。

（2）一幢建筑物，一般情况下对同一电源只做一个接户线。当建筑物体量较长、容量较大或有特殊要求时，可根据当地供电部门规定考虑多组接户线。

（3）低压接户线应采用绝缘导线，导线截面应根据负荷计算电流和机械强度确定，并要考虑今后发展有可能性。当计算电流小于 30A 且无三相用电设备时，宜采用单相接户线；大于 30A 时，宜采用三相接户线。接户线的最小允许截面，见表 3-24 所列数值。

表 3-24 低压接户线的最小截面

接户线架设方式	档距（m）	最小截面（mm^2）	
		绝缘铜线	绝缘铝线
自电杆上引下	10 以下	4	6
	10～25	6	10
沿墙敷设	6 及以下	4	6

（4）高压接户线的档距不宜大于 40m，其截面不应小于下列数值：

铜绞线　16mm^2

铝绞线　25mm^2

（5）接户线的线间距离不应小于规定数值。

（6）接户线在受电端的对地距离，不应小于下列数值：

高压接户线　4.00m

低压接户线　2.50m

如特殊低矮房屋接户点离地低于 2.50m 时，应加装接户杆（落地杆或短杆），以绝缘线穿管接户。

（7）低压进户线应穿管保护接至室内配电设备。进户线保护管采用钢管时，伸出墙外一般为 0.15m，距支持物为 2.50m，并应采取防水措施。

（8）跨越街道的低压接户线，至路面中心的垂直距离不应小于下列数值：

通车街道　6.00m

通车困难的街道、人行道　3.50m

胡同、里弄、巷　3.00m

（9）低压接户线与建筑物有关部分的距离不应小于规定的数值。

（10）低压接户线不应从高压引下线间穿过，严禁跨越铁路。

（11）自电杆引下的导线截面为 16mm^2 及以上的低压接户线，应使用低压蝴蝶式绝缘子。

（12）不同金属、不同规格的接户线，不应在档距内连接。跨越通车街道的接户线，不应有接头。

(13) 为美化环境、保证安全，大型建筑物和繁华街道两侧的接户线，可采用架空电缆或电缆沿墙敷设的接户方式。

二、电杆基坑的施工

电杆基坑分为杆坑和拉线坑。

(一) 测量放线定位

基坑放线定位应根据设计提供线路图、断面图和勘测地形图等，确定线路的走向，再确定耐张杆、转角杆、终端杆等位置，最后确定直线杆的位置。

1. 杆坑定位

架空配电线路的杆坑位置，应根据设计线路图已定的线路中心线和规定线路中心桩位进行测量放线定位。

基坑定位中心桩位置确定后，应按中心桩的标定位置辅助桩作为施工控制点，即为基坑定位的依据。

基坑施工前的定位应符合下列规定：

(1) 直线杆：顺线路方向位移不应超过设计档距的 5%，垂直线路方向位移不应超过 50mm。

(2) 转角杆：位移不应超过 50mm。

在设计未作规定时电杆埋设深度应符合表 3-25 所列数值。

表 3-25　电杆埋设深度表

杆长/m	8.0	9.0	10.0	11.0	12.0	13.0	15.0
埋深 h/m	1.7	1.8	1.9	2.0	2.1	2.3	2.5

杆坑应采用经纬仪测量定位，逐点测出杆位后，随即在定位点处打入主、辅标桩，并在标桩上编号。应在转角杆、耐张杆、终端杆和加强杆位的标桩上标对杆型，以便挖设拉线坑。

施工前还必须对全线路的坑位进行复测。经复测确定主杆基坑坑位标桩、拉线中心桩及其辅助桩的位置，并划出坑口尺寸。

2. 拉线坑定位

直线杆的拉线设置与线路中心线应平行或垂直。转角杆的拉线位于转角的平分角线上（杆受力的反方向）。拉线与杆的中心线夹角一般为 45°。

拉线坑与杆的水平距离 L，其计算式：

$$L = （拉线高度 + 拉线坑深度）\cdot \tan \phi$$

式中　ϕ——拉线与电杆中心线夹角；

　　　L——拉线坑与电杆中心线的水平距离。

拉线坑是沿杆受力的反方向，以杆位为起点，测量出距离 L 处，在此定位点钉上标桩，为拉线坑的中心位置。

电杆有底盘时，坑底应保持水平，底盘安装尺寸的偏差值应符合规定。为了对基础进行补强，设置卡盘。卡盘的设置应符合以下要求：

(1) 卡盘上口距地面不应小于 0.5m。
(2) 直线杆：卡盘应与线路平行并应在线路电杆左、右侧交替埋设。
(3) 承力杆：卡盘埋设在承力侧。

（二）基坑开槽

杆坑有圆形和梯形两种。不带底盘或卡盘的杆坑，常为圆形基坑，可用螺旋钻洞器、夹铲等工具，挖出圆形基坑。梯形坑适用于杆身较高较重及带有卡盘的电杆。

拉线坑的基底底面应垂直于拉线方向、深度应符合设计要求。坑底应进行处理，铲平夯实。

（三）底盘安装

底盘重量小于 300kg 时，可采用人工作业；若底盘重量超过 300kg 时，宜采用吊装方式。

1. 底盘找正

单杆底盘的找正，在底盘入坑后，用钢丝，在前后辅助桩中心点上连成一线，再用钢尺在连线上找出中心点，从中心点在钢丝上吊挂线锤，使线锤尖端对准底盘中心。如有偏差时，调整底盘位置，直到中心对准为止。然后在底盘四周填土，使底盘固定牢固。

2. 拉线盘找正

在拉线盘安装后，将拉线棒方向对准杆坑中心的标杆或已立好的电杆，使拉线棒与拉线盘成垂直，如有偏差时进行找正，直到拉线盘垂直于拉线棒或已立好的电杆为止。拉线盘找正后，将拉线棒埋入规定角度的槽内，填土夯实牢固。

埋入地下的金属件（镀锌件除外），均应作防腐处理。然后回填土，必须符合设计要求。

施工中，要采取必要的安全措施。

三、电杆组立的施工

电杆组立的施工内容包括复核杆位、材料验收、横担组装、立杆、卡盘安装、校正、夯填土方。

（一）复核杆位

在电杆组立前，首先应对基坑坐标、标高和坑深度进行测位，视其是否符合设计要求。如不符合要求，应进行返工，直至达到要求。

（二）材料验收

材料验收的项目，如下：

(1) 钢筋混凝土电杆。首先应进行外观检查，查验合格证明文件；并应检查混凝土的强度等级是否符合设计要求。

(2) 绝缘子。首先进行外观检查，查验耐压试验报告和合格证明文件，还应检查瓷件与铁件结合紧密程度，并检查铁件的镀锌情况。

(3) 金具（包括横担、铁拉板和抱箍、螺栓等）。首先应进行外观质量检查，查验合格证明文件，并检查表面质量和镀锌层质量，查验型号和规格是否符合设计要求。

架空电力线路工程所使用的原材料、器材，具有下列情况之一者，应重作检验：

1) 超过规定保管期限者；

2）因保管、运输不良等原因而有变质损坏可能者。
3）对原试验结果有怀疑或试样代表性不够者。
（三）横担组装和绝缘子安装
1. 横担组装

横担组装前，应用支架垫起电杆杆身的上部，测量横担安装位置、做好标记，依次套上箍、穿好垫铁及横担，再穿上平垫圈、弹簧垫圈、用螺母紧固。然后安装连接板、杆顶支座抱箍、拉线等。

线路单横担的安装，直线杆应装于受电侧；分支杆、90°转角杆（上、下）及终端杆应装于拉线侧。

横担安装应平正，安装偏差应符合下列规定：
（1）横担端部上下歪斜不应大于20mm。
（2）横担端部左右扭斜不应大于20mm。
（3）双杆的横担，横担与电杆连接处的高差不应大于连接距离的5/1000；左右扭斜不应大于横担总长度的1/100。

2. 绝缘子安装

绝缘子安装应符合下列规定：
（1）安装应牢固，连接可靠，防止积水。
（2）安装时应清除表面灰垢、附着物及不应有的涂料。
（3）悬式绝缘子安装，尚应符合下列规定：
1）与电杆、导线金具连接处，无卡压现象。
2）耐张串上的弹簧销子、螺栓及穿钉应由上向下穿。当有特殊困难时可由内向外或由左向右穿入。
3）悬垂串上的弹簧销子、螺栓及穿钉应向受电侧穿入。两边线应由内向外，中线应由左向右穿入。
（4）绝缘子裙边与带电部位的间隙不应小于50mm。

采用的闭口销或开口销不应有折断、裂纹等现象，当采用开口销时应对称开口，开口角度应为30°~60°。严禁用线材或其他材料代替闭口销、开口销。

35kV架空电力线路的瓷悬式绝缘子，安装前应采用不低于5000V的绝缘绕组表逐个进行绝缘电阻测定。在干燥情况下，绝缘电阻值不得小于500MΩ。

（四）立杆

立杆方法有机械立杆和人力立杆两种。

1. 机械立杆

吊机就位后，挂上钢丝绳，吊索拴好缆风绳，挂好吊钩，有专人指挥、起吊就位。起吊后杆顶部离地面1m左右时停止起吊，进行检查，无误后继续起吊使杆就位。

电杆起立后，调整好杆位，架上叉木，回填一部分土，撤去吊钩及吊绳。然后用经纬仪和线缍调整好杆身的垂直度及横担方向，再作回填土，边填边夯实，填到卡盘安装部位为止，撤去缆风绳及叉木。

2. 人力立杆

绞磨就位。设置地锚钎子，用钢丝绳将绞磨与打好的地锚钎子连接好。再组装滑轮组，穿好钢丝绳，立人字桅杆。牵挂钢丝绳，拴好缆风绳及前后控制横绳，挂好吊钩，在专人指挥下起吊就位，填土夯实。

3. 立杆的质量要求

单电杆立好后应正直，位置偏差符合下列规定：

（1）直线杆的横向位移不应大于 50mm。

（2）直线杆的倾斜，35kV 架空电力线路不应大于杆长的 3‰；10kV 及以下架空电力线路杆梢的位移不应大于杆梢直径的 1/2。

（3）转角杆的横向位移不应大于 50mm。

（4）转角杆应向外角预偏、紧线后不应向内角倾斜，向外角的倾斜，其杆梢位移不应大于杆梢直径。

（5）终端杆立好后，应向拉线侧预偏，其预偏值不应大于杆梢直径；紧线后不应向受力侧倾斜。

双杆立好后应正直，位置偏差应符合下列规定：

（1）直线杆结构中心与中心桩之间的横向位移，不应大于 50mm；转角杆结构中心与中心桩之间的横、顺向位移，不应大于 50mm。

（2）迈步不应大于 30mm。

（3）根开不应超过 ±30mm。

以抱箍连接的叉梁，其上端抱箍组装尺寸的允许偏差在 +50mm 范围内；分段组合叉梁组合后应正直，不应有明显的鼓肚、弯曲；各部连接应牢固。横隔梁安装后，应保持水平；组装尺寸允许偏差应在 ±50mm 范围内。

（五）卡盘安装

（1）将卡盘放在杆位，核实卡盘埋设标高及坑深，将坑底找平并夯实。

（2）将卡盘放入坑内，穿上抱箍，垫好垫圈，用螺母紧固。检验后回填土。

（3）卡盘安装应符合以下要求：

1）卡盘上口距地面不应小于 350mm。

2）直线杆卡盘应与线路平行，应在线杆左右侧交替埋设。

3）转角杆卡盘应分为上、下二层埋设在受力侧。

4）终端杆卡盘应埋设在承力侧。

（六）钢筋混凝土电杆组合

钢圈连接的钢筋混凝土电杆宜采用电弧焊接，且应符合下列规定：

（1）应由经过焊接专业培训并经考试合格的焊工操作。焊完后的电杆经自检合格后，在上部钢圈处打上焊工的代号钢印。

（2）焊接前，钢圈焊口上的油脂、铁锈、泥垢等物应清除干净。

（3）钢圈应对齐找正，中间留 2~5mm 的焊口缝隙。当钢圈有偏心时，其错口不应大于 2mm。

（4）焊口宜先点焊 3~4 处，然后对称交叉施焊。点焊所用焊条牌号应与正式焊接用的焊条牌号相同。

（5）当钢圈厚度大于 6mm 时，应采用 V 形坡口多层焊接。多层焊缝的接头应错开，收口时应将熔池填满。焊缝中严禁填塞焊条或其他金属。

(6) 焊缝应有一定的加强面,其高度和遮盖宽度应符合《电气装置安装工程35kV及以下架空电力线路施工及验收规范》GB 50173—1992规范的规定。

(7) 焊缝表面应呈平滑的细鳞形与基本金属平缓连接,无折皱、间断、漏焊及未焊满的陷槽,并不应有裂缝。基本金属咬边深度不应大于0.5mm,且不应超过圆周长的10%。

(8) 雨、雪、大风天气施焊应采取妥善措施。施焊中电杆内不应有穿堂风。当气温低于 -20℃时,应采取预热措施,预热温度为100~120℃。焊接后应使温度缓缓下降。严禁用水降温。

(9) 焊完后的整杆弯曲度不应超过电杆全长的2/1000,超过时应割断重新焊接。

(10) 当采用气焊时,应符合下列规定:

1) 钢圈的宽度不应小于140mm。

2) 加热时间宜短,并采取必要的降温措施。焊接后,当钢圈与水泥粘接处附近水泥产生宽度大于0.05mm纵向裂缝时,应予补修。

3) 电石产生的乙炔气体,应经过滤。

4) 电杆的钢圈焊接后应将表面铁锈和焊缝的焊渣及氧化层除净,并进行防腐处理。

四、拉线安装

拉线安装的施工项目包括拉线盘的安装、拉线下料、拉线组合制作和拉线安装。

(一) 拉线安装材料的要求

拉线安装材料包括钢绞线、镀锌钢线、拉线棒、混凝土拉线盘、拉线绝缘子、拉线金具、螺栓等均应符合要求。

1. 钢绞线的质量要求

(1) 不应有松股、交叉、折叠、断裂及破损等缺陷;

(2) 最小截面不应小于 $25mm^2$;

(3) 符合现行技术标准,并有合格证明文件。

2. 镀锌钢线的质量要求

(1) 不应有死弯、断裂及破损等缺陷;

(2) 镀锌良好,不应锈蚀;

(3) 拉线主线用的镀锌铁线直径不应小于4.0mm,缠绕用的镀锌铁线直径不应小于3.2mm;

(4) 应符合现行技术标准,并有合格证明文件。

3. 拉线棒的质量要求

(1) 不应有死弯、断裂、砂眼、气泡等缺陷;

(2) 镀锌良好,不应锈蚀;

(3) 最小直径不应小于16mm;

(4) 应符合现行技术标准,并有合格证明文件。

4. 混凝土拉线盘的质量要求

(1) 预制混凝土拉线盘表面不应有蜂窝、露筋、裂缝等缺陷;

(2) 混凝土拉线盘的机械强度应符合设计要求;

（3）应符合现行技术标准，并有合格证明文件。

5. 拉线绝缘子的质量要求

（1）瓷釉光滑，无裂纹、缺釉、斑点、烧痕、气泡或瓷釉烧坏等缺陷；

（2）高压绝缘子，需经交流耐压试验，合格；

（3）应符合现行技术标准，并有合格证明文件。

6. 拉线金具

拉线金具包括：拉线抱箍、UT 形线夹、楔形线夹、花篮螺栓、双拉线联板、平行挂板、U 形挂板、心形环、钢线卡、钢套管等。它们应符合下列质量要求：

（1）表面应光洁、无裂纹、毛刺、飞边、砂浆眼、气泡等缺陷；

（2）应热镀锌，遇有局部锌皮剥落者，除锈后涂刷红樟丹及油漆；

（3）应符合现行技术标准，并有合格证明文件。

7. 螺栓的质量要求

（1）螺栓表面不应有裂纹、砂眼、锌皮剥落及锈蚀等现象；

（2）螺杆与螺母配合良好；

（3）金具上的各种联结螺栓应有防松装置，采用的防松装置应镀锌良好，弹力合适，厚度符合规定。

（二）拉线盘的安装

拉线盘安装的要求，如下：

（1）拉线盘的埋设深度和方向，应符合设计要求。

（2）拉线棒与拉线盘应垂直，连接处应采用双螺母，其外露地面部分的长度为 500~700mm。

（3）拉线坑应有斜坡，回填土应将土块打碎后夯实。

（4）拉线坑宜设防沉层。

（三）拉线下料

（1）拉线长度的计算，近似计算式，如下：

$$AB = K(AC + BC)$$

式中　AB——拉线长度（m）；

　　　AC——拉线高度（m）；

　　　BC——拉线距，即拉线出地面处至电杆松部的水平距离（m）；

　　　K——拉线系数，取 0.71~0.73。

计算出来的 AB 长度，是拉线装成的长度（包括下部拉线棒露出地面部分）。拉线下料长度还应加上扎线长度再减去螺栓长度。

（2）拉线下料。根据设计要求拉线的组合方式确定拉线上、中、下底把的长度及股数，进行下料。

（3）每把钢丝合成的股数应不少于三股，底把股数还应比上、中把多两股。

（4）伸线。将成捆的 $\phi 4.0\text{mm}$ 镀锌铁线放开拉伸，使其挺直，以便切割和束合。

（5）切割。应将钢绞线切割处的两侧用细钢丝缠绕扎死，然后切割以防止断线后散股。

（四）拉线组合制作

（1）束合。将拉直的钢线按需股数合在一起，另用镀锌钢线缠扎，然后将两端头拧在一起成拉线节，形成束合线。

（2）拉线把制作。拉线把制作方法有两种：自缠法和另缠法。对于软性的拉线可采用自缠法；对于硬性的镀锌钢线或钢绞线宜采用另缠法。

1）自缠法。自缠法也有两种方法，其中一种制作工艺：将拉线折弯处嵌进心形环，然后抽出折回部分的一股，用钳子在合并部分用力缠绕10圈，余留20mm钢丝合在线束内，多余部分剪掉；再抽出第二股，用同样方法缠绕10圈，依此类推。由第三股起每次缠绕圈数减1圈，直到第六次为止。

2）另缠法。将拉线折弯处嵌入心形环，折回部分散开与拉线合在一起，另用一根 $\phi 3.2$mm 镀锌铁线作绑线，缠绕时，将绑线一端和拉线折回部分并在一起，另一端用钳子缠绕，缠绕要求紧密整齐。钢绞线拉线的另缠长度不应小于表3-26所列数值。绑线缠绕完后，两端自相扭绞3圈成麻花形小辫。

表3-26 钢绞线拉线缠绕长度最小值

钢绞线截面/mm²	缠绕长度/mm				
	上把	拉紧绝缘子的两侧	与拉线棒连接处		
			下端	花缠	上端
25	200	200	150	350	80
35	250	250	200	300	80
50	300	300	250	250	80

注：下端指拉线棒处，上端指远离接拉线棒处。

（五）拉线安装

拉线安装的绝缘子及金具应齐全，位置正确，承力拉线应与线路中心线方向一致，转角拉线与线路分角线方向一致。拉线应收紧。收紧程度与杆上导线数量规格及弧垂相适配。

拉线安装应符合下列规定：

（1）安装后对地平面夹角与设计值的允许偏差，应符合下列规定：

1）35kV架空电力线路不应大于1°；

2）10kV及以下架空电力线路不应大于3°；

3）特殊地段应符合设计要求。

（2）承力拉线应与线路方向的中心线对正；分角拉线应与线路分角线方向对正；防风拉线应与线路方向垂直。

（3）跨越道路的拉线，应满足设计要求，且对通车路面边缘的垂直距离不应小于5m。

（4）当采用UT型线夹及楔形线夹固定安装时，应符合下列规定：

1）安装前丝扣上应涂润滑剂；

2）线夹舌板与拉线接触应紧密，受力后无滑动现象，线夹凸肚在尾线侧，安装时不应损伤线股；

3）拉线弯曲部分不应有明显松股，拉线断头处与拉线主线应固定可靠，线夹处露出的尾线长度为300~500mm，尾线回头后与本线应扎牢；

4）当同一组拉线使用双线夹并采用连板时，其尾线端的方向应统一；

5）UT 型线夹或花篮螺栓的螺杆应露扣，并应有不小于 1/2 螺杆丝扣长度可供调紧，调整后，UT 型线夹的双螺母应并紧，花篮螺栓应封固。

（5）当采用绑扎固定安装时，应符合下列规定：

1）拉线两端应设置心形环；

2）钢绞线拉线，应采用直径不大于 3.2mm 的镀锌铁线绑扎固定。绑扎应整齐、紧密，最小缠绕长度应符合表 3-26 的规定。

（6）采用拉线柱拉线的安装，应符合下列规定：

1）拉线柱的埋设深度，当设计无要求时，应符合下列规定：

① 采用坠线的，不应小于拉线柱长的 1/6；

② 采用无坠线的，应按其受力情况确定。

2）拉线柱应向张力反方向倾斜 10°~20°。

3）坠线与拉线柱夹角不应小于 30°。

4）坠线上端固定点的位置距拉线柱顶端的距离应为 250mm。

5）坠线采用镀锌铁线绑扎固定时，最小缠绕长度应符合表 3-26 的规定。

当一基电杆上装设多条拉线时，各条拉线的受力应一致。采用镀锌铁线合股组成的拉线，其股数不应少于 3 股。镀锌铁线的单股直径不应小于 4.0mm，绞合应均匀、受力相等，不应出现抽筋现象。混凝土电杆的拉线当装设绝缘子时，在断拉线情况下，拉线绝缘子距地面不应小于 2.5m。

拉线组装的操作内容包括：埋设拉线盘、做拉线上把和做拉线中把。拉线上把装在电杆上，需用拉线抱箍及螺栓固定；拉线中把的上部穿入拉线绝缘子中间孔，拉线中把的下部穿入下把拉线环中。

五、导线架设

架空线路导线架设的施工内容包括放线、架线、紧线和绑扎等。

（一）架空线路的材料要求

（1）导线不应有松股、交叉、折叠、断裂及破损等缺陷，裸铝绞线不应有严重腐蚀现象。

（2）导线的最小截面应符合表 3-27 的规定。

表 3-27 导线最小截面（mm^2）

导线种类	10kV		1kV 以下
	居民区	非居民区	
铝绞线	35	25	25
钢芯铝绞线	25	25	25
铜线	16	16	直径 4.0mm

（3）导线损伤有下列情况之一者，应锯断重接：

1）在同一截面内损伤面积超过导线的导电部分截面积的 17%；

2）钢芯铝绞线的钢芯断一股；

3）导线出灯笼现象，直径超过1.5倍导线直径而又无法修复；

4）金钩破股已形成无法修复的永久变形。

(4) 导线截面损坏不超过导电部分截面积17%时，可敷线补修，处理方法如下：

1）铝绞线以缠绕或修补预绞丝修理；

2）铝合金绞线以补修管补修；

3）钢芯铝绞线以缠绕或修补预绞丝修理；

4）钢芯铝合金绞线以补修管补修。

(5) 悬式绝缘子、蝶式绝缘子等在安装前后进行外观检查，并有下列要求：

1）瓷件与铁件应结合紧密，铁件镀锌良好；

2）瓷釉光滑，无裂纹、缺釉、斑点、烧痕、气泡或瓷釉烧坏等缺陷；

3）高压绝缘子应做交流耐压试验，其结果必须符合规定。

(6) 裸导线的绑线应选用与导线同金属的单股线，直径不应小于2.0mm；绝缘导线应选用绝缘绑线。

(7) 碗头挂板、平行挂板、直角挂板、U形挂环、球头挂环、拉板、连板、曲形垫等有如下要求：

1）表面应光洁、无裂纹、毛刺、飞边、砂眼、气泡等缺陷；

2）应热镀锌，遇有局部镀皮剥落者，除锈后应涂刷红樟丹及油漆。

(8) 耐张线夹、并沟线夹、接续管、铝带等有如下要求：

1）表面应光洁，无裂纹、毛刺、飞边、砂眼、气泡等缺陷；

2）线夹船体压板与导线接触应光滑。

(9) 螺栓有下列要求：

1）螺栓表面不应有裂纹、砂眼、锌皮剥落及锈蚀现象；

2）螺杆与螺母应配合良好；

3）金具上的各种联结螺栓应有防松装置，采用的防松装置应镀锌良好、弹力合适，厚度符合规定。

架空线路架设所需材料，如导线、绝缘子、绑线、各种金具、各种夹具、螺栓等均应符合国家或部颁的现行技术标准，并有合格证明文件。

(二) 放线

(1) 首先做好线盘就位，然后从线路紧线处，用放线架架好线轴，沿着线路方向把导线从盘上放开。

(2) 施放导线前，应沿线路清除障碍物，石砾地区应垫草垫等隔离物，以免损伤导线。当布线需跨越道路、河流时，应搭跨越架，并应设专人监管通过的车辆、船员，以防发生事故。

(3) 施放的导线吊升上杆时，每档之间的导线尽量避免接头，必须有接头时，应符合《电气装置安装工程35kV及以下架空电力线路施工及验收规范》GB 50173—2014的规定。

(4) 放线方法有两种，如下：

1）将导线沿杆根部放开后，再将导线吊上电杆；

2）在横担上装好开口滑轮，施放导线时，逐档将导线吊放在滑轮内施放导线。

（三）紧线

(1) 紧线前，对耐张杆、转角杆和终端杆已作完的拉线，应做全部检查。在线路末端将导线卡固在耐张线夹上或绑回头挂式蝶式绝缘子上。

(2) 铝绞线和钢芯铝绞线的紧线方法是先将导线通过滑轮组，用人力初步拉紧，然后用紧线器紧线。

(3) 紧线时，要使横担上两侧的导线受力均匀一致，则应同时收紧，以免横担受力不均而产生歪斜。注意调整好各导线的弛度，并找平。

(4) 导线紧固后，弛度的误差不应超过设计弛度的±5%，同一档内各条导线弛度应一致。

(5) 水平排列的导线，高低差应不大于50mm，架空导线的弛度要求，应符合规定。

（四）架空导线的固定绑扎

架空导线在绝缘子通常用绑扎法固定。架空导线固定方法因绝缘子形式和安装位置不同而各不相同，绑扎固定方法有顶部绑扎法、侧绑法、终端绑扎法和耐张线夹法等。

(1) 顶部绑扎法。简称顶绑法，适用于直线杆针式绝缘子上的绑扎。绑扎时，首先在导线绑扎处包铝带150mm，然后用绑线绑扎，绑线材料应与导线材料相同，直径在2.6~3mm范围内。

(2) 侧绑法。适用于转角杆针式绝缘子上的绑扎。绑扎时，导线应放在绝缘子颈部外侧。导线在进行绑扎前，在导线绑扎处同样要绑扎一定长度的铝带。

若直线杆针式绝缘子顶槽太浅，无法用顶绑法时，也可采用侧绑法绑扎。

(3) 终端绑扎法。适用于终端杆蝶式绝缘子的绑扎。也应在与绝缘子接触部分的铝导线上绑以铝带，然后把绑线绕成圈，进行固定。

(4) 耐张线夹法。用耐张线夹固定导线的方法适用在用耐张悬式绝缘子串的导线固定。绑扎前，先用铝包带包缠导线与线夹接触部分，再利用U形螺栓及压板固定导线。

（五）搭接过引线、引下线

在耐张杆、转角杆、分支杆、终端杆上搭接过引线或引下线，应符合下列要求：

(1) 过引线应呈均匀弧度、无硬弯，必要时应加装绝缘子。

(2) 搭接过引线、引下线，应与主导线连接，不得与绝缘子回头绑扎在一起。铝导线间的连接一般应采用并沟线夹，但70mm^2及以下的导线可以采用绑扎连接。

(3) 铜、铝导线的连接应使用铜铝过渡线夹，或有可靠的过渡措施。

(4) 裸铝导线在线夹上固定时应缠包铝带，缠绕方向应与导线外层绞股方向一致，缠绕长度应超出接触部分30mm。

(5) 过引线、引下线的导线间及导线对地面的最小安全距离应符合规定。

六、导线连接

导线连接质量，直接影响导线的机械强度和电气性能。架空线路导线连接后的握着力与母体导线拉断力比，应符合设计要求静载和动载的握着力。

（一）架空导线的连接方式

架空导线的连接方式很多，适用于不同的场合。

(1) 线夹连接法，适用于跳线处接头。

(2) 钳接（压接）法，适用于其他位置接头。
(3) 缠绕法，适用于单股导线的连接。
(4) 交叉缠绕法，适用于多股导线的连接。
(5) 爆炸压接法，适用于特殊地段和部位的导线连接。
（二）架空导线连接的一般要求：
架空导线连接应符合以下要求：
(1) 导线不同材料的金属、规格不同、绞向不同时，严禁在档距内连接。
(2) 在一个档距内，每根导线不应超过1个接头。跨越线（道路、河流、通信线路、电力线路）和避雷线均不允许有接头。
(3) 接头距导线的固定点，不应小于500mm。
(4) 接头处的机械强度，不应低于原导线强度的90%，电阻不应超过同长度导线的1.2倍。
（三）架空导线连接的质量要求
(1) 压接后尺寸的允许误差，铝绞线钳接管为±1.0mm；钢芯铝绞线钳接管为±0.5mm。
(2) 10kV及以下架空线路的导线，采用缠绕方法连接时，连接部分的线缠绕紧密、牢固，不应有断股、松股等，以及连接处严禁有损伤导线的缺陷。
(3) 压接后接线管两端出口处，合缝处及外露部分，应涂刷电力复合脂。导线的压接管在压接或校直后严禁有裂纹。
(4) 钳压后导线露出的端头绑扎线不应拆除。

七、接户线安装

自杆上线路引至建筑物墙外第一支持物线路称为接户线，包括接户杆。接户线按电压可分为低压接户线和高压接户线。低压架空接户线自支持物之间距离（档距）不应大于25m，超过25m时，应加装接户杆。

接户线安装的施工内容包括横担、支架制作及安装，接户线架设，导线连接等。

（一）接户线安装的材料与配件
(1) 接户线安装所需的材料与配件有：绝缘子、绝缘导线、角钢、圆钢、并沟线夹、接续管、拉板、曲形垫、紧固件，以及防水弯头、绝缘绑线、橡胶布、黑胶布、水泥、砂子、红樟丹、油漆等。
(2) 接户线安装所需材料与配件均应符合质量要求，主要材料与配件应有合格证明文件。

（二）横担、支架制作及安装
1. 横担、支架制作
(1) 根据施工图确定进线方式和横担、支架的构造形式、规格尺寸；
(2) 量出角钢的长度后，锯断；
(3) 按图纸要求划出煨角线及孔位线，用锯在煨角线锯出豁口，夹在台钳上煨制成型；
(4) 将豁口的对口缝焊牢。
采用埋设固定的横担、支架及螺栓、拉环的埋设端应制成燕尾。

除横担、支架、螺栓、拉环采用镀锌件外,其余配件均应做防腐处理。

2. 横担、支架安装

(1) 待横担、支架的涂料干燥后进行埋设、固定。横担、支架固定处为砖墙时,宜随墙体施工预埋。

(2) 接户线的进户端固定点标高不应低于2.7m,且应满足接户线在最大弛度情况下,对路面中心垂直距离不应小于以下规定:

1) 通车道路:6m;

2) 通车困难道路、胡同、里弄、巷:3.5m。

(3) 根据受力情况确定横担、支架的埋设深度,但不应小于120mm。固定螺栓为M12。埋注时应采用高强度水泥砂浆。

(4) 接户线的杆上横担应安装在最下一层线路的下方。

(5) 接户线横担应做防雷、接地保护。

(三) 接户线架设及导线连接

1. 将绝缘子安装在横担、支架上,并将防水弯拧牢。

2. 放开导线,伸直后,进行导线架设,并进行绑扎。放线架设应符合下列规定:

(1) 接户线架设后,在最大摆动时,不得接触其他物体和树木;

(2) 在档距内不应有接头;

(3) 接户线严禁穿过高压引线;

(4) 两个不同电源引入的接户线不宜同杆架设;

(5) 固定端采用绑扎固定时,其绑扎长度应符合规定。

3. 导线连接

(1) 按档距长度下线,削出线芯,找对相序后,进行导线连接。然后做好接头处的绝缘处理。作好"倒人字"形接头,使之排列整齐。

"倒人字"形接头,通常使用的连接方法,如下:

1) 铝导线间采用铝钳压管压接;

2) 铜导线间采用缠绕后锡焊;

3) 铜、铝导线间,将铜导线涮锡在铝线上缠绕或采用套管压接。

(2) 接户线与电杆上的主导线应使用并沟线夹进行连接。铜、铝导线间应使用铜、铝过渡线夹。

(3) 接户线与建筑物有关部分,线路的距离,应符合规定。

低压架空接户线在电杆上和进户第一支持物上,均应牢固地绑扎在绝缘子上,绝缘子安装在支架或横担上,支架及横担均应安装牢固,应能承受接户线的全部拉力。导线截面在 $16mm^2$ 以上时,应使用蝶式绝缘子。线间距离不小于150mm。接户线长度不宜超过25m,在偏僻的地方不应超过40m。楼房的第一支持物应做在首层,并应避开阳台、窗户和雨水口下方。

(4) 用橡胶、塑料护套电缆做接户线时,应符合下列规定:

1) 截面在 $10mm^2$ 及以下时,杆上和第一支持物处,应采用蝶式绝缘子固定,绑线截面应不小于 $1.5mm^2$ 的绝缘线;

2) 截面在 $10mm^2$ 以上时,应按钢索布线的技术规定进行安装;

3）第一支持物以下各处的接线，应做接线盒。

第二节　电缆的敷设

电缆的种类很多，分为电力电缆和控制电缆两大类。电力电缆有油浸纸绝缘电缆、橡胶绝缘电缆、聚氯乙烯绝缘电缆、交联聚乙烯绝缘电缆等；控制电缆主要用在二次回路作为控制、测量、保护信号回路中的连接线路。

电缆由导电线芯、绝缘层及保护层三个主要部分组成。其中导电线芯是用来传输电流；绝缘层是线芯之间、线芯与铅包之间绝缘；保护层是用来对绝缘密封，避免潮气侵入绝缘层，并保护电缆免受外界损伤。

与电缆种类和电缆结构相应的常用名词术语有：

（1）金属护套。是铅护套和铝护套的统称；

（2）铠装。起径向加强作用的金属带、起纵向加强作用的金属丝统称为铠装；

（3）金属护层。是金属护套和铠装的统称。有时亦单独把金属护套或铠装称为金属护层；

（4）电缆终端。安装在电缆末端，以使电缆与其电气设备或架空输电线相连接，并维持绝缘直至连接点的装置，称为电缆终端；

（5）电缆接头。连接电缆与电缆的导体、绝缘、屏蔽层和保护层，以使电缆线路连续的装置，称为电缆接头；

（6）电缆支架。电缆敷设就位后，用于支撑电缆的装置统称为电缆支架，包括普通支架和桥架；

（7）电缆桥架。由托盘（托槽）或梯架的直线段、非直线段、附件及支吊架等组合构成，用以支撑电缆具有连续的刚性结构系统，称为电缆桥架。

一、电缆敷设前的准备

（一）电缆选择

（1）油浸纸绝缘电力电缆。耐热能力强，允许运行温度高，介质损耗低，耐电压强度高，使用寿命长，但因组成材料限制弯曲性能差，不适于低温条件施工，绝缘层易损伤。

由于绝缘层内油的流淌，电缆两端水平高差不宜过大。因为电缆中油的流动，低端往往因积油而产生静压力，而导致电缆终端头或铅包被胀裂，造成漏油。所以，会酿成高端油的流失而使绝缘干枯而损坏。加上电缆头若制作质量差，缆芯连接的接触电阻大，运行中甚至会发生爆炸事故。

（2）聚氯乙烯绝缘电缆。这种电缆敷设不受高低差限制，其工艺结构简单，敷设、连接及运行维护也较为方便。其主要优点是重量轻，弯曲性能好，接头制作简便，且耐油、耐酸碱腐蚀、不延燃，具有内铠装结构，使钢带或钢丝免受腐蚀。

（3）橡胶绝缘电力电缆。这种电缆的橡胶绝缘层的柔软性好，易弯曲、有弹性。它适用于固定性敷设线路，也可用于移动式的线路。最大特点是应用范围广，具有较强的适应性和应用性。

（4）交联聚乙烯绝缘聚氯乙烯护套电力电缆。这种电缆结构简单，外径小、载流量大，敷设不受水平高低差限制，但它有延燃的缺点。

（5）电缆外护层及铠装的选择。电缆带外护层及铠装防护者，敷设在大型建筑物附近，土质松散可能产生位移的地段直接埋设时，应采用能承受机械外力的钢丝铠装电缆，或采取缆线预留长度，以及采取用板桩或排桩法加固土壤的措施。

（二）电缆敷设与建筑工程的配合

电缆线路安装前，建筑工程应具备下列条件：

（1）与电缆线路安装有关的建筑物、构筑物的建筑工程质量，应符合国家现行的建筑工程施工及验收规范中的有关规定。

（2）预埋件符合设计，安置牢固。

（3）电缆沟、隧道、竖井及人孔等处的地坪及抹面工作结束。

（4）电缆层、电缆沟、隧道等处的施工临时设施、模板及建筑废料等清理干净，施工用道路畅通，盖板齐全。

（5）电缆线路敷设后，不能再进行的建筑工程工作应结束。

（6）电缆沟排水畅通，电缆室的门窗安装完毕。

（7）电缆线路安装完毕后投入运行前，建筑工程应完成由于预埋件补遗、开孔、扩孔等需要而造成的建筑工程修饰工作。

（三）电缆的运输与保管

（1）在运输装卸过程中，不应使电缆及电缆盘受到损伤。严禁将电缆盘直接由车上推下。电缆盘不应平放运输、不应平放贮存。

（2）运输或滚动电缆盘前，必须保证电缆盘牢固，电缆绕紧。充油电缆至压力油箱间的油管应固定，不得损伤。压力油箱应牢固，压力指示应符合要求。

滚动时必须顺着电缆盘上的箭头指示或电缆的缠紧方向。

（3）电缆及其附件到达现场后，应按下列要求及时进行检查：

1）产品的技术文件应齐全；

2）电缆型号、规格、长度应符合订货要求，附件应齐全；电缆外观不应受损；

3）电缆封端应严密。当外观检查有怀疑时，应进行受潮判断或试验；

4）充油电缆的压力油箱、油管、阀门和压力表应符合要求且完好无损。

（4）电缆的贮存和保管应符合《电气装置安装工程电缆线路施工及验收规范》GB 50168的规定。

二、电缆敷设

（一）电缆管的加工及敷设

（1）电缆管不应有穿孔、裂缝和显著的凹凸不平，内壁应光滑；金属电缆管不应有严重锈蚀，硬质塑料管不得用在温度过高或过低的场所。在易受机械损伤的地方和在受力较大处直埋时，应采用足够强度的管材。

（2）电缆管的加工应符合下列要求：

1）管口应无毛刺和尖锐棱角，管口宜做成喇叭形；

2）电缆管在弯制后，不应有裂缝和显著的凹瘪现象，其弯扁程度不宜大于管子外径的10%；电缆管的弯曲半径不应小于所穿入电缆的最小允许弯曲半径；

3) 金属电缆管应在外在外表涂防腐漆或涂沥青，镀锌管锌层剥落处也应涂以防腐漆。

(3) 电缆管的内径与电缆外径之比不得小于规定；混凝土管、陶土管、石棉水泥管的内径不宜小于 100mm。

(4) 电缆管明敷时应符合下列要求：

1) 电缆管应安装牢固；电缆管支持点间的距离，当设计无规定时，不宜超过 3m；

2) 当塑料管的直线长度超过 30m 时，宜加装伸缩节。

(二) 电缆支架的配制与安装

(1) 电缆支架的加工应符合下列要求：

1) 钢材应平直，无明显扭曲。下料误差应在 5mm 范围内，切口应无卷边、毛刺；

2) 支架应焊接牢固，无显著变形。各横撑间的垂直净距与设计偏差不应大于 5mm；

3) 金属电缆支架必须进行防腐处理。位于湿热、盐雾以及有化学腐蚀地区时，应根据设计作特殊的防腐处理。

(2) 电缆支架的层间允许最小距离，电缆支架最上层及最下层至沟顶、楼板或沟底、地面的距离，均应符合规定。

(3) 电缆桥架的配制应符合下列要求：

1) 电缆梯架（托盘）及其支（吊）架、连接件和附件的质量应符合现行的有关技术标准；

2) 电缆梯架（托盘）的规格、支吊跨距、防腐类型应符合设计要求；

3) 铝合金梯架在钢制支吊架上固定时，应有防电化学腐蚀的措施；

4) 电缆桥架转弯处的转弯半径，不应小于该桥架上的电缆最小允许弯曲半径；

5) 电缆支架全长均应有良好的接地。

(三) 电缆敷设一般规定的要点

(1) 电缆敷设前应按下列要求进行检查：

1) 电缆通道畅通，排水良好。金属部分的防腐层完整。隧道内照明、通风符合要求；

2) 电缆型号、电压、规格应符合设计；

3) 电缆外观应无损伤、绝缘良好，当对电缆的密封有怀疑时，应进行潮湿判断；直埋电缆与水底电缆应经试验合格；

4) 充油电缆的油压不宜低于 0.15MPa；供油阀门应在开启位置，动作应灵活；压力表指示应无异常；所有管接头应无渗漏油；油样应试验合格；

5) 电缆放线架应放置稳妥，钢轴的强度和长度应与电缆盘重量和宽度相配合；

6) 敷设前应按设计和实际路径计算每根电缆的长度，合理安排每盘电缆，减少电缆接头；

7) 在带电区域内敷设电缆，应有可靠的安全措施。

(2) 电缆设置的技术要求如下：

1) 在三相四线制系统中使用的电力电缆，不得采用三芯电缆，另加一根单芯电缆或导线、再加电缆金属护套等做成中性线方式；

2) 三相系统中，不得将三芯电缆中的一芯接地运行；

3）并联运行的电力电缆，其长度应相等；

4）三相系统中使用的单芯电缆，应组成紧贴的正三角形排列。每隔1m应绑扎牢固（充油电缆及水底电缆可除外）；

5）电缆施敷时，在电缆终端头与电缆接头附近可留有备用长度。

(3) 电缆敷设应符合以下要求：

1）禁止将电缆平行铺设在管道上（下）面，严禁将一条电缆平行辅设在另一条电缆的上（下）面；

2）电缆与热力管道交叉时应设置隔热层或套石棉水泥管加以保护；

3）电缆与电缆，电缆与管道、道路或建筑物之间平行和交叉时的允许最小距离，应符合规定。

(4) 电缆穿越交通道路时，应符合以下要求：

1）电缆应敷设于坚固的保护管（钢管或水泥管）或隧道内；

2）埋置深度以管顶距轨道底或路面的深度不得小于1m，管的两端应伸出道路基边各2m。伸出排水沟为0.5m；

3）保护管的直径选择应符合规定。其中管的内径应比电缆的外径大1.5倍。

(5) 电缆施工质量要求如下：

1）电缆耐压试验结果，泄漏电流和绝缘电阻必须符合设计要求和施工质量验收规范的规定；

2）电缆敷设严禁有绞拧、铠装压扁、护层断裂和表面有严重划伤等缺陷；

3）坐标和标高正确，排列整齐，标志柱和标志牌设置准确；

4）电缆接头（端头和中间头）的耐压结果、泄漏电流和绝缘电阻，以及封闭严密性、线芯连接紧密程度，必须符合设计要求和施工质量验收规范的规定；

5）电缆接头安装牢固可靠，相序正确，标志准确、清晰。

(6) 敷设电缆时，电缆允许敷设最低温度，在敷设前24h内的平均温度以及敷设现场的温度不应低于表3-28的规定，当温度低于表3-28规定值时，应采取措施。

表3-28 电缆允许敷设最低温度

电缆类型	电缆结构	允许敷设最低温度/℃
油浸纸绝缘电力电缆	充油电缆	−10
	其他油纸电缆	0
橡皮绝缘电力电缆	橡皮或聚氯乙烯护套	−15
	裸铅套	−20
	铅护套钢带铠装	−7
塑料绝缘电力电缆		0
控制电缆	耐寒护套	−20
	橡皮绝缘聚氯乙烯护套	−15
	聚氯乙烯绝缘聚氯乙烯护套	−10

(7) 电缆各支持点间的最大间距，不应大于表3-29所列数值。

表 3-29　电缆各支持点间的最大距离（mm）

电缆种类		敷设方式	
		水平	垂直
电力电缆	全塑型	400	1000
	除全塑型外的中低压电缆	800	1500
	35kV 及以上高压电缆	1500	2000
控制电缆		800	1000

注：全塑型电力电缆水平敷设沿支架能把电缆固定时，支持点间的距离允许为 800mm。

（8）电缆的最小弯曲半径应符合表 3-30 的规定。

表 3-30　电缆最小弯曲半径

电缆形式			多芯	单芯
控制电缆			10D	
橡皮绝缘电力电缆	无铅包、钢铠护套		10D	
	裸铅包护套		15D	
	钢铠护套		20D	
聚氯乙烯绝缘电力电缆			10D	
交联聚乙烯绝缘电力电缆			15D	20D
油浸纸绝缘电力电缆	无铅包		30D	
	铅包	有铠装	15D	20D
		无铠装	20D	
自容式充油（铅包）电缆				20D

注：表中 D 为电缆外径。

（9）黏性油浸纸绝缘铅包电力电缆最高点与最低点之间的最大位差，不应超过表 3-31 的规定。当不能满足要求时，应采用适应于高位差的电缆。

表 3-31　黏性油浸纸绝缘铅包电力电缆的最大允许敷设位差

电压/kV	电缆护层结构	最大允许敷设位差/m
1	无铠装	20
	铠装	25
6~10	铠装或无铠装	15
35	铠装或无铠装	5

（10）电缆在电缆沟或隧道内敷设时的最小净距，不宜小于表 3-32 所列数值。
（11）明敷的电缆不宜平行敷设于热力管道上部。电缆与管道之间无隔板防护时，相互间距应符合表 3-33 的规定。

表 3-32 电缆在电缆沟、隧道内敷设时的最小净距（mm）

敷设方式		电缆隧道净高≥1900	电缆沟沟深		
			≤600	600~1000	≥1000
通道宽度	两边有支架时，架间水平净距	1000	300	500	700
	一边有支架时，架与壁间水平净距	900	300	150	600
支架层间的垂直净距	电力电缆 35kV	250	200	200	
	≤10kV	200	150	150	
	控制电缆	120	100	100	
电力电缆间的水平净距（单芯电缆品字形布置时除外）		35（但不小于电缆外径）			

表 3-33 电缆与管道相互间允许距离（mm）

电缆与管道之间走向		电力电缆	控制和信号电缆
热力管道	平行	1000	500
	交叉	5000	250
其他管道	平行	150	100

（12）电缆截面一般按电缆长期允许载流量和允许电压损失确定，并考虑环境温度的变化、多根电缆的并列以及土壤热阻率的影响，分别根据敷设的条件进行校正。若选出的截面为非标准截面时，应按上限选择。

（四）室外电缆线路的敷设

1．电缆埋地敷设

（1）当沿同一路径敷设的室外电缆根数为 8 根以下且场地有条件时，宜采用直接埋地敷设。

（2）电缆在室外直接埋地敷设的深度不应小于 0.70m，穿越农田时不应小于 1m，并应在电缆上下各均匀铺设 100mm 厚的细砂或软土，然后覆盖混凝土保护板或类似的保护层，覆盖的保护层应超过电缆两侧各 50mm。

在寒冷地区，电缆应埋设于冻土层以下。当受条件限制不能深埋时，可增加细砂层的厚度，在电缆上、下方各增加的厚度不宜小于 200mm。

直埋深度超过 1.1m 时可不考虑上部压力的机械损伤。

（3）向一级负荷供电的同一路径的双路电源电缆，不应敷设在同一沟内。当无法分开时，则该两路电缆应采用绝缘和护套均为非延燃性材料的电缆，且应分别置于电缆沟两侧支架上。

（4）电缆之间，电缆与其他管道、道路、建筑物等之间平行和交叉时的最小净距，应符合表 3-34 的规定。

严禁将电缆平行敷设于管道的上方或下方，特殊情况应按下列规定执行。

1）电力电缆间及其与控制电缆间或不同使用部门的电缆间，当电缆穿管或用隔板隔开时，平行净距可降低为 0.1m。

2）电力电缆间、控制电缆间以及它们相互之间，不同使用部门的电缆间在交叉点前后 1m 范围内，当电缆穿入管中或用隔板隔开时，其交叉净距可降为 0.25m。

表 3-34　直接埋地敷设的电缆之间，电缆与管道、道路、建筑物之间平行和交叉时的最小净距

项目		最小净距/m	
		平行	交叉
电力电缆间及其与控制电缆间	10kV 及以下	0.10	0.50
	10kV 以上	0.25	0.50
控制电缆间		—	0.50
不同使用部门的电缆间		0.50	0.50
热管道（管沟）及热力设备		2.00	0.50
油管道（管沟）		1.00	0.50
可燃气体及易燃液体管道（沟）		1.00	0.50
其他管道（管沟）		0.50	0.50
铁路路轨		3.00	1.00
电气化铁路路轨	交流	3.00	1.00
	直流	10.0	1.00
公路		1.50	1.00
城市街道路面		1.00	0.70
杆基础（边线）		1.00	—
建筑物基础（边线）		0.60	—
排水沟		1.00	0.50

注：1. 电缆与公路平行的净距，当情况特殊时可酌减。
　　2. 当电缆穿管或者其他管道有保温层等防护设施时，表中净距应从管壁或防护设施的外壁算起。

3）电缆与热管道（沟）、油管道（沟）、可燃气体及易燃液体管道（沟）、热力设备或其他管道（沟）之间，虽净距能满足要求，但检修管路可能伤及电缆时，在交叉点前后 1m 范围内，尚应采取保护措施；当交叉净距不能满足要求时，应将电缆穿入管中，其净距可减为 0.25m。

4）电缆与热管道（沟）及热力设备平行、交叉时，应采取隔热措施，使电缆周围土壤的温升不超过 10℃。

5）当直流电缆与电气化铁路路轨平行、交叉其净距不能满足要求时，应采取防电化腐蚀措施。

（5）电缆通过有振动和承受压力的地段时应穿管保护。

（6）电缆与建筑物平行敷设时，电缆应埋设在建筑物的散水坡外。电缆引入建筑物时，所穿保护管应超出建筑物散水坡 100mm。

（7）电缆与热力管沟交叉时，如电缆穿石棉水泥管保护，其长度应伸出热力管沟两侧各 2m；用隔热保护层时应超过热力管沟和电缆两侧各 1m。

（8）电缆与铁路、公路、城市街道、厂区道路交叉时，应敷设于坚固的保护管或隧道内。电缆管的两端宜伸出道路路基两边齐 2m；伸出排水沟 0.5m；在城市街道伸出车道路面。

(9) 埋地敷设的电缆长度，应比电缆沟长约 1.5%～2%，并做波状敷设。

(10) 埋地敷设的电缆，接头盒下面必须垫混凝土基础板，其长度应伸出接头保护盒两侧 0.60～0.70m。

(11) 电缆中间接头盒外面应设有生铁或混凝土保护盒，或者用铁管保护。当周围介质对电缆有腐蚀作用或地下经常有水冬季会造成冰冻时，保护盒应注沥青。

(12) 电缆沿坡度敷设时，中间接头应保持水平。多根电缆并列敷设时，中间接头的位置应互相错开，其净距不应小于 0.50m。

(13) 沿坡度或垂直敷设油浸纸绝缘电缆时，其敷设水平高差不应大于表 3-35 所列数值。

表 3-35 敷设电缆最大允许高差

电压（kV）	有无铠装	最大允许高差/m	
		铝包	铅包
1～3	铠装	25	25
	无铠装	20	25
6～10	铠装或无铠装	15	20

注：如油浸纸绝缘电缆敷设的高差超过要求时，可采用塞子式接头盒，或另选不滴流电缆或橡皮、塑料绝缘电缆。

(14) 电缆敷设的弯曲半径与电缆外径的比值，不应小于表 3-36 所列数值。

表 3-36 电缆弯曲半径与电缆外径比值

电缆护套类型		电力电缆		其他电缆
		单芯	多芯	多芯
金属护套	铅	25	15	15
	铝	30	30	30
	皱纹铅套和皱纹钢套	20	20	20
非金属护套		20	15	无铠装 10
				有铠装 15

注：1. 表中未说明者，包括铠装和无铠装电缆；
2. 电力电缆中包括油浸纸绝缘电缆（不滴流电缆在内）和橡皮、塑料绝缘电缆，其他电缆指控制信号电缆等。

(15) 电缆在拐弯、接头、终端和进出建筑物等地段，应装设明显的方位标志。直线段上应适当增设标桩，桩露出地面一般为 0.15m。

2. 电缆在电缆沟或隧道内敷设

(1) 当电缆与地下管网交叉不多，地下水位较低，且无高温介质和熔化金属液体流入可能的地区，同一路径的电缆根数为 18 根及以下时，宜采用电缆沟敷设。多于 18 根时，宜采用电缆隧道敷设。

(2) 电力电缆在电缆沟或电缆隧道内敷设时，其水平净距为 35mm，但不应小于电缆外径。

(3) 电缆在电缆沟和电缆隧道内敷设时，其支架层间垂直距离和通道宽度不应小于规定的数值。

(4) 电缆在电缆沟或电缆隧道内敷设时，支架间或固定点间的距离不应大于规定的数值。

(5) 电缆支架的长度，在电缆沟内不宜大于 0.35m；在隧道内不宜大于 0.50m。在盐雾地区或化学气体腐蚀地区，电缆支架应涂防腐漆或采用铸铁支架。

(6) 电缆沟和电缆隧道应采取防水措施，其底部应做坡度不小于 0.5% 的排水沟。积水可直接接入排水管道或经集水坑用泵排出。

(7) 在支架上敷设电缆时，电力电缆应放在控制电缆上的上层，但 1kV 以下的电力电缆和控制电缆可并列敷设。

当两侧均有支架时，1kV 以下的电力电缆和控制电缆宜与 1kV 以上的电力电缆分别敷设于不同侧支架上。

(8) 电缆沟在进入建筑物处应设防火墙。电缆隧道进入建筑物处，以及在变电所围墙处，应设带门的防火墙。此门应采用非燃材料或难燃材料制作，并应装锁。

(9) 隧道内采用电缆桥架，托盘敷设时，应符合电缆桥架布线的有关规定，并应每隔 50m 安装一个防火密闭隔门。桥架、托盘通过防火的密闭隔门或可燃性的隔板墙时，通过段的电缆应作防火处理。

(10) 电缆沟宜采用钢筋混凝土盖板，每块盖板的重量不宜超过 50kg。

(11) 电缆隧道的净距不应低于 1.9m，有困难时局部地段可适当降低。隧道内应采取通风措施，一般为自然通风。

(12) 电缆隧道长度大于 7m 时，两段应设出口（包括入孔），两个出口间的距离超过 75m 时，尚应增加出口。入孔井的直径不应小于 0.7m。

(13) 电缆隧道内应有照明，其电压不应超过 36V，否则应采取安全措施。

(14) 其他管线不得横穿电缆隧道。电缆隧道和其他地下管线交叉时，应尽可能避免隧道局部下降。

3. 电缆在排管内敷设

(1) 电缆排管敷设方式，适用于电缆数量不多（一般不超过 12 根），而道路交叉较多，路径拥挤，又不宜采用直接埋地或电缆沟敷设的地段。

(2) 排管可采用石棉水泥管、混凝土管、陶土管或塑料管。

(3) 敷设在排管内的电缆，应采用塑料护套电缆或裸铠装电缆，或采用特殊加厚的裸铅包电缆。

(4) 电缆排管应一次留足必要的备用管孔数，当无法预计发展情况时，除考虑散热孔外可留 10% 的备用孔，但不少于 1~2 孔。

(5) 当地面上均匀荷载超过 100kN/m² 或排管通过铁路及遇到有类似情况时，必须采取加固措施，防止排管受到机械损伤。

(6) 排管孔的内径不应小于电缆外径的 1.5 倍，但电力电缆的管孔内径不应小于 90mm，控制电缆的管孔内径不应小于 75mm。

(7) 电缆排管安装时应符合下列要求：

1）排管安装时，应有倾向入孔井侧不小于0.5%的排水坡度，并在入孔井内设集水坑，以便集中排水；

2）排管顶部距地面不宜小于0.7m，在人行道下面的排管应不小于0.5m；

3）排管沟底部应垫平夯实，并应铺设不小于60mm厚的混凝土垫层。

（8）在线路转角、分支处应设电缆入孔井，在直线段上，为便于拉引电缆也应设置一定数量的电缆入孔井，入孔井间的距离不宜大于100m。

（9）电缆入孔井的净空高度不宜小于1.80m，其上部入孔的直径不应小于0.70m。

4. 低压架空电力电缆

（1）当地下情况复杂不宜采用电缆直埋敷设，且用户密度高、用户的位置和数量变动较大，今后需要扩充和调整以及总图无隐蔽要求时，可采用架空电缆。但在覆冰严重地区不宜采用架空电缆。

（2）架空电缆普通吊线或正吊线强度计算的安全系数不应小于3；辅助吊线强度计算的安全系数不应小于2。

（3）架空电缆线路每条吊线上宜架设一根电缆。杆上有两层吊线时，上下两吊线的垂直距离不应小于0.30m。

（4）架空电缆与架空线路同杆时，电缆应在架空线路下面，电缆与最下层的架空线路横担的垂直间距不应小于0.60m。

（5）架空电缆在吊线上以吊钩敷架，吊钩的间隔不应大于0.50m，吊线应采用不小于7/D3.0mm的镀锌铁绞或具有同等强度及直径的绞线。

（6）架空电缆与地面的最小净距不应小于规定的数值。

5. 管道内电缆敷设

（1）在下列地点，电缆应有一定机械强度的保护管或加装保护罩。

1）电缆进入建筑物、隧道、穿过楼板及墙壁处；

2）从沟道引至电杆、设备、墙外表面或层内行人容易拉近处，距地面高度2m以下的一段；

3）其他可能受到机械损伤的地方。

（2）保护管埋入非混凝地面的深度不应小于100mm；伸出建筑物散水坡的长度不应小于250mm。保护罩根部不应高出地面。

（3）管道内部应无积水，且无杂物堵塞。穿电缆时，不得损伤护层，可采用无腐蚀性的润滑剂（粉）。

（4）电缆排管在敷设电缆前，应进行疏通，清除杂物。

（5）电缆保护管的内径应大于电缆外径1.5倍。当电缆与城镇街道、公路或铁路交叉时，保护管的管径不得小于100mm。

（6）保护管的弯曲半径应符合所穿入电缆的允许弯曲半径，一根保护管的直角弯不得多于2个（但有中间接头盒，并便于安装、检修者除外）。

（7）保护管采用钢管时，其外表面应采用防腐处理，但埋入混凝土内的管子可不涂防腐漆。

（8）当利用保护管作接地线时，管接头两侧应用跨接线焊接，若接头处采用套管焊接时可以例外。

（9）电缆穿保护管的最小内径，见表3-37。

表3-37　电缆穿保护管的最小内径

三芯电缆芯线截面/mm²			四芯电缆芯线/mm²	保护管最小内径/mm
1kV	6kV	10kV	≤1kV	
≤70	≤25	—	≤50	50
95~150（95~120）	35~70（16~70）	≤50	70~120	70
185（150~185）	95~150（95~120）	70~120	150~185	80
240	185~240（150~240）	150~240	240	100

注：表中括号内截面用于塑料护套电缆。

（10）电缆穿管管径选择，见表3-38～表3-40。

表3-38　KXV型450/750V橡皮绝缘聚氯乙烯护套控制电缆管径选择表

芯数	截面1.5mm²		截面2.5mm²		截面4mm²		截面6mm²		截面10mm²	
	外径/mm	管径/mm	外径/mm	管径/mm	外径/mm	管径/mm	外径/mm	管径/mm	外径/mm	管径/mm
4	11.34	20	12.28	20	13.44	25	14.62	25	19.64	32
5	12.29	20	13.24	20	—					
6	13.27	20	14.44	25	15.88	25	17.35	32	23.16	40
7	13.27	20	14.44	25	15.88	25	17.35	32	23.16	40
8	14.24	25	15.54	25	17.11	32	19.74	32	16.23	50
10	16.54	25	19.08	32	21.02	32	22.98	40	31.66	50
14	18.88	32	20.60	32	—					
19	20.81	32	22.76	40	—					
24	25.03	40	27.42	50	—					
30	26.42	50	28.92	50	—					
37	28.35	50	32.08	50	—					

表3-39　KVV型450/750V聚氯乙烯绝缘聚氯乙烯护套控制电缆管径选择表

芯数	截面1.5mm²		截面2.5mm²		截面4mm²		截面6mm²		截面10mm²	
	外径/mm	管径/mm	外径/mm	管径/mm	外径/mm	管径/mm	外径/mm	管径/mm	外径/mm	管径/mm
4	11.43	20	12.41	20	13.58	25	14.76	25	17.82	32
5	12.46	20	13.51	25	—					
6	13.47	25	14.64	25	16.08	25	17.55	32	23.84	40
7	13.47	25	14.64	25	16.08	25	17.55	32	23.84	40
8	14.47	25	15.77	25	17.34	32	19.97	32	26.46	50
10	16.84	25	19.4	32	21.32	32	23.28	40	31.96	50
14	19.22	32	20.94	32	—					
19	21.21	32	23.16	40	—					
24	25.58	40	27.92	50	—					
30	26.96	50	29.46	50	—					
37	28.95	50	32.68	50	—					

表 3-40 铝芯电力电缆穿保护管的允许最小管径表

最小管径/mm

电缆型号	ZLQ21、ZLQ20				VLV、VLV22				YJLV、VJLV22、YJLVF、YJLV30			XLQ、XLQ02、XLQ21、XLQ20				XLV、XLV21、XLV20			
额定电压/kV	10				1.0				10			0.5				0.5			
穿管长度/m	1.0				1.0				10			0.5				0.5			
	30及以下			30以上	30及以下			30以上	30及以下		30以上	30及以下			30以上	30及以下			30以上
电缆规格/mm²	直线	一个弯曲	二个弯曲	直线	直线	一个弯曲	二个弯曲	直线	直线	一个弯曲	直线	直线	一个弯曲	二个弯曲	直线	直线	一个弯曲	二个弯曲	直线
3×4+1×2.5	32	40	50	50	25	32	40	40	—	—	—	32	40	50	50	32	50	70	70
3×4	32	40	50	50	25	32	40	40	—	—	—	32	40	50	50	32	50	50	50
3×6+1×4	32	40	50	70	25	32	50	50	—	—	—	32	50	70	70	32	50	70	70
3×6	32	40	50	50	25	32	40	50	—	—	—	32	40	50	50	32	50	70	70
3×10+1×6	40	50	70	70	32	40	50	50	—	—	—	50	70	70	80	50	70	80	80
3×10	32	50	70	70	32	40	50	70	—	—	—	40	50	70	80	50	70	80	80
3×16+1×10	40	50	70	70	32	50	70	70	—	—	—	50	70	80	100	50	70	100	100
3×16	40	50	70	80	32	50	70	70	—	—	—	50	70	80	80	50	70	80	80
3×25+1×16	50	70	80	80	50	70	80	80	—	100	125	70	80	100	100	70	80	100	125
3×25	40	70	80	80	40	50	70	70	80	—	—	50	70	80	100	70	80	100	100
3×35+1×16	50	70	80	100	50	70	80	80	—	100	125	70	80	100	125	70	100	—	125
3×35	50	70	80	100	50	70	70	80	80	—	—	70	80	100	100	70	100	—	125
3×50+1×25	50	70	80	100	50	70	80	100	—	100	150	70	80	100	125	80	100	—	150
3×50	50	70	80	100	50	70	80	100	80	—	—	70	80	100	125	80	100	—	125
3×70+1×35	70	100	—	125	70	100	—	125	100	—	175	80	100	125	150	80	—	—	175
3×70	70	100	—	100	70	80	—	105	100	—	—	70	100	125	125	100	—	—	150
3×95+1×50	70	—	—	125	70	—	—	120	100	—	175	100	100	150	150	100	—	—	175
3×95	70	—	—	125	70	—	—	125	100	—	—	80	100	125	125	100	—	—	175
3×120+1×70	70	—	—	125	80	—	—	125	100	—	200	100	100	150	150	100	—	—	200
3×120	80	—	—	125	70	—	—	125	100	—	—	100	100	150	175	100	—	—	175
3×150+1×70	80	—	—	125	80	—	—	125	125	—	—	100	125	175	175	125	—	—	200
3×150	—	—	—	—	—	—	—	—	—	—	—	—	—	—	—	—	—	—	—
3×185+1×95	80	—	—	125	80	—	—	125	125	—	200	100	—	—	175	100	—	—	200
3×185	—	—	—	—	—	—	—	—	—	—	—	—	—	—	—	—	—	—	—

注：保护管的弯曲半径应不小于管径的10倍；其弯曲点至管口的长度应不大于 2m。

（五）室内电缆线路的敷设

（1）室内电缆布线，包括电缆在室内沿墙及建筑构件明敷设、电缆穿金属管埋地暗敷设。

（2）电缆在室内宜采用明敷，电缆不应有黄麻或其他易延燃的外护层。

（3）无铠装的电缆在屋内明敷，当水平敷设时，其至地面的距离不应小于2.5m；当垂直敷设时，其至地面的距离不应小于1.8m。当不能满足上述要求时，应有防止电缆机械损伤的措施；当明敷在配电室、电机室、设备层等专用房间内时，不受此限制。

（4）相同电压的电缆并列明敷时，电缆的净距不应小于35mm，且不应小于电缆外径；当在桥架托盘和线槽内敷设时，不受此限制。

（5）1kV及以下电力电缆及控制电缆与1kV以上电力电缆宜分开敷设。当并列明敷时，其净距不应小于150mm。

（6）架空明敷的电缆与热力管道的净距不应小于1m。当其净距小于或等于1m时，应采取限隔热措施。电缆与非热力管道的净距不应小于0.5m。当其净距小于或等于0.5m时，应在与管道接近的电缆段上以及由该段两端外延伸不小于0.5m以内的电缆上，采取防止电缆受机械损伤的措施。

（7）钢索上电缆布线吊装时，电力电缆固定点间的间距应大于0.75m；控制电缆固定点间的间距应大于0.6m。

（8）电缆在屋内埋地穿管敷设时，或电缆通过墙、楼板穿管时，管道的内径不应小于电缆外径的1.5倍。

（9）电缆数量较多或较集中的场所宜采用电缆桥架布线，桥架距离地面的高度，不宜低于2.5m。

（10）电缆在桥架内敷设时，电缆总截面与桥架面横断面面积之比，电力电缆不应大于40%，控制电缆不应大于50%。

（11）电缆桥架内每根电缆每隔50m处，电缆的首端、尾端及主要转弯处应设标记，注明电缆编号、型号规格、起点和终点。

（12）电缆明敷时，其电缆固定部位应符合规定。

三、电缆终端和接头的制作

（一）一般规定

电缆终端和接头制作的一般规定，如下：

（1）电缆终端和接头的制作，应由经过培训的熟悉工艺的人员进行。

（2）电缆终端和接头制作时，应严格遵守制作工艺规程；充油电缆尚应遵守油务及真空工艺等有关规程的规定。

（3）在室外制作6kV及以上电缆终端和接头时，其空气相对湿度宜为70%及以下；当湿度大时，可提高环境温度或加热电缆。110kV及以上高压电缆终端与接头施工时，应搭临时工棚，环境湿度应严格控制，温度宜为10~30℃。制作塑料绝缘电力电缆终端与接头时，应防止尘埃、杂物落入绝缘内。严禁在雾或雨中施工。

（4）35kV及以下电缆终端与接头应符合下列要求：

1）型式、规格应与电缆类型（如电压、芯数、截面、护层结构）和环境要求一致；

2）结构应简单、紧凑，便于安装；

3）所用材料、部件应符合技术要求；

4）主要性能应符合现行国家标准《额定电压 26/35kV 及以下电力电缆附件基本性能要求》的规定。

(5) 采用的附加绝缘材料除电气性能应满足要求外，尚应与电缆本体绝缘具有相容性。两种材料的硬度、膨胀系数、抗张强度和断裂伸长率等物理性能指标应接近。橡塑绝缘电缆应采用弹性大、粘接性能好的材料作为附加绝缘。

(6) 电缆线芯连接金具，应采用符合标准的连接管和接线端子，其内径应与电缆线芯紧密配合，间隙不应过大；截面宜为线芯截面的 1.2~1.5 倍。采用压接时，压接钳和模具应符合规格要求。

(7) 控制电缆在下列情况下可有接头，但必须连接牢固，并不应受到机械拉力。

1）当敷设的长度超过其制造长度时；

2）必须延长已敷设竣工的控制电缆时；

3）当清除使用中的电缆故障时。

(二) 准备工作

电缆终端和接头制作时，必须作好各项准备工作。

(1) 制作电缆终端和接头前，应熟悉安装工艺资料，做好检查，并符合下列要求：

1）电缆绝缘状况良好，无受潮；塑料电缆内不得进水；充油电缆施工前应对电缆本体、压力箱、电缆油桶及纸卷桶逐个取油样，做电气性能试验，并应符合标准。

2）附件规格应与电缆一致；零部件应齐全无损伤；绝缘材料不得受潮；密封材料不得失效。壳体结构附件应预先组装，清洁内壁；试验密封，结构尺寸符合要求。

(2) 施工用机具齐全，便于操作，状况清洁，消耗材料齐备。需准备的施工机具如下：

1）制作工具。防风棚、塑料布、油压接线钳、喷灯、铁壶、铝壶、搪瓷盘、铝锅、铁勺、漏勺、漏斗、手套、钢锯、钢丝刷、温度计、剪刀、钢卷尺、扳手、锉刀、电烙铁、克丝钳、旋具等；

2）机具。台钻、电焊机、电锤、滑车、气焊工具；

3）测试器具。万用表、兆欧表、试铃、试验仪器等。

(3) 作业条件准备：

1）作业环境应选择无风晴朗的天气施工（温度在 +5℃ 以上，相对湿度在 70% 以下）；

2）施工现场洁净干燥，操作平台应牢固，四周宜搭设防风棚；

3）施工现场电源应备有 220V 电源和安全电源；

4）安全技术设施符合安全消防规定；

5）操作人员应持证上岗；

6）技术资料齐全，技术交底明确。

(三) 制作要求

(1) 制作电缆终端与接头，从剥切电缆开始应连续操作直至完成，缩短绝缘暴露时间。剥切电缆时不应损伤线芯和保留的绝缘层。附加绝缘的包绕、装配、热缩等应清洁。

(2) 充油电缆线路有接头时，应先制作接头；两端有位差时，应先制作低位终端头。

(3) 电缆终端和接头应采取加强绝缘、密封防潮、机械保护等措施。6kV 及以上电力电缆的终端和接头，尚应有改善电缆屏蔽端部电场集中的有效措施，并应确保外绝缘相间和对地距离。

（4）35kV 及以下电缆在剥切线芯绝缘、屏蔽、金属护套时，线芯沿绝缘表面至最近接地点（屏蔽或金属护套端部）的最小距离应符合表 3-41 的要求。

表 3-41　电缆终端和接头中最小距离

额定电压/kV	最小距离/mm	额定电压/kV	最小距离/mm
1	50	10	125
6	100	35	250

（5）塑料绝缘电缆在制作终端头和接头时，应彻底清除半导电屏蔽层。对包带石墨屏蔽层，应使用溶剂擦去碳迹；对挤出屏蔽层，剥除时不得损伤绝缘表面，屏蔽端部应平整。

（6）三芯油纸绝缘电缆应保留统包绝缘 25mm，不得损伤。剥除屏蔽碳墨纸，端部应平整。弯曲线芯时应均匀用力，不应损伤绝缘纸；线芯弯曲半径不应小于其直径的 10 倍。包缠或灌注、填充绝缘材料时，应消除线芯分支处的气隙。

（7）充油电缆终端和接头包绕附加绝缘时，不得完全关闭压力箱。制作中和真空处理时，从电缆中渗出的油应及时排出，不得积存在瓷套或壳体内。

（8）电缆线芯连接时，应除去线芯和连接管内壁油污及氧化层。压接模具与金具应配合恰当。压缩比应符合要求。压接后应将端子或连接管上的凸痕修理光滑，不得残留毛刺。采用锡焊连接铜芯，应使用中性焊锡膏，不得烧伤绝缘。

（9）三芯电力电缆接头两侧电缆的金属屏蔽层（或金属套）、铠装层应分别连接良好，不得中断，跨接线的截面不应小于规定的接地线截面。直埋电缆接头的金属外壳及电缆的金属护层应做防腐处理。

（10）三芯电力电缆终端处的金属护层必须接地良好；塑料电缆每相铜屏蔽和钢铠应锡焊接地线。电缆通过零序电流互感器时，电缆金属护层和接地线应对地绝缘，电缆接地点在互感器以下时，接地线应直接接地；接地点在互感器以上时，接地线应穿过互感器接地。

（11）装配、组合电缆终端和接头时，各部件间的配合或搭接处必须采取堵漏、防潮和密封措施。铅包电缆铅封时应擦去表面氧化物；搪铅时间不宜过长，铅封必须密实无气孔。充油电缆的铅封应分两次进行，第一次封堵油，第二次成形和加强，高位差铅封应用环氧树脂加固。

塑料电缆宜采用自粘带、粘胶带、胶粘剂（热熔胶）等方式密封；塑料护套表面应打毛，粘接表面应用溶剂除去油污，粘接应良好。

电缆终端、接头及充油电缆供油管路均不应有渗漏。

（12）充油电缆供油系统的安装应符合下列要求：

1）供油系统的金属油管与电缆终端间应有绝缘接头，其绝缘强度不低于电缆外护层；

2）当每相设置多台压力箱时，应并联连接；

3）每相电缆线路应装设油压监视或报警装置；

4）仪表应安装牢固，室外仪表应有防雨措施，施工结束后应进行整定；

5）调整压力油箱的油压，使其在任何情况下都不应超过电缆允许的压力范围。

(13) 电缆终端上应有明显的相色标志，且应与系统的相位一致。

(14) 控制电缆终端可采用一般包扎，接头应有防潮措施。

(四) 制作工艺图例

1. 户外型电缆终端制作

胀铝时胀喇叭口示意图见图 3-1，胀铝方法见图 3-2。

图 3-1 胀喇叭口示意图

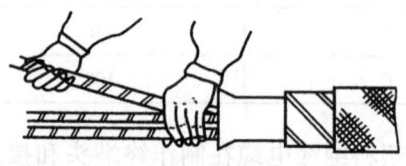

图 3-2 胀铝方法

装配电缆终端盒与封铅时，压装结构见图 3-3，WD-3 型终端盒见图 3-4。

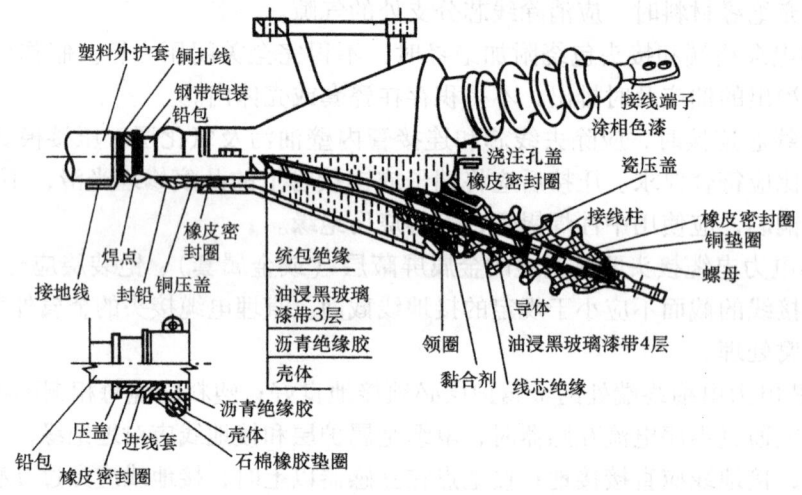

图 3-3 WDZ 型压装结构

2. 油纸绝缘电缆户内型终端

组装电缆终端形式 1 见图 3-5，其工艺说明如下：

（1）NTN 型油浸纸绝缘电缆终端头，适用于 8.7/10kV 及以下电压等级的油浸纸绝缘电缆。

（2）线芯绝缘保留长度 B 除对应于 NTN-33 与 NTN-34 壳体为 125mm 外，其他均为 100mm，且在 B 段附加绝缘包绕完后，再剥除上端的线芯绝缘，以免 H 段线芯绝缘松散。

（3）导体端部聚氯乙烯带包绕长度为 80~115mm，然后再用尼龙绳绑扎。

（4）铅包喇叭口高于壳体颈部 5mm。

（5）沥青绝缘胶木根据各地区的气候情况选用。

（6）终端头所需材料由厂家配套供给。

组装电缆终端形式 2，见图 3-6。其工艺说明如下：

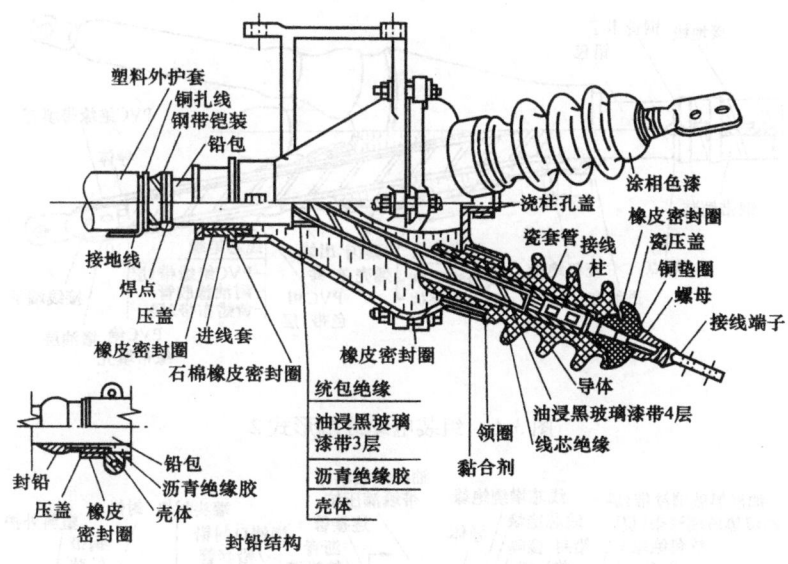

图 3-4 WD-3 型终端盒

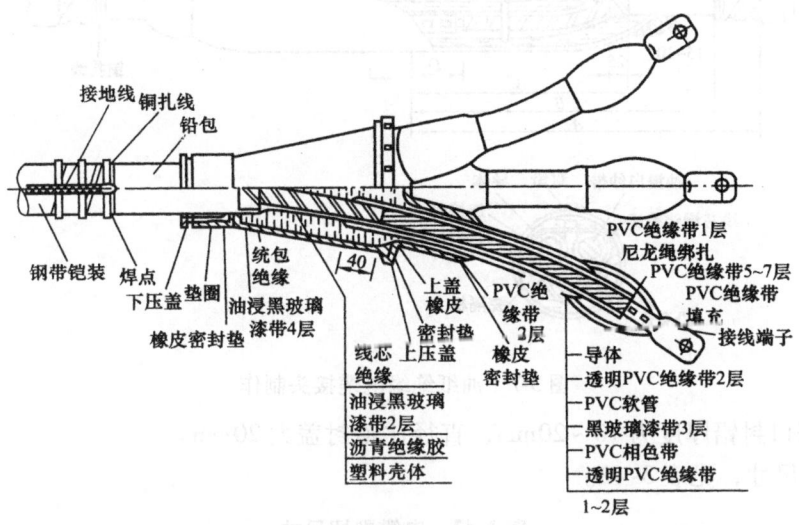

图 3-5 组装电缆终端形式 1

(1) NTN 型油浸纸绝缘电缆终端头,适用于 8.7/10kV 及以下电压等级的油浸纸绝缘电缆。

(2) 铅包喇叭口下 30mm 及接线端子压坑处应加工成粗糙面。

(3) 堵油层由环氧树脂涂料与无碱玻璃丝带组合包绕而成,共包绕三层。

(4) 终端头所需材料由厂家配套供给。

3. 油纸绝缘电缆接头制作

剥除电缆保护层,制作油纸绝缘电缆接头,见图 3-7。其工艺说明如下:

(1) 铅套管接头适用于直埋地下,电缆沟或电缆隧道内 8.7/10kV 及以下电压等级的油浸纸绝缘电缆连接。

(2) 接头直埋地下时,应采用 P 型地下中间接头盒或其他方法进行保护。

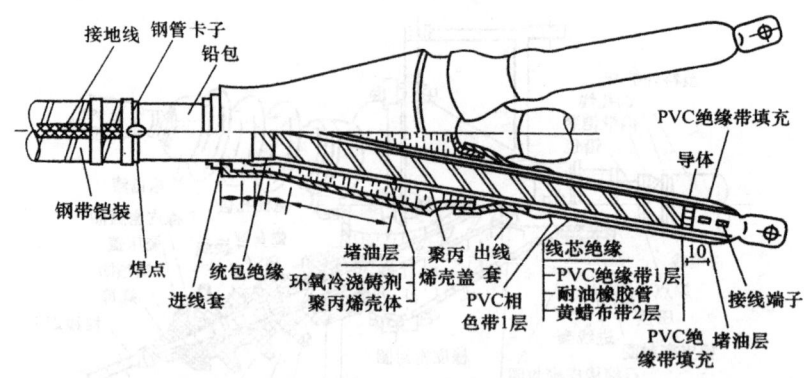

图 3-6 组装电缆终端形式 2

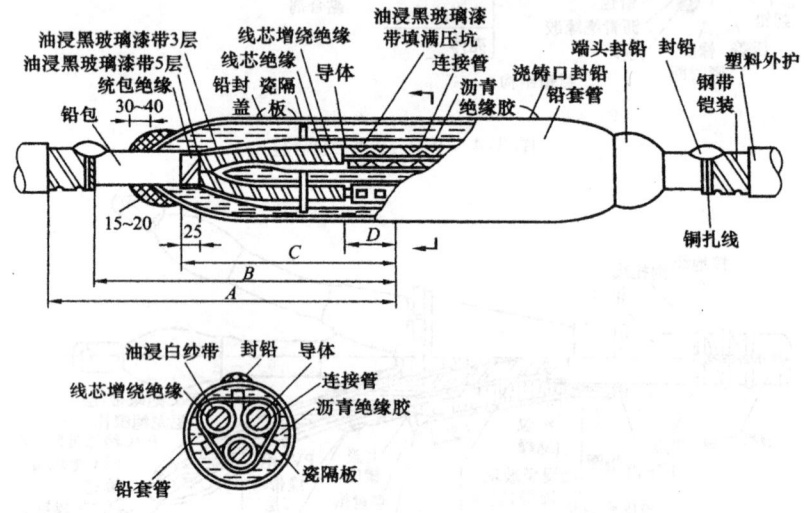

图 3-7 油纸绝缘电缆接头制作

(3) 浇铸口封铅厚度为 10~20mm,直径比铅封盖大 20mm。

电缆剥切尺寸,见表 3-42。

表 3-42 电缆剥切尺寸

纸芯截面/mm²		电缆剥切尺寸/mm			
电压等级/kV					
6/6	8.7/10	A	B	C	D
10~50	16~25	410	360	240	
70~95	35~50	410	360	240	
120~150	70~120	410	360	240	连接管长度一半加5mm
185~240	150~185	440	390	270	
—	240	440	390	270	

4. 交联聚乙烯绝缘电缆户内、外热缩终端头制作包绕填充胶,固定三叉手套,见图 3-8。

制作应力锥见图 3-9,固定防雨裙见图 3-10。

5. 交联聚乙烯绝缘电缆热缩接头制作

剥离电缆保护层见图 3-11,剥除屏蔽层及半导电层见图 3-12。

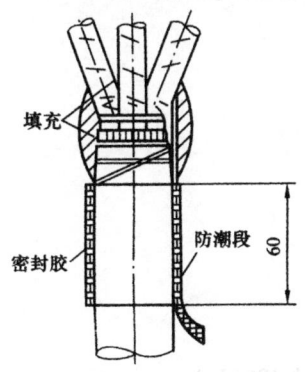

图 3-8 包绕填充胶固定三叉手套

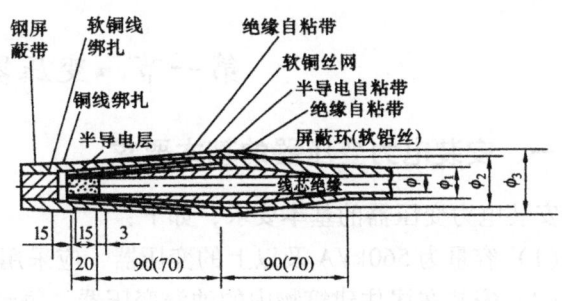

图 3-9 制作应力锥

ϕ —电缆线芯绝缘外径　ϕ_2 —应力锥屏蔽外径(mm)

ϕ_1 —增绕绝缘外径　ϕ_3 —应力锥总外径　$\phi_1 = \phi + 16mm$

$\phi_2 = \phi_1 + 12mm$　$\phi_3 = \phi_2 + 4mm$

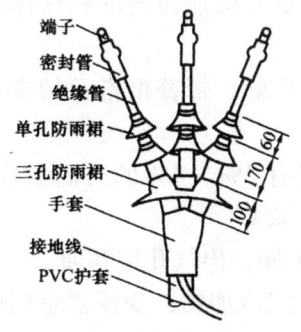

图 3-10 固定防雨裙

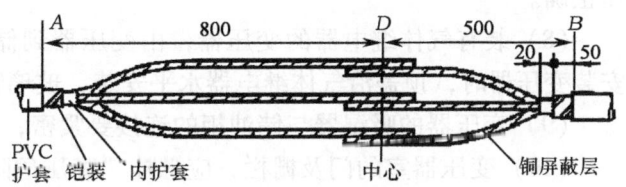

图 3-11 剥离电缆保护层

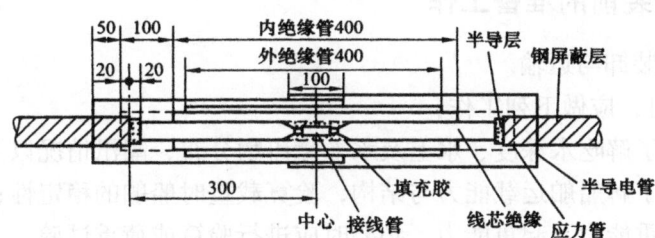

图 3-12 剥除屏蔽层及半导电层

第四章 电力变压器及变配电室的施工

第一节 变压器的安装

一、安装电力变压器的基本要求

安装电力变压器的基本要求，如下：
（1）容量为560kVA及以上的变压器，应采用高压测量。
（2）安装在居住建筑物内的油浸变压器，每台容量不应超过400kVA。
（3）变压器二次侧应采用断路器控制、熔断器保护。
（4）变压器安装应考虑运行、维修及运输的方便。
（5）变压器的铭牌项目应齐全，安装位置应便于带电巡视。
（6）变压器的安装应考虑到能带电检查变压器的油色、油位及上层油面温度和气体继电器。
（7）变压器的温度计安装运行前，应进行检查，保证其密封良好，带警报指示的应动作正确。
（8）装有气体继电器的变压器，由变压器到储油柜的油管应有2%~4%的升高坡度。安装变压器时，顶盖沿气体继电器水平安装，玻璃窗应向外，便于观察。
（9）变压器的吸湿器与储油柜的连接要紧密，吸潮剂应充实干燥，出气孔应畅通。
（10）变压器室的门及栅栏，应悬挂"高压危险"的警告牌，门应加锁，变压器室门的上下应有使空气对流的通风百叶窗，百叶窗应加铁丝纱。多台变压器应统一编号。

二、变压器安装前的准备工作

（一）变压器的装卸与运输
（1）水路运输时，应做下列工作：
1）选择航道，了解吃水深度、水上及水下障碍物分布、潮汛情况以及沿途桥梁尺寸；
2）选择船舶，了解船舶运载能力与结构，验算载重时船舶的稳定性；
3）调查码头承重能力及起重能力，必要时应进行验算或荷重试验。
（2）陆路运输用机械直接拖动时，应做好下列工作：
1）了解道路及其沿途桥梁、涵洞、沟道等的结构、宽度、坡度、倾斜度、转角及承重情况，必要时应采取措施；
2）调查沿途架空线、通信线等高空障碍物的情况；
3）变压器利用滚轮在铁路专用线现场作短途运输时，应对铁路专用线进行调查与验算，其速度不应超过0.2km/h；
4）公路运输速度应符合制造厂的规定。

(3) 变压器在装卸和运输过程中，不应有严重冲击和振动。电压在 220kV 及以上且容量在 150000kVA 及以上的变压器均应装设冲击记录仪。冲击允许值应符合制造厂及合同的规定。

(4) 变压器装卸时，应防止因车辆弹簧伸缩或船只沉浮而引起倾倒，应设专人观测车辆平台的升降或船只的沉浮情况。卸车地点的土质、站台、码头必须坚实。

(5) 当利用机械牵引变压器时，牵引的着力点应在设备重心以下。运输倾斜角不得超过 15°。钟罩式变压器整体起吊时，应将钢丝绳系在下节油箱专供起吊整体的吊耳上，并必须经钟罩上节相对应的吊耳导向。用千斤顶顶升大型变压器时，应将千斤顶放置在油箱千斤顶支架部位，升降操作应协调，各点受力均匀，并及时垫好垫块。

(6) 充氮气或充干燥空气运输的变压器，应有压力监视和气体补充装置。变压器在运输途中应保持正压，气体压力应为 0.01~0.03MPa。

(7) 干式变压器在运输途中，应有防雨及防潮措施。

(二) 变压器安装前检查与保管

(1) 变压器安装前应进行外观检查，检查内容如下：

1) 检查变压器铭牌上所列各项技术参数与图样上的型号、规格是否相符。

2) 变压器本身不应有机械损伤。箱盖螺栓应完整无缺，密封衬垫要求严密良好，并且无渗油现象。

3) 外表不可有锈蚀，油漆应完好。

4) 套管不应有渗油，表面无缺陷。瓷体无损伤。

5) 滚轮轮距应与基础铁轨距相符。

6) 充气运输的变压器，应检查油箱的压力是否正常。

7) 装有冲击记录仪的设备，应检查并记录设备在运输和装卸中的受冲击情况。

(2) 设备到达现场后的保管应符合下列要求：

1) 散热器（冷却器）、连通管、安全气道、净油器等应密封。

2) 表计、风扇、潜油泵、气体继电器、气道隔板、测量装置以及绝缘材料等，应放置于干燥的室内。

3) 短尾式套管应置于干燥的室内，充油式套管卧放时应符合制造厂的规定。

4) 本体、冷却装置等，其底部应垫高、垫平，不得水淹，干式变压器应置于干燥的室内。

5) 浸油运输的附件应保持浸油，其油箱应密封。

6) 与本体连在一起的附件可不拆下。

(3) 绝缘油的验收与保管应符合下列要求：

1) 绝缘油应储藏在密封清洁的专用油罐或容器内。

2) 每批到达现场的绝缘油均应有试验记录，并应取样进行简化分析，必要时进行全分析：

① 取样数量：大罐油，每罐应取样，小桶油应按规定取样；

② 取样试验应按现行国家标准《电力用油（变压器油、汽轮机油）取样》的规定执行，试验标准应符合现行国家标准《电气装置安装工程电气设备交接试验标准》的规定。

3) 不同牌号的绝缘油，应分别储存，并有明显牌号标志。

4）放油时应目测，用铁路油罐车运输的绝缘油，油的上部和底部不应有异样；用小桶运输的绝缘油，对每桶进行目测，辨别其气味、各桶的商标应一致。

(4) 变压器到达现场后，当三个月内不能安装时，应在一个月内进行下列工作：

1）带油运输的变压器：

① 检查油箱密封情况；

② 测量变压器内油的绝缘强度；

③ 测量绕组的绝缘电阻（运输时不装套管的变压器可以不测）；

④ 安装储油柜及吸湿器，注入合格油至储油柜规定油位，或在未装储油柜的情况下，上部抽真后，充以 0.01~0.03MPa、纯度不低于 99.9%、露点低于 -40℃ 的氮气。

2）充气运输的变压器：

① 应安装储油柜及吸湿器，注入合格油至储油柜规定油位；

② 当不能及时注油时，应继续充与原充气体相同的气体保管，但必须有压力监视装置，压力应保持为 0.01~0.03MPa，气体的露点应低于 -40℃。

(5) 设备在保管期间，应经常检查。充油保管的应检查有无渗油，油位是否正常，外表有无锈蚀，并每六个月检查一次油的绝缘强度；充气保管的应检查气体压力，并做好记录。

(三) 变压器器身检查

(1) 变压器器身检查时，应符合下列规定：

1）周围空气温度不宜低于 0℃，器身温度不应低于空气温度；当器身温度低于周围空气温度时，应将器身加热，宜使其温度高于周围空气温度 10℃。

2）当空气相对湿度小于 75% 时，器身暴露在空气中的时间不得超过 16h。

3）调压切换装置吊出检查、调整时，暴露在空气中的时间应符合规定。

4）空气相对湿度或露空时间超过规定时，必须采取相应的可靠措施。

时间计算：带油运输的变压器，由开始放油时算起；不带油运输的变压器，由揭开顶盖或打开任一堵塞算起，到开始抽真空或注油为止。

5）器身检查时，场地四周应清洁和有防尘措施；雨雪天或雾天，不应在室外进行。

(2) 变压器铁心检查，应符合下列规定：

1）铁心应无变形，铁轭与夹件间的绝缘垫应良好；

2）铁心应无多点接地；

3）铁心外引接地的变压器，拆开接地线后铁心对地绝缘应良好；

4）打开夹件与铁轭接地片后，铁轭螺杆与铁心、铁轭与夹件、螺杆与夹件间的绝缘应良好；

5）当铁轭采用钢带绑扎时，钢带对铁轭的绝缘应良好；

6）打开铁心屏蔽接地引线，检查屏蔽绝缘应良好；

7）打开夹件与线圈压板的连线，检查压钉绝缘应良好；

8）铁心拉板及铁轭拉带应紧固，绝缘良好。

(3) 变压器绕组检查，应符合下列规定：

1）绕组绝缘层应完整，无缺损、变位现象；

2）各绕组应排列整齐，间隙均匀，油路无堵塞；

3）绕组的压钉应紧固，防松螺母应锁紧；

4) 三相绕组直流电阻平衡，耐压试验合格。

(4) 变压器的其他检查项目，应符合下列规定：

1) 绝缘围屏绑扎牢固，围屏上所有线圈引出处的封闭应良好。

2) 引出线绝缘包扎牢固，无破损、拧弯现象；引出线绝缘距离应合格，固定牢靠，其固定支架应紧固；引出线的裸露部分应无毛刺或尖角，其焊接应良好；引出线与套管的连接应牢靠，接线正确。

3) 无励磁调压切换装置各分接头与线圈的连接应紧固正确；各分接头应清洁，且接触紧密，弹力良好；所有接触到的部分，用0.05mm×10mm塞尺检查，应塞不进去；转动接点应正确地停留在各个位置上，且与指示器所指位置一致；切换装置的拉杆、分接头凸轮、小轴、销子等应完整无损；转动盘应动作灵活，密封良好。

4) 有载调压切换装置的选择开关、范围开关应接触良好，分接引线应连接正确、牢固，切换开关部分密封良好。必要时抽出切换开关芯子进行检查。

5) 绝缘屏应完好，且固定牢固，无松动现象。

6) 检查各部位应无油泥、水滴和金属末等杂物。

7) 检查强油循环管路与下轭绝缘接口部位的密封情况。

8) 器身检查完毕后，必须用合格的变压器进行冲洗，并清洗油箱底部，不得遗留杂物。箱壁上的阀门应开闭灵活、指示正确。导向冷却的变压器尚应检查和清理进油管节头和联箱。

(四) 干式变压器安装时的检查

(1) 干式电力变压器到达现场后应进行下列内容检验：

1) 包装及防潮设施完好，无雨水浸入痕迹；

2) 产品的铭牌参数、外形尺寸、外形结构、重量、引线方向等，符合合同要求和国家现行有关标准的规定；

3) 产品说明书、检验合格证、出厂试验报告、装箱清单等随机文件齐全；

4) 附件和备品的规格、数量与装箱清单相符。

(2) 干式电力变压器安装时，经检查应符合下列要求：

1) 所有紧固件紧固，绝缘件完好；

2) 金属部件无锈蚀、无损伤，铁心无多点接地；

3) 绕组完好，无变形、无位移、无损伤，内部无杂物，表面光滑无裂纹；

4) 引线、连接导体间和对地的距离符合国家现行有关标准的规定或合同要求，裸导体表面无损伤、毛刺和尖角，焊接良好；

5) 规定接地的部位有明显的标志，并配有符合标准的螺帽、螺栓（就位后即行接地，器身水平固定牢固）。

(3) 无励磁分接开关安装时，经检查应符合下列要求：

1) 无励磁分接开关完好无损，安装正确，操作灵活，分接位置指示与绕组分接头位置对应正确；

2) 操作部件完好，绝缘良好，无损伤和受潮，固定良好；

3) 无励磁分接开关在操作三个循环后，每个分接位置测量触头接触电阻值不大于500$\mu\Omega$；

4) 无励磁分接开关调换使用接线柱和连接导体者，接线柱所标示分接位置与绕组分接头位置对应正确；

5）无励磁分接开关的接线柱和连接导体，表面清洁、无裂纹、无损伤、螺纹完好；片形连接导体表面光滑、无气孔、无砂眼、无夹渣，以及无其他影响载流和机械强度等缺陷。

(4) 有载分接开关安装时，经检查应符合下列要求：

1）有载分接开关装置符合设计要求；

2）手动、电动操作均应灵活，无卡滞，逐级控制正常，限位和重负荷保护正确可靠；

3）干式电力变压器未带电时，在载分接开关在操作十个循环后，切换动作正常，位置指示正确；

4）触头完好无损，接触良好，每对触头的接触电阻值不大于 $500\mu\Omega$；

5）过渡电阻和连线完好，电阻值与铭牌数值相差不大于 ±10%；

6）切换动作顺序和切换过程符合产品技术要求和国家现行有关标准的规定；

7）按制造厂的要求进行检查和调整试验。

(5) 冷却装置安装时，经检查应符合下列要求：

1）冷却装置整体完好，无损伤；

2）风扇电动机绝缘良好，并经绝缘试验合格，绝缘电阻大于 $0.5M\Omega$，工频耐压 $1kV/min$；

3）风扇叶片无裂纹，无变形，转动无卡阻现象；

4）电源导线绝缘良好，并经绝缘试验合格，绝缘电阻大于 $0.5M\Omega$，工频耐压 $1kV/min$，过流保护完好；

5）风道清洁无杂物；

6）冷却装置安装牢固，运转时无异常振动，无异常噪声，电动机无异常发热，转动方向正确。

(6) 温控、温显装置经检验应符合下列要求：

1）产品说明书、检验合格证、出厂校验报告、计量许可证或标志、质量认证书或标志、装箱清单等随机文件齐全；

2）温控、温显装置完好无损，有符合规定的产品标志；

3）温控、温显指示正确，温控开关可在全量程内任意整定，变压器制造厂要求的整定值不受限制，温控装置各开关接点动作正确，指示灯完好；

4）温控装置对电磁干扰不敏感；

5）温显装置自检定程序正常，输出接口制式符合订货要求；

6）温显装置输入和输出端子全部采用插拔式接插件。

三、电力变压器的安装

(一) 变压器安装室内时的要求

变压器安装在室内应满足以下要求：

(1) 变压器宽面推进时，低压侧应向外；变压器窄面推进时，储油柜侧向外，便于带电巡视检查。

(2) 室内变压器外壳，距室内距离不应小于 $1.0m$，距墙面距离不应小于 $0.8m$。

(3) $35kV$ 及以上的变压器，距室门距离不应小于 $2m$，距墙面距离不应小于 $1.5m$。

(4) 变压器室设有操作用的开关时，在操作方向上应留有 $1.2m$ 以上的操作宽度。

(5) 变压器采用地面下通风时,室内地面高度一般比室外地面高出 1.1m。

(6) 变压器室不能开窗户,通风口应采用百叶窗铁丝纱,变压器室门应为铁门。采用木质门应包铁皮,变压器巡视小门应开在变压器室门的上方或侧面的墙上。

(7) 变压器母线的安装,不应妨碍变压器吊心的检查。

(8) 变压器母线的支架距地面不应小于 2.3m,高压母线两侧应加遮栏。

(9) 单台变压器的油量超过 600kg 时,应设储油坑。

(10) 变压器安装应由专业起重工人和专业电工来进行操作。

(二) 变压器安装在室外时的要求

变压器安装在室外时应满足以下要求:

(1) 室外变压器容量为 320kVA 及以下时,可采用柱上安装方式,变压器底部距地面不应小于 2.5m。

(2) 柱上变压器的高、低压引线及其母线,应采用绝缘导线。

(3) 变压器安装要平稳、牢固。腰栏采用直径为 4.0mm 的铁线缠绕 4 圈以上,铁线不允许有接头,缠后应坚固,腰栏距带电部分不应小于 0.2m。

(4) 变压器高压跌开式熔断器的安装,其对地安装高度不得低于 4.5m,相间距离不小于 0.7m,熔断器与垂线夹角为 15°~30°。

(5) 变压器二次侧熔断器的安装,应符合以下要求:

1) 二次侧有隔离开关时,熔断器应安装于隔离开关与低压绝缘子之间;

2) 二次侧无隔离开关时,熔断器安装于低压绝缘子外侧,并且与熔断器绝缘台两端的绝缘导线跨接。

(三) 配电变压器安装在电杆变台上时的要求

10/0.4kV 的配电变压器常安装在电杆上,电杆上的这种放置构架,称为杆上变台。它具有安全、占地面积小等优点。变台有双杆变台和单杆变台两种,单杆变台一般适用于容量为 30kVA 以下的变压器,双杆变台适用于容量为 180kVA 以下的变压器。两种变台在安装时要注意以下问题:

(1) 电杆可采用 9~10m 长的水泥电杆,电杆应埋入地下 2m。对单杆变台其杆底应设置底盘和卡盘,对双杆变台可根据需要设置底盘和卡盘。

(2) 变台离地面高度应为 2.5m。

(3) 变压器的高压侧装设避雷器及跌落式熔断器。跌落式熔断器的装设高度,应便于地面操作,但距离变压器台面的高度不宜低于 2.3m。各相熔断器间的水平距离不应小于 0.5m。杆顶高低压线架设,应做到高压在上,并保证有 1.5m 的距离。

(4) 杆顶 10kV 三相母线之间的距离应大于 350mm,低压三相四线制母线间的距离一般应大于 150~200mm,防止三相母线之间相碰短路。

(5) 变台角铁(或槽钢)支架必须安装牢固,严防向下滑动。高低压线路横担,也必须安装牢固。同时变台的平面坡度不应大于 1%。

(6) 变压器外壳、变压器中性点及避雷器接地端,可合用一组接地引线。接地线的杆上水平敷设部分,可采用截面积为 $25mm^2$ 的金属绞线。接地引线必须用焊接或螺栓螺母压紧办法与接地体牢固连接,严禁缠绕方法连接,变压器的接地体可采用多根上端连接在一起在垂直接地体,每根接地体长度不宜小于 2m。垂直接地体所使用的钢管,其壁厚不应小于

3.5mm，角钢厚度不应小于4mm，接地体极间距离一般为长度的2倍，顶端应距地面0.6m。地上部分可用直径为6mm的圆钢连接。变台上变压器的安装，还应注意以下问题：

1）变压器起吊就位。吊绳和吊位应准确，受力均匀，确保平稳；
2）就位后水平倾斜度不大于台架的1/100。安装应牢固可靠；
3）油枕、油位正常，外壳干净；
4）一、二次引线排列整齐，组装牢固；
5）套管压线螺栓等部件齐全；
6）接地可靠，接地电阻测试值，符合设计要求；
7）呼吸孔道通畅；
8）其他杆上相关电气设备安装，符合设计要求。

（四）配电变压器安装在落地式变台上时的要求

农村许多地方本着就地取材的原则，采用以砖石砌成的落地式变台。这种变台造价低，操作方便，但由于离地较近，动植物容易接近相碰，造成事故。为了安全，要求把变台砌得稍高一点，同时四周应装设围栏，并挂上"止步！高压危险！"的标志牌。变台的位置应选择离生活区和人员集中区较远的地方，地势要高一点，防止洪水冲淹。变压器高压侧的导线离地面应在3m以上，其他要求基本上与杆上变台一样。

近年来，城市中箱式变压器均安装在地面上，应有完善的防护措施。

（五）干式电力变压器的安装

（1）干式电力变压器的安装环境应符合下列规定：

1）干式电力变压器安装的场所符合制造厂对环境的要求。室内清洁，无其他非建筑结构的贯穿设施，顶板不渗漏；
2）基础设施满足载荷、防震、底部通风等要求；
3）室内通风和消防设施符合有关规定，通风管道密封良好，通风孔洞不与其他通风系统相通；
4）温控、温显装置设在明显位置，以便于观察；
5）室内照明布置符合有关规定；
6）室门采用不燃或难燃材料，门向外开，门上标有设备名称和安全警告标志，保护性网门、栏杆等安全设施完善。

（2）干式电力变压器与配电装置连接安装时，应符合下列规定：

1）配电装置的安装符合设计要求和有关标准的规定，柜、网门的开启互不影响；
2）导体连接紧固，相色表示清晰正确；
3）带电部分的相间和对地距离等符合有关设计标准的要求；
4）接地部分牢固可靠；
5）温控装置的电源引自与变压器低压侧直接连接的母排上，且有足够开断容量的熔断器保护，并根据应急使用的重要程度采用自动切换的双路电源系统供电；
6）柜、网门和遮栏，以及可攀登接近带电设备的设施，标有符合规定的设备名称和安全警告标志；
7）配电装置按国家现代有关标准进行绝缘试验并合格。

第二节　变配电室的施工

变配电室是供配电系统的核心，它在供配电系统中有着极其重要的地位。变配电室的施工有严格的要求，并具有较高的技术难度，其施工质量和供配电系统的正常运行有着密切的关系。

一、电站的施工

（一）变配电所所址的选择

1. 变配电所所址选择的原则

（1）接近负荷中心；

（2）接近电源侧；

（3）进出线方便；

（4）运输设备方便；

（5）不应设在有剧烈震动或高温的场所；

（6）不宜设在多尘或有腐蚀性气体的场所。如无法远离，不应设在污染源的主导风向的下风侧；

（7）不应设在厕所、浴室或其他经常积水场所的正下方（指楼房的正下方），也不宜与上述场所相贴邻；

（8）不应设在地势低洼和可能积水的场所；

（9）不应设在有爆炸危险环境的正上方或正下方，且不宜设在有火灾危险环境的正上方或正下方，当与有爆炸或火灾危险的建筑物毗连时，应符合现行国家标准《爆炸和火灾危险环境电力装置设计规范》的规定。

根据以上原则，经技术、经济比较，综合考虑确定变配电所的所址。

2. 变配电所如果与火灾危险区域的建筑物毗连时，应符合的要求

（1）电压为 1~10kV 配电所可通过走廊或套间与火灾危险环境的建筑物相隔，通向走廊或套间的门应为难燃烧体；

（2）变电所与火灾危险环境建筑物共用的隔墙应是密实的非燃烧体。管道和沟道穿过墙和楼板处，应采用非燃烧性材料严密堵塞（推荐采用 EF 系列防火隔板和 DFD 型防火堵料）；

（3）变压器室的门窗应通向无火灾危险的环境。

3. 高层建筑的变配电所选址应符合的要求

（1）高层建筑的变配电所，宜设置在地下层或首层；当建筑物高度超过 100m 时，它可在高层区的避难层或上技术层内设置变电所；

（2）高层建筑地下层变配电所的位置，宜选择在通风、散热条件较好的场所；

（3）变配电所位于高层建筑（或其他地下建筑）的地下室，不宜设在最底层。当地下仅有 1 层时，应采取适当抬高该所地面等防水措施，并应避免洪水或积水从其他渠道淹渍变配电所的可能性；

（4）高层主体建筑内不宜设置装有可燃性油的电气设备的配电所和变电所，当受条件限制必须设置时，应设在底层靠外墙部位，且不应设在人员密集场所的正上方、正下方、贴

邻和疏散出口的两旁，并应按现行国家标准《高层民用建筑设计防火规范》GB50045 有关规定，采取相应的防火措施。

4. 变配电所所址选择的其他规定

（1）一类高、低层主体建筑内，严禁设置装有可燃性油的电气设备配变电所。二类高、低层主体建筑内不宜设置装有可燃性油的电气设备的配变电所，如受条件限制亦可采用难燃性油的变压器，并应设在首层靠外墙部位或地下室，且不应设在人员密集场所的上下方、贴邻或出口的两旁，并应采取相应的防火和排油措施；

（2）在无特殊防火要求的多层建筑中，装有可燃性油的电气设备的配变电所，可设置在底层靠外墙部位，但不应设在人员密集场所的上方、下方、贴邻或疏散出口的两旁；

（3）装有可燃性油浸电力变压器的车间内变电所，不应设在耐火等级为三、四级的建筑物内；如设在耐火等级为二级的建筑物内，建筑物应采取局部防火措施；

（4）大、中城市除居住小区的杆上变电所外，民用建筑中不宜采用露天或半露天的变电所，如确因需要设置时，宜选用带防护外壳的户外成套变电所。

（二）变配电所型式的选择

1. 变配电所的分类

（1）变配电所是各级电压的变电所和配电所的总称。

（2）变配电所的名称及含义，如下：

1）变电所：10kV 及以下交流电源经电力变压器后对用电设备供电；

2）配电所：所内只起开闭和分配电能作用的高压配电装置，母线上无主变压器；

3）露天变电所：变压器位于露天地面上的变电所；

4）附设变电所：变电所的一面或数面墙与建筑物的墙共用，且变压器室的门和通风窗向建筑物外开；

5）半露天变电所：变压器位于露天地面上的变电所，但变压器上方有顶棚或挑檐；

6）车间内变电所：位于车间内部的变电所，且变压器室的门向车间内开；

7）独立变电所：变电所为一独立建筑物；

8）室内变电所：附设变电所、独立变电所和车间变电所的总称。

2. 形式的选择

（1）35/10（6）kV 变电所分户内式和户外式。户内式运行维护方便，占地面积少。在选择 35kV 总变电所的形式时，应考虑所在地区的地理情况和环境条件，因地制宜；技术经济合理时，应优先选用占地少的形式。35kV 变电所宜用户内式。

（2）配电所一般为独立式建筑物，也可与所带 10（6）kV 变电所一起附设于负荷较大的厂房或建筑物。

（3）10（6）kV 变配电所的形式，应根据用电负荷的状况和周围环境情况综合考虑确定：

1）高层或大型民用建筑物内，宜设室内变电所或户内组合式变电站；

2）负荷小而分散的工业企业和大中城市的居民区，宜设独立变电所，有条件时也可设附设变电所或户外箱式变电站；

3）环境允许的中小城镇居民区和工厂的生活区，当变压器容量在 315kVA 及以下时，宜设杆上式或高台式变压器；

4) 负荷较大的车间和站房，宜设附设变电所或半露天变电所；

5) 负荷较大的多跨厂房，负荷中心在厂房中部且环境许可时，宜设车间内变电所或组合式变电站。

3. 基本规定

对变配电所有如下基本规定：

(1) 不带可燃性油的高、低压配电装置和非油浸的电力变压器及非可燃性油浸电容器可设在同一房间内。

干式变压器应具有不低于 IP_2X 防护外壳。

(2) 室内变电所的每台油量为 100kg 及以上的三相变压器，应设在单独的变压器室内。

(3) 带可燃性油的高压开关柜，宜装设在单独的高压配电装置室内。当高压开关柜的数量为 5 台及以下时，可和低压配电屏装设在同一房间内。

(4) 在同一房间内布置高、低压配电装置时，当高压开关柜或低压配电屏顶面有裸露导体时，两面之间的净距不应小于 2m；当高压开关柜和低压配电屏的顶面和侧面的外壳防护等级符合 IP_2X 级时，两面可靠近布置。

(5) 有人值班的变配电所，应设单独的值班室（可兼控制室）。当有低压配电装置室时，值班室可与低压配电装置室合并，此时在值班人员经常工作的一面或一端，低压配电装置到墙的距离不应小于 3m。

高压配电装置与值班室应直通或经过走廊相通，值班室应有门直接通向户外或通向走廊。

(6) 独立变电所宜单层布置，当采用双层布置时，变压器应设在底层，设于二层的配电装置应有吊运设备的吊装孔或吊装平台。

(7) 高（低）压配电装置室内宜留有适当数量的开关柜（屏）的备用位置。

(8) 油浸变压器和充油电器的布置，应考虑在带电时对油位、油温等观察的方便和安全，并易于抽取油样。

(9) 由同一配电所供给一级负荷用电时，母线分段处应有防火隔板或隔墙。

供给一级负荷用的两路电缆不应通过同一电缆沟，当无法分开时，则该两路电缆应采用绝缘和护套均匀为非延燃性材料的电缆，且应分别置于电缆沟两侧支架上。

(10) 户外组合式变电站的进出线应采用电缆，或架空线至附近改用短段电缆进出。

(11) 配电所的辅助用房，应根据需要和节约的原则确定。

(12) 变电所外廓（防护外壳）与变压器室墙壁和门的净距不应小于规定。干式变压器的金属网状遮栏，其防护等级不低于 IP_1X，遮栏高度不低于 1.70m。

(13) 对于就地检修的室内油浸变压器，室内高度可按吊芯所需的最小高度再加 0.70m；宽度可按变压器两侧各加 0.80m 确定。

(14) 多台干式变压器布置在同一房间内时，变压器防护外壳间的净距不应小于规定。

(15) 变配电所的布置方案应设计合理、因地制宜、符合规范要求，并经过技术经济论证比较后确定。

(三) 变配电所对其他施工项目的要求

1. 变配电所对建筑的要求

(1) 高压配电室宜设不能开启的自然采光窗，窗台距离外地坪不宜低于 1.8m；低压配电室可设能开启的自然采光窗，配电室临街的一面不宜开窗。

(2) 变压器室、配电室、电容器室的门应向外开启。相邻配电室之间的门应能双向开启。

(3) 配电所各房间经常开启的门、窗，不宜直通相邻的酸、碱、蒸汽、粉尘和噪声严重的场所。

(4) 变压器室、配电室、电容器室等应设置防止雨、雪和蛇、鼠类小动物从采光窗、通风窗、门、电缆沟等进入室内的设施。

(5) 配电室、电容器室向各辅助房间的内墙表面应抹灰刷白。地（楼）面宜采用高强度等级水泥抹面压光。配电室、变压器室、电容器室的顶棚以及变压器室内墙面应刷白。

(6) 长度大于 7m 的配电室应设两个出口，并宜布置在配电室的两端。长度大于 60m 时，宜增加一个出口。

(7) 当变电所采用双层布置时，位于楼上的配电室应至少设一个通向室外的平台或通道的出口。

(8) 配电所、变电所的电缆夹层、电缆沟和电缆室，应采取防水、排水措施。

(9) 在多层和高层主体建筑物的底层布置装有可燃性油的电气设备时，基底层外墙开口部位的上方应设置宽度不小于 1.0m 的防火挑檐。多油开关室和高压电容器室均应设有防止油品流散的设施。

2. 变配电所对采暖、通风、给排水的要求

(1) 变压器室宜采用自然通风。夏季排风温度不宜高于 45℃，进风和排风的温差不宜大于 15℃。

(2) 电容器室应有良好的自然通风，通风量应根据电容器允许温度。按夏季排风温度不超过电容器所允许的最高环境空气温度计算。当自然通风不能满足排热要求时，可增设机械排风。电容器室应设温度指示装置。

(3) 变压器室、电容器室当采用机械通风时，其通风管道应采用非燃烧材料制作。当周围环境污秽时，宜加空气过滤器。

(4) 配电室宜采用自然通风。高压配电室装有较多油断路器时，应装设事故排烟装置。

(5) 在采暖地区，控制室应设采暖装置。在严寒地区，当配电室内温度影响电气设备元件和仪表正常运行时，应设采暖装置。

控制室和配电室内的采暖装置，宜采用钢管焊接，且不应有法兰、螺纹接头和阀门等。

(6) 高低压配电室、变压器室、电容器室、控制室内，不应有与其无关的管道和线路通过。

(7) 有人值班的独立变电所，宜设有厕所和给排水设施。

(8) 在配电室内裸导体正上方，不应布置灯具和明敷线路。当在配电室内裸导体上方布置灯具时，灯具与裸导体的水平净距不应小于 1.0m，灯具不得采用吊链和软线吊装。

3. 变配电所对消防的要求

(1) 可燃油油浸电力变压器室的耐火等级应为一级。高压配电室、高压电容器室和非燃（或难燃）介质的电力变压器室的耐火等级不应低于二级。低压配电室和低压电容器室的耐火等级不应低于三级，屋顶承重构件应为二级。

(2) 有下列情况之一时,可燃油油浸变压器室的门应为甲级防火门:
1) 变压器位于车间内;
2) 变压器位于容易沉积可燃粉尘、可燃纤维的场所;
3) 变压器室附近有粮、棉及其他易燃物大量集中的露天堆场;
4) 变压器室位于建筑物内;
5) 变压器室下面有地下室。
(3) 变压器室的通风窗,应采用非燃烧材料。
(4) 当露天或半露天变电所采用可燃油油浸变压器时,其变压器外廓与建筑物外墙的距离应大于或等于5m。当小于5m时,建筑物外墙在下列范围内不应有门、窗或通风孔:
1) 油量大于1000kg时,变压器总高度加3m及外廓两侧各加3m;
2) 油量在1000kg及以下时,变压器总高度加3m及外廓两侧各加1.5m。
(5) 民用主体建筑内的附设变电所和车间内变电所的可燃油油浸变压器室,应设置变压器油的贮油池。
(6) 有下列情况之一时,可燃油油浸变压器室应设置容量为100%变压器油量的挡油设施,或设置容量为20%变压器油量挡油池并能将油排到安全处所的设施:
1) 变压器室位于容易沉积可燃粉尘、可燃纤维的场所;
2) 变压器室附近有粮、棉及其他易燃物大量集中的露天堆场的场所;
3) 变压器室下面有地下室。
(7) 附设变电所、露天变电所中,油量为1000kg及以上的变压器,应设置容量为100%油量的挡油设施。
(8) 在多层和高层主体建筑物的底层布置装有可燃性油的电气设备时,其底层外墙开口部位的上方应设置宽度不小于1.0m的防火挑檐。多油开关室和高压电容器室均应设有防止油品流散的设施。

二、配电室的施工

(一) 控制室

1. 控制室的设置应符合以下原则

(1) 控制室应位于运行方便、电缆较短和朝向良好的地方。
(2) 控制室一般毗连于高压配电室。当整个变电所为多层建筑时,控制室一般设在上层。
(3) 控制室应有两个出口。
(4) 控制室的门不宜直接通向屋外,宜通过走廊或套间。
(5) 控制室内设置集中的事故信号和预告信号。室内安装的设备主要有控制屏、信号屏、所用电屏、电源屏,以及要求安装在控制室内的电能表屏和保护屏。
(6) 控制屏的排列布置,宜与配电装置的间隔排列次序相对应。

2. 控制室各屏间及通道宽度应符合下列数值

(1) 屏正面—屏背面:2m (最小值);
(2) 屏背面—墙:1~1.2m (一般值);0.8m (最小值);

(3) 屏边—墙：1~1.2m（一般值）；0.8m（最小值）；
(4) 主屏正面—墙：3m（一般值）；0.8m（最小值）；
(5) 单排布置屏正面—墙：2m（一般值）；1.5m（最小值）。

(二) 高压配电室

1. 高压配电室应符合的规定

(1) 配电装置的布置和导体、电器的选择，应满足在正常运行、检修和短路以及过电压情况下的要求，并应不危及人身安全和周围设备。

配电装置布置的位置，应便于设备的操作、搬运、检修和试验，并应考虑电缆或架空线出线方便。

(2) 配电装置的绝缘等级，应和电力系统的额定电压相配合。

(3) 配电装置中相邻带电部分的额定电压不同时，应按较高的额定电压确定其安全净距。

(4) 高压出线断路器当采用真空断路器时，为避免变压器（或电动机）操作过电压，应装有浪涌吸收器，并装设在小车上。

高压出线断路器的下侧应装设接地开关和电源监视灯（或电压监视器）。

(5) 高压配电装置按电压等级选用相应的工频耐压及冲击耐压的设备，其遮断容量应超过开断处的最大短路容量，并按使用地点的环境、气候、海拔高度分别选用一般型、湿热型及高海拔加强型设备。

(6) 在地下室及一、二类防火建筑内部，宜选用真空开关、SF_6开关。设在地下室的开关少于五台时，可采用少油断路器。

2. 对高压配电室的要求

(1) 带可燃性油的高压配电装置，宜装设在单独的高压配电室内；当10（6）kV高压开关柜的数量为6台及以下时，可和低压配电屏装设在同一房间内。

(2) 在同一配电室内单列布置的高低压配电装置，当高压开关柜或低压配电屏顶面有裸露带电导体时，两者之间的净距不应小于2m；当高压开关柜和低压配电屏的顶面外壳的防护等级符合IP_2X时，两者可靠近布置。

(3) 高压配电室内宜留有适当数量开关柜的备用位置。

(4) 由同一配电所供给一级负荷用电时，母线分段处应有防火隔板或有门洞的隔墙。供给一级负荷用电的两路电缆不应通过同一电缆通道，当无法分开时，则该电缆通道内的两路电缆应采用绝缘和护套均为非延燃性材料的电缆，且应分别置于电缆通道两侧支架上。

(5) 控制干式变压器的开关当采用真空断路器时，应在开关出线并接氧化锌避雷器或阻容吸收器。

(6) 电源进线处应设有带电指示设置。

3. 高压配电室的环境条件

(1) 选择导体和电器的环境温度，要求如下：

1) 裸导体（室内安装）：该处通风设计温度，当无资料时，可取月平均最高温度加5℃；

2) 电缆（室外电缆沟）：月平均最高温度；

3)电缆(室内电缆沟):室内通风设计温度,当无资料时,可取月平均最高温度加5℃;

4)电缆(电缆隧道):该处通风设计温度,当无资料时,可取月平均最高温度;

5)电缆(土中直埋):最热月的平均地温;

6)电器(室内电抗器):该处通风设计温度,最高排风温度;

7)电器(室内其他电器):该处通风设计温度,当无资料时,可取最热月平均最高温度加5℃。

(2)选择导体和电器时的相对湿度,一般采用当地温度最高月份相对湿度。对温度较高的场所,应采用该处实际相对湿度。

(3)海拔高度超过1000m的地区,配电装置应选择适用于该海拔高度的电器和电瓷产品,其外部绝缘的冲击和工频试验电压应符合高压电气设备绝缘试验电压的有关规定。

4. 导体和电器的选用要求

(1)选用的导体和电器,其允许的最高工作电压不得低于该回路的最高运行电压,其长期允许电流不得小于该回路的最大持续工作电流,并应按短路条件验算其动、热稳定。

用熔断器保护的导体和电器,可不验算热稳定,但动稳定仍应验算。

用高压限流熔断器保护的导体和电器,可根据限流熔断器的特性来校验导体和电器的动、热稳定。

用熔断器保护的电压互感器回路,可不验算动稳定和热稳定。

(2)计算短路点,应选择正常接线方式时短路电流为最大的地点。

带电抗器的6kV或10kV出线,隔板(母线与母线隔离开关之间)前的引线和套管,应按短路点在电抗器前计算,隔板后的引线和电器,一般按短路点在电抗器后计算。

(3)导体和电器的热、动稳定以及电器的短路开断电流,一般按三相短路验算。如单相、两相短路较三相短路严重时,则按严重情况验算。

(4)当按短路开断电流选择高压断路器时,应能可靠地开断装设处可能发生的最大短路电流。

按断流能力校核高压断路器时,宜取断路器实际开断时间的短路电流作为校核条件。

装有自动重合闸装置的高压断路器,应考虑重合闸时对额定开断电流的影响。

(5)用于切合并联补偿电容器组的断路器宜用真空断路器或SF_6断路器。容量较小的电容器组,也可使用开断性能优良的少油断路器。

(6)在正常运行和短路时电器引线的最大作用力,不应大于电器端子允许荷载。屋外部分的导体套管、绝缘子和金具,应根据当地气象条件和不同受力状态进行校验。

(7)导线绝缘子和穿墙套管的机械强度安全系数,不应小于规定数值。

(8)验算短路动稳定时,硬导体的最大应力,不应大于规定的数值。重要回路的硬导体应力计算,还应考虑动力效应的影响。

(9)配电装置各回路的相序排列应一致。硬导体的各相应涂色,色别应为L_1相黄色、L_2相绿色、L_3相红色。绞线可只标明相别。

(10)在配电装置间隔内的硬导体及接地线上,应留有安装携带式接地线的接触面和连接端子。

（11）高压配电装置均应装设闭锁装置及联锁装置，以防止带负荷拉合隔离开关、带接地合闸、有电挂接地线、误拉合断路器、误入屋内有电间隔等电气误操作事故。

5. 高压配电室通道与围栏的要求

（1）室内外配电装置的最小安全净距，见图 4-1 及表 4-1。

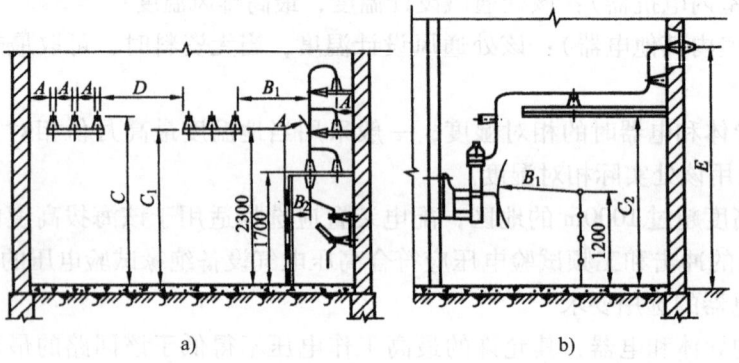

图 4-1 室内外高压配电装置最小电气安全净距图（供校验用）

表 4-1 室内外配电装置的最小电气安全净距离（mm）

图中符号	适用范围	额定电压/kV					备注
		<0.5	3	6	10	35	
A	裸带电部分至接地部分、不同的裸带电部分之间、遮栏向上延伸距地 2.3（2.5）m 处与遮栏上方带电部分之间	20（75）	75（200）	100（200）	125（200）	300（400）	
B_1	栅状遮栏至带电部分之间、交叉的不同时停电检修的无遮栏带电部分之间、裸带电部分至用钥匙或工具才能打开的栅栏	800（825）	825（950）	850（950）	875（950）	1050（1150）	室内 0.5kV 的除外
B_2	距地（楼）面 2.5m 以下的裸带电部分网状遮栏的防护等级为 IP_2X 时，裸带电部分与遮护物（$l \geqslant 1.7$m）间水平净距	100（175）	175（300）	200（300）	225（300）	400（500）	室内 0.5kV 的除外
B_3	裸带电部分至无孔固定遮栏（图中未示出）	50	105	130	155	330	$A+30$
C	无遮栏裸带电部分至所内人行通道地（楼）面	屏前 2500 屏后 2300（2500）	2500（2700）	2500（2700）	2500（2700）	2600（2900）	
C_1	设备的套管和绝缘子最低部位距地（楼）面的最小高度，否则应设固定遮栏或栅栏		2300（2500）	2300（2500）	2300（2500）	2300（2500）	
C_2	具有 IP_2X 防护等级网状遮栏的通道净高	1900	1900	1900	1900	1900	

(续)

图中符号	适用范围	额定电压/kV					备注
		<0.5	3	6	10	35	
D	不同时停电检修的无遮栏裸导体之间的水平距离	1875 (2000)	1875 (2200)	1900 (2200)	1925 (2200)	2100 (2400)	
E	低压母线引出线或高压引出线的套管至屋外人行通道地面	(3650)	(4000)	(4000)	(4000)	(4000)	

注：1. 表中圆括号内的数值适用于室外。
2. 海拔超过1000m时，A 值应按每升100m增大1%进行修正。
3. 表中各值不适用于制造厂的产品设计。
4. 室外设备运输时，设备外廓至裸导体的净距以及不同时停电检修的裸导体之间的垂直交叉净距不应小于表中 B_1 值。
5. 室外带电部分至建筑物边沿之间的净距不应小于 D 值。
6. 遮栏或栅栏的门应装锁。栅栏栅条间的净距以及栅栏最低栏杆至地面的净距不应大于200mm。

（2）高压配电室内各种通道的最小宽度，应符合表4-2的规定。

表4-2 高压配电室内各种通道最小宽度（mm）

开关柜布置方式	柜后维护通道	柜前操作通道	
		固定式	手车式
单排布置	800（1000）	1500	单车长度+1200
双排面对面布置	800	2000	双车长度+900
双排背对背布置	1000	1500	单车长度+1200

注：1. 固定式开关柜为靠墙布置时，柜后与墙净距应大于50mm，侧面与墙净距应大于200mm。
2. 通道宽度在建筑物的墙面遇有柱类局部凸出时，凸出部位的通道宽度可减少200mm。
3. 如果开关柜后面有进（出）线附加柜时，柜后维护通道宽度应从其附加柜算起。
4. 圆括号内的数值适用于35kV开关柜。

（3）当电源从柜（屏）后进线且需在柜（屏）正背后墙上为设隔离开关及其手动操动机构时，柜（屏）后通道净宽不应小于1.5m，当柜（屏）背面的防护等级为 IP_2X 时，可减为1.3m。

（4）室内配电装置柜屋顶（梁除外）的距离一般不小于0.8m。

（5）长度大于7m的高压配电室应设两个出口，并宜布置在配电室的两端。长度大于60m时，宜增添一个出口，位于楼上的配电室至少应设一个出口通向室外的平台或通道。

（6）配电装置室内通道应保证畅通无阻，不得设立门槛，并不应有与配电装置无关的管道通过。

6. 配电装置的布置

（1）JYN2A-10型高压开关柜的布置，见图4-2。

（2）手车式高压开关柜的布置，见图4-3。

（3）XGN□-10型高压环网开关柜的布置，见图4-4。

（4）GBC-35A（F）型高压开关柜的布置，见图4-5。

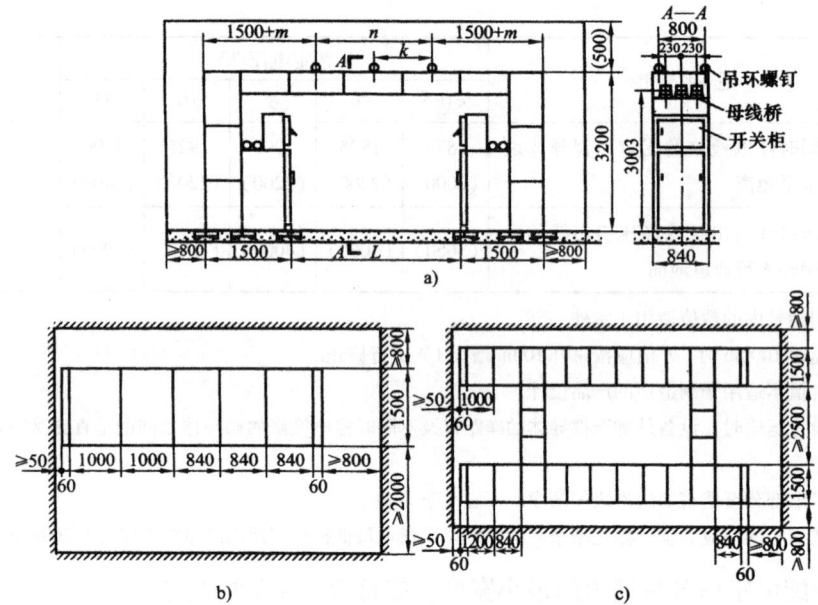

图 4-2 JYN2A-10 型高压开关柜的布置
a) 母线桥示意图 b) 单列平面布置参考图 c) 双列平面布置参考图

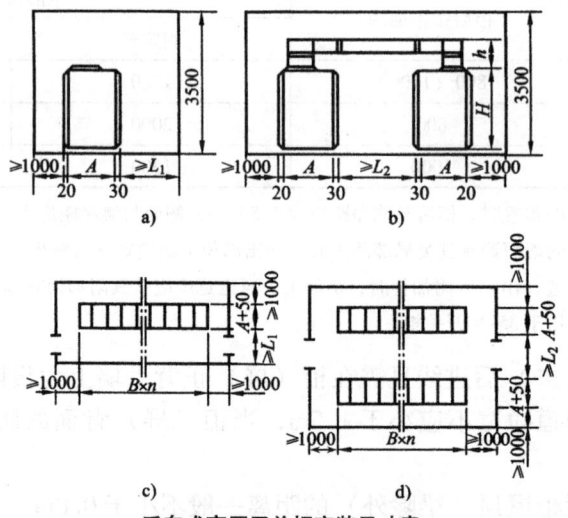

手车式高压开关柜安装尺寸表

开关柜型号	尺寸/mm					
	A	B	H	h	L_1	L_2
GC2-10（F）	1500	800	2200	800	单车长+1200	双车长+900
GFC-3B（F）	1200	800	2100	980	单车长+1200	双车长+900
GFC-15A（F）	1500	800　1000	2200	850	单车长+1200	双车长+900
JYN2-10	1500	840　1000　1200	2200	800	单车长+1200	双车长+900
KYN5-10	1500（1800）	840	2200	1200	单车长+1200	双车长+900
KGN-10	1600	1180	2900	650	1500	2000

注：括号内的数值适用架空进（出）线柜。

图 4-3 手车式高压开关柜的布置
a) 单列 b) 双列 c)、d) 平面布置 n—列开关柜的台数

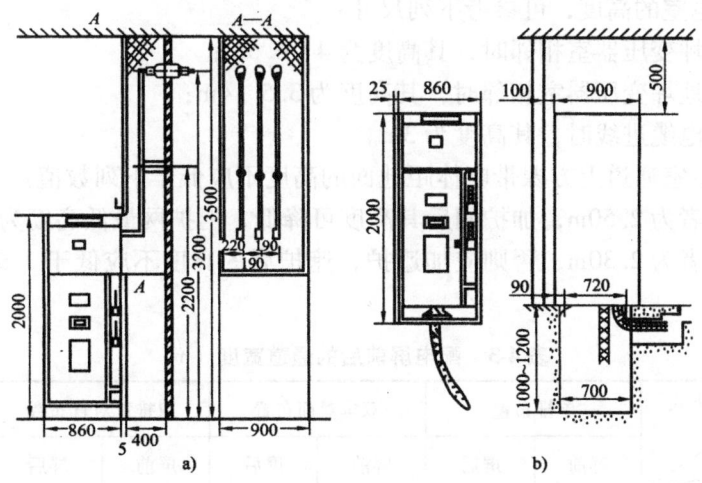

图 4-4 XGN□-10 型高压环网开关柜的布置
a) 架空进出线的布置参考图　b) 电缆进出线的布置参考图

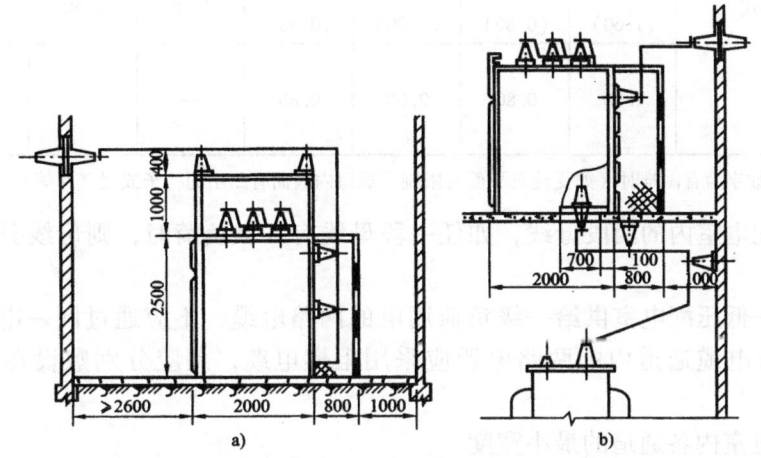

图 4-5 GBC-35A（F）型高压开关柜的布置
a) 柜前架空进（出）线　b) 在同一排同时布置柜后架空进（出）线和穿越楼板向下出线

（三）低压配电室

1. 低压配电室的施工应符合以下要求

（1）低压配电装置的布置，应考虑设备的操作、搬运、检修和试验的方便。

（2）成排布置的低压配电屏，其长度超过 6m 时，屏后面的通道应有两个通向本室或其他房间的出口，并宜布置在通道的两端。当两出口之间的距离超过 15m 时，其间还应增加出口。

（3）低压配电室的长度超过 8m 时，应设两个出口，并宜布置在配电室两端；位于楼上的配电室至少应设一个出口通向室外的平台或通道。

（4）低压配电室可设能开启的自然采光窗，但应有防止雨、雪和小动物进入室内的措施。临街的一面不宜开窗。

（5）低压配电室兼作值班室时，配电屏正面距墙不宜小于 3m。

(6) 低压配电室的高度,可参考下列尺寸:
1) 与抬高地坪变压器室相邻时,其高度为 4~4.5m;
2) 与不抬高地坪变压器室相邻时,其高度为 3.5~4m;
3) 配电室为电缆进线时,其高度为 3m。
(7) 低压配电室通道上方裸带电体距地面的高度不应低于下列数值:
1) 屏前通道者为 2.50m,加护网后其高度可降低,但护网最低高度为 2.20m;
2) 屏后通道者为 2.30m,否则应加遮护,遮护后的高度不应低于 1.90m,其宽度应符合表 4-3 的规定。

表 4-3 配电屏前后的通道宽度 (m)

布置方式 通道宽度 装置种类	单排布置		双排对面布置		双排背对背布置		多排同向布置	
	屏前	屏后	屏前	屏后	屏前	屏后	屏前	屏后
固定式	1.50 (1.30)	1.00 (0.80)	2.00	1.00 (0.80)	1.50 (1.30)	1.50	2.00	—
抽屉式、手车式	1.80 (1.60)	0.90 (0.80)	2.30 (2.00)	0.90 (0.80)	1.80	1.50	2.30 (2.00)	—
控制屏(柜)	1.50	0.80	2.00	0.80	—	—	2.00	屏前检修时靠墙安装

注:( )内的数字为有困难时(如受建筑平面的限制、通道内墙面有凸出的柱子或暖气片等)最小宽度。

(8) 同一配电室内的两段母线,如任一段母线有一级负荷时,则母线分段处应有防火隔断措施。

(9) 由同一低压配电室供给一级负荷用电的两路电缆,不应通过同一电缆通道。当无法分开时,则该电缆通道内的两路电缆应采用阻燃电缆,且应分别敷设在通道的两侧支架上。

2. 低压配电室内各通道的最小宽度
成排布置的配电屏,其屏前和屏后的通道宽度,不应小于表 4-3 中所列数值。

3. 低压配电室的布置
低压配电室的布置,见图 4-6。

(四)电容器室
1. 电容器室的施工应符合以下要求
(1) 室内高压电容器装置宜设置在单独房间内,当电容器组容量较小时,可设置在高压配电室内,但与高压配电装置的距离不应小于 1.5m。
(2) 低压电容器装置可设置在低压配电室内,当电容器总容量较大时,宜设置在单独房间内。
(3) 电容器室应有良好的自然通风。浸渍纸介质电容器的损耗不超过 3W/kVar(1kV 及以下时为 4W/kVar),通风窗的有效面积如无准确的计算资料,可根据进风温度高低(35℃或 30℃)按每 1000kVar 需要下部进风面积和上部出风面积 0.6 或 0.33m^2 估算,低压电容器室的通风面积加大 1/3。

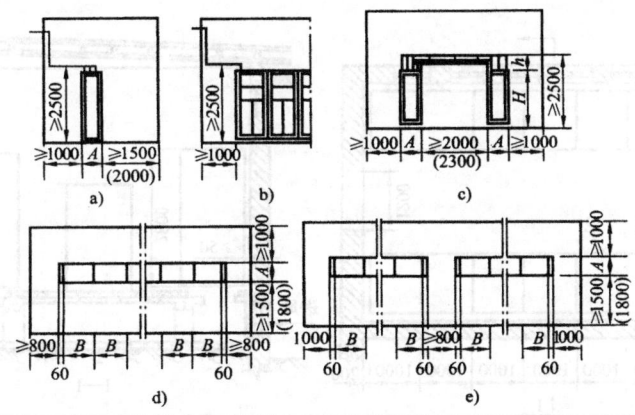

低压屏型号	尺寸/mm			
	A	B	H	h
GGD	600 800	600 800 1000	2200	
GGL1	600 1000	600 800	2200	550
BFC-2B	520 900	550	2200	400
GCK1	500 1000	800	2200	420
GCL1	1200	600 800 1000	2200	420
GCS	600 800 1000	600 800 1000	2200	

图 4-6 低压配电室的布置

a) 单列离墙安装 b) 侧面进线 c) 双列离墙安装 d)、e) 平面布置

注：括号内的数值用于抽屉式低压配电屏。

（4）长度大于 7m 的高压电容器室（低压电容器室为 8m）应设两个出口，并宜布置在两端。电容器室的门应向外开。

（5）安装在室内的装配式高压电容器组，下层电容器的底部距地面不应小于 0.2m，上层电容器的底部距地面不宜大于 2.5m，电容器装置顶部到屋顶净距不应小于 1.0m，高压电容器布置不宜超过三层。

（6）电容器外壳之间（宽面）的净距，不宜小于 0.1m。电容器排间距离，不宜小于 0.2m。

（7）装配式电容器组单列布置时，网门与墙距不应小于 1.3m；当双列布置时，网门之间距离不应小于 1.5m。

（8）成套电容器柜单列布置时，网门与墙距离不应小于 1.3m；当双列布置时，网门之间距离不应小于 1.5m。

（9）成套电容器柜单列布置时，柜正面与墙面距离不应小于 1.5m；当双列布置时，高压电容器柜面之间距离，不应小于 1.5m；低压电容器柜面之间距离不应小于 2.0m。

（10）设置在民用主体建筑中的低压电容器，应采用非可燃性油浸式电容器或干式电容器。

2. 高压电容器室的布置

高压电力电容器与低压开关柜并列在一起布置，见图 4-7。

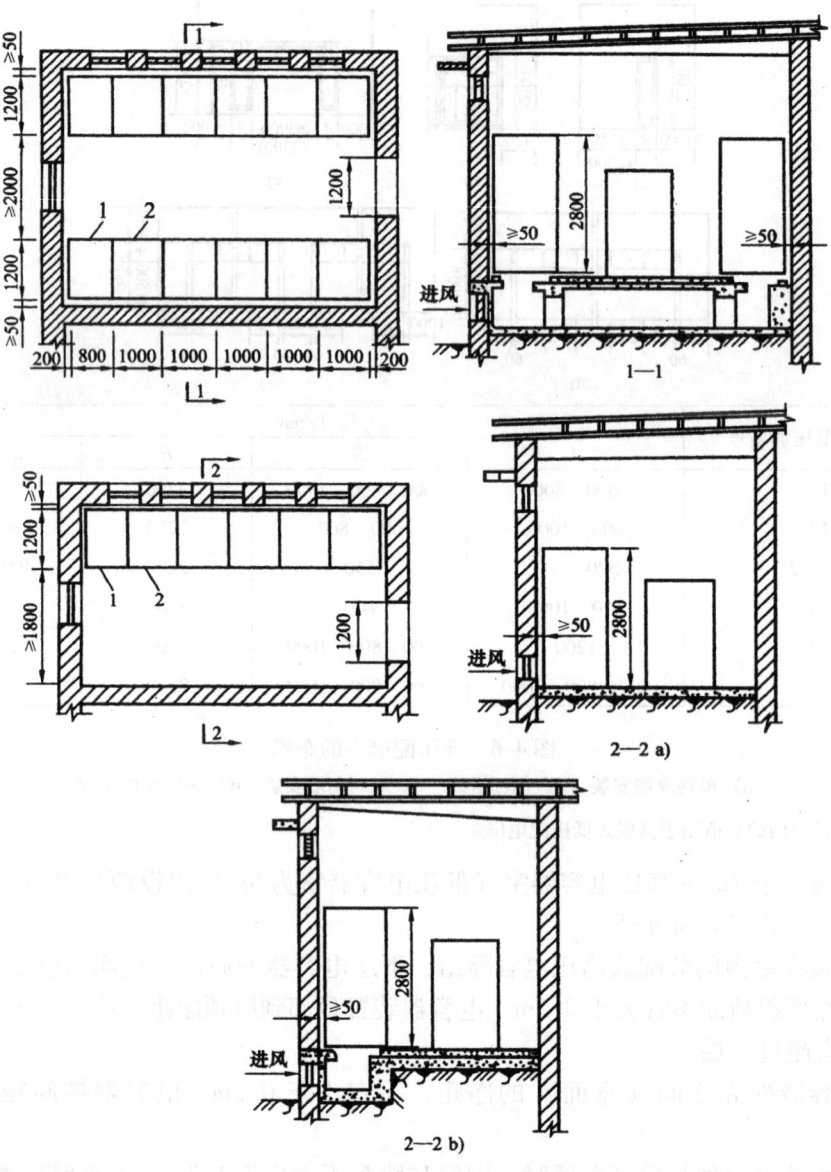

图 4-7 高压电容器室的布置（GR-1 型）
2-2 a）柜后进风　2-2 b）柜底下进风
1—电压互感器柜　2—电容器柜

（五）变压器室

1. 变压器室的施工应符合如下要求

（1）可燃性油油浸变压器外廓与变压器室墙壁和门的最小净距，应符合表 4-4 的规定。

（2）设置于变电所内的非封闭式干式变压器，应装设高度不低于 1.7m 的固定遮栏，遮栏网孔不应大于 40mm×40mm。变压器外廓与遮栏的净距不宜小于 0.6m，变压器之间的净距不应小于 1.0m。

（3）有下列情况之一时，可燃油油浸变压器室的门应为甲级防火门：

表4-4 变压器外廓与变压器室墙壁和门的最小净距

项目 \ 净距/m	变压器容量/(kV·A) 100~1000	1250~1600
油浸变压器外廓与后壁、侧壁净距	0.60	0.80
油浸变压器外廓与门净距	0.80	1.00
干式变压器带有 IP_2X 及以上防护等级金属外壳与后壁、侧壁净距	1.60	0.80
干式变压器有金属网状遮栏与后壁、侧壁净距	0.60	0.80
干式变压器带有 IP_2X 及以上防护等级金属外壳与门净距	0.80	1.00
干式变压器有金属网状遮栏与门净距	0.80	1.00

注：表中各值不适应制造厂的成套产品。

1）变压器室位于车间内；
2）变压器室位于容易沉积可燃粉尘、可燃纤维的场所；
3）变压器附近有粮、棉及其他易燃物大量集中的露天堆场；
4）变压器室位于建筑物内；
5）变压器室下面有地下室。

（4）变压器室的通风窗，应采用非燃烧材料。

（5）变压器室之间的门、变压器室通向配电室的门，也应为甲级防火门。

（6）每台油量为100kg及以上的三相变压器，应装设在单独的变压器室内。宽面推进的变压器低压侧宜向外，窄面推进的变压器油枕宜向外。

（7）民用主体建筑物内的附设变电所和车间内变电所的可燃油油浸变压器室，应设置容量为100%变压器油量的贮油池。

（8）有下列情况之一时，可燃油油浸变压器室内设置容量为100%变压器油量的挡油设施，或设置容量为20%变压器油量挡油池并能将油排到安全处的措施：

1）变压器室位于容易沉积可燃粉尘、可燃纤维的场所；
2）变压器室附近有粮、棉及其他易燃物大量集中的露天场所；
3）变压器室下面有地下室。

（9）附设变电所，露天或半露天变电所中，油量为1000kg及以上的变压器，应设置容量为100%油量的挡油设施。

（10）变压器室内宜安装搬运变压器的地锚。

（11）变压器室内不应有与其无关的管道和明敷线路通过。

（12）变压器室的大门一般按变压器外形尺寸加0.5m。当一扇门的宽度为1.5m及以上时，应在大门上开一小门，小门宽0.8m，高1.8m。

（13）当露天或半露天变电所采用可燃油油浸变压器时，其变压器外廓与建筑物外墙的距离应大于或等于5m。当小于5m时，建筑物外墙在下列范围内不应有门、窗或通风孔：

1）油量大于1000kg时，变压器总高度加3m及外廓两侧各加3m；
2）油量在1000kg及以下时，变压器总高度加3m及外廓两侧各加1.5m。

（14）露天或半露天变电所的变压器四周应设不低于1.7m高的固定围栏（墙）。变压器外廓与围栏（墙）的净距不应小于0.8m，变压器底部距地面不应小于0.3m，相邻变压器外廓之间的净距不应小于1.5m。

（15）当露天或半露天变压器供给一级负荷用电时，相邻的可燃油油浸变压器的防火净距不应小于5m，若小于5m时，应设置防火墙。防火墙应高出油枕顶部，且墙两端应大于挡油设施各0.5m。

2. 变压器室通风窗有效面积的计算

（1）进出风口面积相等时：

$$F_j = F_c = \frac{KP}{4\Delta t} \frac{\sqrt{\Sigma \xi}}{\sqrt{hr_p(r_j + r_p)}}$$

（2）进出风口面积不等时：

$$F_j = \frac{KP}{4\Delta t} \frac{\sqrt{\xi_j + a^2 \xi_c}}{\sqrt{hr_p(r_j - r_p)}}$$

$$F_c = \frac{F_j}{a}$$

式中　F_j——进风口有效面积（m²）；

　　　F_c——出风口有效面积（m²）；

　　　P——变压器全部损耗（kW）；

　　　K——因屋内受太阳热辐射而增加热量的通风面积修正系数，一般取 1～1.09；

　　　Δt——出风口与进风口空气的温差（℃）；$\Delta t = t_c - t_j$；

　　　t_c——出风温度，按45℃计算；

　　　t_j——进风温度，为夏季室外通风计算温度（℃）；

　　　$\Sigma \xi$——进出风口局部阻力系数之和；

　　　ξ_j——进风口的局部阻力系数，一般取1.4；

　　　ξ_c——出风口的局部阻力系数，一般取2.3；

　　　r_p——平均空气表观密度（kg/m³），$r_p = \frac{r_j + r_c}{2}$；

　　　r_j——进风口空气表观密度（kg/m³），30℃时为1.165，35℃时为1.146；

　　　r_c——出风口空气表观密度（kg/m³），45℃时为1.11；

　　　a——进、出风口面积之比，出风口面积为进风口面积1.5倍时 $a = 0.667$，2倍时 $a = 0.5$；

　　　h——进出风口中心高差（m）。

（六）二次回路的施工

1. 盘、柜上的电器安装应符合如下规定

（1）发热元件宜安装在散热良好的地方，不强调安装在柜顶。因为有些发热元件较笨重，安装在柜顶不安全；有些发热元件安装在柜顶操作不方便。

装置性设备要求外壳接地，以防干扰，并保证弱电元件正常工作。

（2）小端子配大截面导线，在施工中时有发生，安装困难且接触不良，故建议可用两根小截面导线代替大截面的导线，作为目前的过渡措施。

（3）二次回路的连接件应采用铜质制品，以防锈蚀。在利用螺丝连接时，应使用垫片和弹簧垫圈。对所使用的铜质制品应进行检查。目前生产的连接件，有的质量不合格，经过几次旋拧、丝扣就滑扣了。尤其在运行过程中出现滑扣现象，其后果更为严重。

考虑防火要求，绝缘件应采用自熄性阻燃材料。

（4）目前可采用喷涂塑料胶等方法。

（5）盘、柜内二次回路的电气间隙和爬电距离应符合标准的规定。

2. 二次回路结线应符合如下规定

（1）二次回路结线应符合现行标准《电力系统二次电路用控制及继电保护屏（柜、台）通用技术条件》JB 5777.2 的规定。

（2）为保证导线无损伤，配线时宜使用与导线规格相对应的剥线钳剥掉导线的绝缘。螺丝连接时，弯线方向应与螺丝前进的方向一致。

线路标号常采用异型管，用英文打字机打上字再烘烤，或采用烫号机烫号。这样字迹清晰工整，不易脱色。或采用编号笔用编号剂书写，效果也较好。

（3）二次回路应设专用接地螺栓，以使接地明显可靠，订货时应予注意。

（4）为保证导线不松散，多股导线不仅应端部绞紧，还应搪锡或加终端附件。

（5）控制电缆的金属护层应予接地。屏蔽层接地的具体做法，应按设计要求制作。

双屏蔽层的电缆，为避免形成感应电位差，常采用两层屏蔽层在同一端相连并予接地。

（6）控制电缆目前已大量采用塑料电缆，其芯线本身为彩色塑料绝缘，在施工中能减少大量套塑料管的工作量，省时省料。但橡胶芯线仍应套绝缘管。

（7）电源的正极接到水银侧接点一端，这样有利于灭弧，防止接点烧损。

（8）油污环境采用塑料绝缘导线较好。

在日光直晒环境，常采用电缆穿蛇皮管或其他金属管的保护措施。

（9）为防止小动物及潮气等侵入，应做好封堵。考虑到结冰地区曾发生管内积水将电缆冻断事故，故应采取措施，使管内不积水。

（七）配电室施工实例

某大厦在土建工作完工后，接着就是常说的"十个系统"的施工。在这十个系统中，首先要进行供配电系统的施工，的确是电力先行，从使用角度，还必须抓紧通信系统和电梯系统的施工，其次才是广播电视、楼宇自控系统的施工，夏天要抓紧进行采暖系统的施工，以保证冬季供暖，在冬季要抓紧制冷系统的施工，当夏天来临时，通风空调制冷系统能正常运行、保证使用。监控中心虽然重要、技术复杂程度又较高，但从施工角度看，倒可以稍晚一些。但是消防系统在大厦交付使用时，必须施工完毕、经验收合格，否则，根据国家的规定，消防系统验收不合格，大厦不允许使用。

供配电系统的施工工作量也很大，该大厦在地下一层设置总配电室，输入 10kV，输出 400（380）V，在每一层有小配电间，小配电间分内外两小间，内间为强电，外间为弱电，小配电间向该层的供电设备供电，总配电间将低压电源输送到各层的小配电间，但地下室容量较大的用电设备，直接由总配电室供电。

该大厦总配电室的系统图见图 4-8。

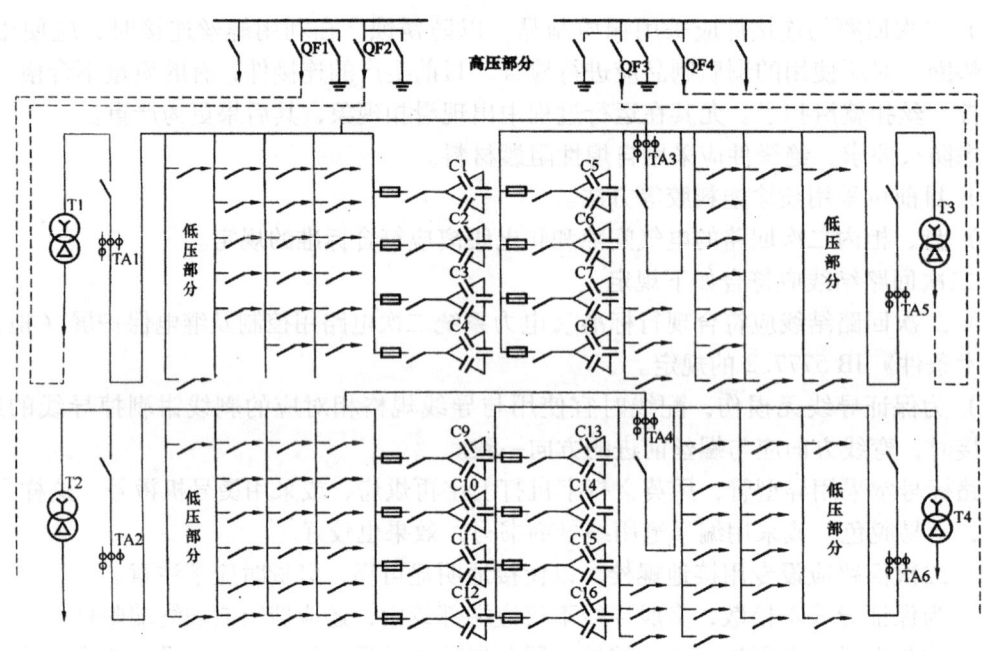

图 4-8 某大厦供配电系统图

从图 4-8 中可以看出，该大厦总配电室由高压部分（高压柜）变压器 4 台（干式变压器）、低压部分（低压柜）和电容器 4 部分组成。其中高压部分，采用 SF_6 断路器，高压柜体积很小、只占配电室很小一部分面积；4 台干式变压器在室内，安装在低压柜旁的基台上，低压柜采用 BBC 开关，占地面积较大，共分为四路，一台变压器带一列低压柜；4 台变压器中有一台是备用变压器。配电室内的平面布置见图 4-9。

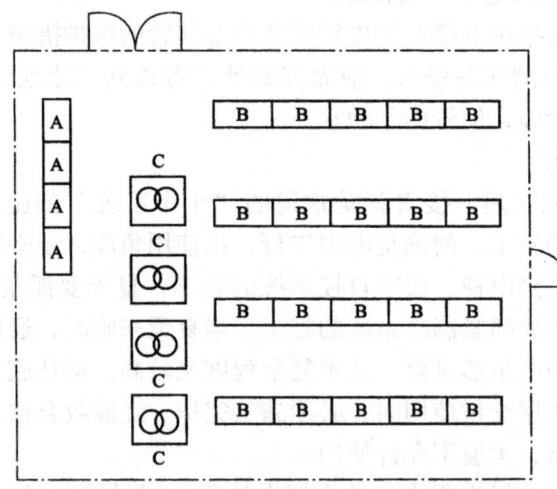

图 4-9 某大厦配电室平面布置图
A—高压柜 B—低压柜 C—干式变压器

配电室施工步骤如下：1）高压柜（SF_6）安装；2）低压柜安装；3）干式变压器安装；4）10kV 进户线施工；5）低压柜、变压器、高压柜之间接线；6）低压柜输出接线；7）试运行；8）验收；9）交付使用。

第五章　电气设备的安装和施工

第一节　高压电器的安装和施工

一、断路器的安装和施工

断路器到达现场后，应及时做好各项验收检查，断路器在安装时，与之有关的建筑工程施工应满足要求。断路器的产品质量应符合国家标准的规定。

（一）空气断路器

空气断路器的安装和施工，应符合下列规定。

(1) 空气断路器到达现场后的保管应符合下列要求：

1) 灭弧室、储气筒等应密封良好；

2) 环氧玻璃钢导气管、绝缘拉杆等应置于室内保管，不得变形；

3) 设备及其瓷件应安置稳妥，不得损坏。

(2) 空气断路器及其附件安装前，应进行下列检查：

1) 外表应完好，无影响其性能的损伤；

2) 环氧玻璃钢导气管不得有裂纹、剥落和破损；

3) 绝缘拉杆表面应清洁无损伤，绝缘应良好，端部连接部件应牢固可靠，弯曲度不超过产品的技术规定；

4) 瓷套与金属法兰间的粘合应牢固密实，法兰结合面应平整，无外伤或铸造砂眼；

5) 灭弧室、分合闸阀、启动阀、主阀、中间阀、控制阀和排气阀及触头的传动活塞等应作部分或整体的解体检查（制造厂规定不作解体且具体保证的部件除外）；

6) 均压电容器的检查应符合电力电容器的规定；

7) 高强度支柱瓷套外观检查有疑问时，应经探伤试验；不得有裂纹、损伤，并不得修补。

(3) 空气断路器的基础或支架应符合下列要求：

1) 基础的中心距离及高度的误差不应大于 10mm；

2) 预留孔或预埋铁板中心线的误差不应大于 10mm，预埋螺栓的中心线的误差不应大于 2mm。

(4) 空气断路器的安装应在无雨雪及无风沙天气下进行；部件的解体检查宜在室内或棚内进行。

(5) 空气断路器部件的解体检查，应符合下列要求：

1) 启动阀、主阀、中间阀、控制阀、排气阀等阀门系统及灭弧动触头的传动活塞；

a. 活塞、套筒、弹簧、胀圈等零件应完好、清洁、无锈蚀；滑动工作面涂以产品规定的润滑剂；

b. 橡皮密封垫（圈）应无扭曲、变形、裂纹、毛刺，并应具有良好的弹性；密封垫（圈）应与法兰面或法兰面上的密封槽的尺寸配合；
　　c. 阀门的排气孔、控制延时用的气孔以及阀门进出气管的承接口应畅通；
　　d. 阀门的金属法兰面应清洁、平整、无砂眼；
　　e. 组装时，活塞胀圈的张口应互相错开；活塞运动灵活、无卡阻；弹簧应保持原有的压缩程度。
　　2）灭弧室的主辅灭弧触头、并联电阻、均压电容应符合下列要求：
　　a. 触头零件应紧固，灭弧触指弹簧应完整，位置准确，触指上的镀银层应完好；
　　b. 灭弧室内部应清扫干净，部件的装配尺寸及灭弧动触头传动活塞的行程应符合产品要求；喷口的安装方向正确；
　　c. 测得的并联电阻、均压电容值应符合产品的规定。
　　3）传动部件应符合下列要求：
　　a. 转轴应清洁，并涂以适合当地气候的润滑脂；
　　b. 传动机构系统应动作灵活可靠。
　　(6) 空气断路器底座的安装，应符合下列要求：
　　1）底座应安装稳固，三相底座相间距离误差不应大于5mm；
　　2）支持瓷套的法兰面应水平；三相联动的空气断路器，其相间瓷套法兰面宜在同一水平面上；
　　3）储气筒内部应无杂物，并应用压缩空气吹净或吸尘器除净。
　　(7) 空气断路器的组装，应符合下列要求：
　　1）瓷件、环氧玻璃钢导气管、绝缘拉杆等应保持清洁干燥；
　　2）所有部件的安装位置应正确并保持其应有的水平或垂直位置；拉紧绝缘子的紧度应适当；
　　3）连接瓷套法兰所用的橡皮密封垫（圈）不应有变形、开裂或老化龟裂，并应与密封槽尺寸相配合；橡皮密封垫（圈）的压缩量不宜超过其厚度的1/3或按产品的技术规定执行；
　　4）灭弧室外接端子应光洁，连接用软导线不应有断股；
　　5）空气断路器与其传动部分的连接应可靠，防松螺母应拧紧，转轴应涂以适合当地气候的润滑脂；
　　6）气管与部件的连接，应使铜管的胀口与接头配合严密，张口不应有裂纹，管子内部应洁净。
　　(8) 控制柜、分相控制箱应封闭良好；加热装置应完好。
　　(9) 空气断路器在安装后，应进行调整，应包括下列内容：
　　1）分、合闸及自动重合闸的最低动作气压及零气压闭锁；
　　2）分、合闸及自动重合闸时的气压降；
　　3）分、合闸及自动重合闸时的动作时间。
　　(10) 空气断路器的调整及操动试验，应符合下列规定：
　　1）各项调整数据应符合产品要求；阀门系统功能良好，传动机构及缓冲器应动作灵活、无卡阻；

2）充气时应逐段增高压力，并在各段气压下进行密封检查。升到最高工作气压时，阀体、瓷套法兰、连接接头处应无漏气；

3）调试完毕后，应进行整组空气断路器的漏气量检查，漏气量应符合产品的技术规定。

（11）空气断路器的辅助开关接点应动作准确，接触良好，并应与空气断路器的分、合闸和自动重合闸的动作可靠地配合，接点断开后的间隙应符合产品的技术规定。

分、合闸位置指示器应动作灵活可靠，指示正确。

（二）油断路器

油断路器的安装和施工，应符合下列规定：

（1）油断路器在运输吊装过程中不得倒置、碰撞或受到剧烈振动。多油断路器运输时应处于合闸状态。油断路器运到现场后的检查，应符合下列要求：

1）断路器的所有部件、备件及专用工器具应齐全，无锈蚀或机械损伤，瓷铁件应粘合牢固；

2）绝缘部件不应变形、受潮；

3）油箱焊缝不应渗油，外部油漆应完整；

4）充油运输的部件不应渗油。

（2）油断路器到达现场后的保管，应符合下列要求：

1）断路器的部件及备件应按其不同保管要求置于室内或室外平整、无积水的场地；

2）断路器的绝缘部件应放置于干燥通风的室内，绝缘拉杆应妥善放置；

3）少油断路器的灭弧室内应充满合格的绝缘油，多油断路器存放时应处于合闸状态。

4）断路器的提升装置的钢丝绳等，应有防锈措施。

（3）油断路器的基础应符合下列要求：

1）基础的中心距离及高度的误差不应大于10mm；

2）预留孔或预埋铁板中心线的误差不应大于10mm；

3）预埋螺栓中心线的误差不应大于2mm。

（4）油断路器的组装应符合下列要求：

1）断路器应安装垂直，并固定牢靠，底座或支架与基础的垫片不宜超过3片，其总厚度不应大于10mm，各片间应焊接牢固；

2）按产品的部件编号进行组装，不得混装；

3）同相各支持瓷套的法兰面宜在同一水平面上，各支柱中心线间距的误差不应大于5mm；三相联动的油断路器，其相间支持瓷套法兰面宜在同一水平面上，三相底座或油箱中心线的误差不应大于5mm；

4）三相联动或同相各柱之间的连杆，其拐臂应在同一水平面上，拐臂角度应一致，并使连杆与机构工作缸的活塞杆在同一中心线上；连杆拧入深度应符合产品的技术规定，防松螺母应拧紧；

5）支持瓷套内部应清洁，卡固弹簧应穿到底；法兰密封垫应完好，安放位置正确且紧固均匀；

6）工作缸或定向三脚架应固定牢固，工作缸的活塞杆表面应洁净，并有防雨、防尘罩；

7）定位连杆应固定牢固，受力均匀。

(5) 油断路器的灭弧室应作解体检查和清理，复原时应安装正确。制造厂规定不作解体且有具体保证的 10kV 油断路器，可进行抽查。

(6) 油断路器的导电部分，应符合下列要求：

1）触头的表面应清洁，镀银部分不得锉磨；触头上的铜钨合金不得有裂纹、脱焊或松动；

2）触头的中心应对准，分、合闸过程中无卡阻现象；同相各触头的弹簧压力应均匀一致，合闸时触头接触紧密；

3）导电部分的编织铜线或可挠软铜片不应断裂，铜片间无锈蚀，固定螺栓应齐全紧固；

4）接线端子的紧固件应符合现行国家标准《电气装置安装工程母线装置施工及验收规范》的有关规定。

(7) 弹簧缓冲器或油缓冲器应清洁、固定牢靠、动作灵活、无卡阻回跳现象，缓冲作用良好；油缓冲器注入油的规格及油位应符合产品的技术要求。油标的油位指示应正确、清晰。

(8) 油断路器和操动机构连接时，其支撑应牢固，且受力均匀；机构应动作灵活，无卡阻现象。油气分离装置及排气管内部应清洁，固定应牢靠；油气分离装置内的瓷球应放满；排气管的排出端应有罩盖，排气管的长度及弯头数量应符合规定；排气管口排出端的位置应使其在排气时不致喷射到附近的设备上；相间绝缘隔板应安装垂直牢固。

(9) 手车式少油断路器的安装，除应符合相关规定外，尚应符合下列要求：

1）轨道应水平、平行，轨距应与手车轮距相配合，接地可靠，手车应能灵活轻便地推入或拉出，同型产品应具有互换性；

2）制动装置应可靠且拆卸方便；

3）手车操动时应灵活、轻巧；

4）隔离静触头的安装位置准确，安装中心线应与触头中心线一致，接触良好，其接触行程和超行程应符合产品的技术规定；

5）工作和试验位置的定位应准确可靠；

6）电气和机械联锁装置应动作准确可靠。

(10) 油断路器安装调整时，应配合进行以下各项检查，检查结果应符合产品的技术规定：

1）电动合闸后，用样板检查油断路器传动机构中间轴与样板的间隙；

2）合闸后，传动机构杠杆与止钉间的间隙；

3）行程、超行程、相间和同相各断口间接触的同期性。

(11) 油断路器调整结束后注油前，应进行下列各项检查：

1）油断路器及其传动装置的所有连接部位应连接牢固；机构无变形、锁片锁牢，防松螺母拧紧，闭口锁张开；

2）具有压油活塞的油断路器，其压油活塞的尾部螺钉必须拧紧；

3）油断路器内部不得遗留任何杂物，顶盖及检查孔应密封良好；

4）多油断路器的油箱升降机构及钢丝绳等应完好，升降机构应操作灵活。

（12）油断路器和操动机构的联合动作应符合下列要求：
1）在快速分、合闸前，必须先进行慢分、合的操作；
2）在慢分、合过程中，应运动缓慢、平稳，不得有卡阻、滞留现象；
3）产品规定无油严禁快速分、合闸的油断路器，必须充油后才能进行快速分、合闸操作；
4）机械指示器的分、合闸位置应符合油断路器的实际分、合闸状态。

（13）多油断路器内部需要干燥时，应将其处于合闸状态，并将拉杆的防松螺帽拧紧。干燥过程中，升温及冷却宜以低于每小时10℃的速度均匀变化，干燥最高温度不宜超过85℃；干燥结束后，应再次检查，绝缘应无脱裂变形，套管应无渗胶，螺栓应紧固。

（14）油箱及内部绝缘部件应采用合格的绝缘油冲洗干净，并注油至规定油位，所有密封处应无渗油现象，并应抽取油样做耐压试验。

（三）六氟化硫断路器

六氟化硫断路器的安装和施工有如下要求：

（1）六氟化硫断路器的基础或支架，应符合下列要求：
1）基础的中心距离及高度的误差不应大于10mm；
2）预留孔或预埋铁板中心线的误差不应大于10mm；
3）预埋螺栓中心线的误差不应大于2mm。

（2）六氟化硫断路器安装前应进行下列检查：
1）断路器零部件应齐全、清洁、完好；
2）灭弧室或罐体和绝缘支柱内预充的六氟化硫等气体的压力值和六氟化硫气体的含水量应符合产品技术要求；
3）均压电容、合闸电阻值应符合制造厂的规定；
4）绝缘部件表面应无裂缝、无剥落或破损，绝缘应良好，绝缘拉杆端部连接部件应牢固可靠；
5）瓷套表面应光滑无裂纹、缺损、外观检查有疑问时应探伤检验；瓷套与法兰的接合面粘合应牢固，法兰结合面应平整、无外伤和铸造砂眼；
6）传动机构零件应齐全，轴承光滑无刺、铸件无裂纹或焊接不良；
7）组装用的螺栓、密封垫、密封脂、清洁剂和润滑脂等的规格必须符合产品的技术规定；
8）密度继电器和压力表应经检验。

（3）六氟化硫断路器的安装，应在无风沙、无雨雪的天气下进行；灭弧室检查组装时，空气相对湿度应小于80%，并采取防尘、防潮措施。

（4）六氟化硫断路器不应在现场解体检查，当有缺陷必须在现场解体时，应经制造厂同意，并在厂方人员指导下进行。

（5）六氟化硫断路器的组装，应符合下列要求：
1）按制造厂的部件编号和规定顺序进行组装，不可混装；
2）断路器的固定应牢固可靠，支架或底架与基础的垫片不宜超过3片，其总厚度不应大于10mm；各片间应焊接牢固；
3）同相各支柱瓷套的法兰面宜在同一水平面上，各支柱中心线间距离的误差不应大于

5mm，相间中心距离的误差不应大于5mm；

4）所有部件的安装位置正确，并按制造厂规定要求保持其应有的水平或垂直位置；

5）密封槽面应清洁，无划伤痕迹；已用过的密封垫（圈）不得使用；涂密封脂时，不得使其流入密封垫（圈）内侧面与六氟化硫（SF_6）气体接触；

6）应按产品的技术规定更换吸附剂；

7）应按产品的技术规定选用吊装器具、吊点及吊装程序；

8）密封部位的螺栓应使用力矩扳手紧固，其力矩值应符合产品的技术规定。

(6) 设备接线端子的接触表面应平整、清洁、无氧化膜，并涂以薄层电力复合脂；镀银部分不得挫磨；载流部分的可挠连接不得有折损、表面凹陷及锈蚀。断路器调整后的各项动作参数，应符合产品的技术规定。

(7) 六氟化硫断路器和操动机构的联合动作，应符合下列要求：

1）在联合动作前，断路器内必须充有额定压力的六氟化硫（SF_6）气体；

2）位置指示器动作应正确可靠，其分、合位置应符合断路器的实际分、合状态；

3）具有慢分、慢合装置的六氟化硫断路器，在进行快速分、合闸前，必须先进行慢分、慢合操作。

(8) 六氟化硫（SF_6）气体的充注应符合下列要求：

1）充注前，充气设备及管路应洁净、无水分、无油污；管路连接部分应无渗漏；

2）气体充入前应按产品的技术规定对设备内部进行真空处理；抽真空时应防止真空泵突然停止或因误操作而引起倒灌事故；

3）当气室已充有六氟化硫（SF_6）气体，且含水量检验合格时，可直接补气。

4）SF_6气体应符合技术条件的要求，见表5-1。

表5-1 SF_6气体的技术条件

名称	指标	名称	指标
空气（N_2+O_2）	≤0.05%	可水解氟化物（以HF计）	≤1.0×10^{-6}
四氟化碳	≤0.05%	矿物油	≤10×10^{-6}
水分	≤8×10^{-6}	纯度	≥99.8%
酸度（以HF计）	≤0.3×10^{-6}	生物毒性试验	无毒

注：表中指标为重量比值。

SF_6气瓶的安全帽、防震圈应齐全，安全帽应拧紧；搬运时应轻装轻卸，严禁抛掷溜放。气瓶应存放在防洒、防潮和通风良好的场所；不得靠近热源和油污的地方，严禁水分和油污粘在阀门上。

(四) 真空断路器

真空断路器的安装和施工有如下要求：

(1) 真空断路器的安装与调整，应符合下列要求：

1）安装应垂直，固定应牢靠，相间支持瓷件在同一水平面上；

2）三相联动连杆的拐臂应在同一水平面上，拐臂角度应一致；

3）安装完毕后，应先进行手动缓慢分、合闸操作，无不良现象时方可进行电动分、合闸操作；

4）真空断路器的行程、压缩行程及三相同期性，应符合产品的技术规定。

(2) 真空断路器的导电部分,应符合下列要求:
1) 导电部分的可挠铜片不应断裂,铜片间无锈蚀;固定螺栓应齐全紧固;
2) 导电杆表面应洁净,导电杆与导电夹应接触紧密;
3) 导电回路接触电阻值应符合产品的技术要求;
4) 电器接线端子的螺栓搭接面及螺栓的紧固要求,应符合现行国家标准《电气装置安装工程母线装置施工及验收规范》的规定。
(3) 真空断路器在安装后,应进行下列检查:
1) 真空断路器应固定牢靠,外表清洁完整;
2) 电气连接应可靠且接触良好;
3) 真空断路器与其操动机构的联动应正常,无卡阻;分、合闸指示正确;辅助开关动作应准确可靠,接点无电弧烧损;
4) 灭弧室的真空度应符合产品的技术规定;
5) 并联电阻、电容值应符合产品的技术规定;
6) 绝缘部件、瓷件应完整无损;
7) 油漆应完整、相色标志正确,接地良好。

(五) 六氟化硫封闭式组合电器
六氟化硫封闭式组合电器的安装和施工有如下要求:
(1) 封闭式组合电器元件装配前,应进行下列检查:
1) 组合电器元件的所有部件应完整无损;
2) 瓷件应无裂纹,绝缘件应无受潮、变形、剥落及破损;
3) 组合电器元件的接线端子、插接件及载流部分应光洁,无锈蚀现象;
4) 各分隔气室气体的压力值和含水量应符合产品的技术规定;
5) 各元件的紧固螺栓应齐全、无松动;
6) 各连接件、附件及装置性材料的材质、规格及数量应符合产品的技术规定;
7) 支架及接地引线应无锈蚀或损伤;
8) 密度继电器和压力表应经检验合格;
9) 母线和母线筒内壁应平整无毛刺;
10) 防爆膜应完好。
(2) 封闭式组合电器基础及预埋槽钢的水平误差,不应超过产品的技术规定。
(3) 制造厂已装配好的各电器元件在现场组装时,不应解体检查;如有缺陷必须在现场解体时,应经制造厂同意,并在厂方人员指导下进行。
(4) 组合电器元件的装配,应符合下列要求:
1) 装配工作应在无风沙、无雨雪、空气相对湿度小于80%的条件下进行,并采取防尘、防潮措施;
2) 应按制造厂的编号和规定的程序进行装配,不得混装;
3) 使用的清洁剂、润滑剂、密封脂和擦拭材料必须符合产品的技术规定;
4) 密封槽面应清洁、无划伤痕迹;已用过的密封垫(圈)不得使用;涂密封脂时,不得使其流入密封垫(圈)内侧与六氟化硫(SF_6)气体接触;
5) 盆式绝缘子应清洁、完好;

6) 应按产品的技术规定选用吊装器具及吊点;
7) 连接插件的触头中心应对准插口,不得卡阻,插入深度应符合产品的技术规定;
8) 所有螺栓的紧固均应使用力矩扳手,其力矩值应符合产品的技术规定;
9) 应按产品的技术规定更换吸附剂。

(5) 设备接线端子的接触表面应平整、清洁、无氧化膜,并涂以薄层电力复合脂;镀银部分不得挫磨;载流部分其表面应无凹陷及毛刺,连接螺栓应齐全、紧固。

(6) 六氟化硫气体管理及充注和六氟化硫断路器相同。

(六) 断路器的操动机构

操动机构的安装,应符合下列要求:

(1) 操动机构固定应牢靠,底座或支架与基础间的垫片不宜超过3片,总厚度不应超过20mm,并与断路器底座标高相配合,各片间应焊牢。

(2) 操动机构的零部件应齐全,各转动部分应涂以适合当地气候条件的润滑脂。

(3) 电动机转向应正确。

(4) 各种接触器、继电器、微动开关、压力开关和辅助开关的动作应准确可靠,接点应接触良好,无烧损或锈蚀。

(5) 分、合闸线圈的铁心应动作灵活,无卡阻。

(6) 加热装置的绝缘及控制元件的绝缘应良好。

二、其他高压电器的安装和施工

这一部分内容包括:隔离开关、负荷开关、高压熔断器、电抗器及电容器的安装和施工。

(一) 隔离开关、负荷开关及高压熔断器

隔离开关、负荷开关及高压熔断器的安装与调整,应符合以下要求:

(1) 隔离开关、负荷开关及高压熔断器安装时的检查,应符合下列要求:

1) 接线端子及载流部分应清洁,且接触良好,触头镀银层无脱落;

2) 绝缘子表面应清洁,无裂纹、破损、焊接残留斑点等缺陷,瓷铁粘合应牢固;

3) 隔离开关的底座转动部分应灵活,并应涂以适合当地气候的润滑脂;

4) 操动机构的零部件应齐全,所有固定连接部件应紧固,转动部分应涂以适合当地气候的润滑脂。

(2) 在室内间墙的两面,以共同的双头螺栓安装隔离开关时,应保证其中一组隔离开关拆除时,不影响另一侧隔离开关的固定。

(3) 隔离开关的组装,应符合下列要求:

1) 隔离开关的相间距离的误差:110kV及以下不应大于10mm,110kV以上不应大于20mm。相间连杆应在同一水平线上;

2) 支柱绝缘子应垂直于底座平面(V形隔离开关除外),且连接牢固;同一绝缘子柱的各绝缘子中心线应在同一垂直线上;同相各绝缘子柱的中心线应在同一垂直平面内;

3) 隔离开关的各支柱绝缘子间应连接牢固;安装时可用金属垫片校正其水平或垂直偏差,使触头相互对准、接触良好;其缝隙应用腻子抹平后涂以油漆;

4) 均压环(罩)和屏蔽环(罩)应安装牢固、平正。

(4) 传动装置的安装与调整应符合以下要求：

1) 拉杆应校直，其与带电部分的距离应符合现行国家标准《电气装置安装工程母线装置施工及验收规范》的有关规定；当不符合规定时，允许弯曲，但应弯成与原杆平行；

2) 拉杆的内径应与操动机构轴的直径相配合，两者间的间隙不应大于1mm；连接部分的销子不应松动；

3) 当拉杆损坏或折断可能接触带电部分而引起事故时，应加装保护环；

4) 延长轴、轴承、联轴器、中间轴轴承及拐臂等传动部件，其安装位置应正确，固定应牢靠；传动齿轮应咬合准确，操作轻便灵活；

5) 定位螺钉应按产品的技术要求进行调整，并加以固定；

6) 所有传动部分应涂以适合当地气候条件的润滑脂。

7) 接地刀刃转轴上的扭力弹簧或其他拉伸式弹簧应调整到操作力矩最小，并加以固定；在垂直连杆上涂以黑色油漆。

(5) 操动机构的安装调整，应符合以下要求：

1) 操动机构应安装牢固，同一轴线上的操动机构安装位置应一致；

2) 电动或气动操作前，应先进行多次手动分、合闸，机构动作应正常；

3) 电动机的转向应正确，机构的分、合闸指示应与设备的实际分、合闸位置相符；

4) 机构动作应平稳，无卡阻、冲击等异常情况；

5) 限位装置应准确可靠，到达规定分、合极限位置时，应可靠地切除电源或气源；

6) 管路中的管接头、阀门、工作缸等不应有渗、漏现象；

7) 机构箱密封垫应完整；

8) 气动机构的空气压缩机及空气管路应符合气动机构安装的要求及空气管道敷设的要求。

(6) 当拉杆式手动操动机构的手柄位于上部或左端的极限位置，或蜗轮蜗杆式机构的手柄位于顺时针方向旋转的极限位置时，应是隔离开关或负荷开关的合闸位置；反之，应是分闸位置。

(7) 隔离开关、负荷开关合闸后，触头间的相对位置，备用行程以及分闸状态时触头间的净距或拉开角度，应符合产品的技术规定。

(8) 具有引弧触头的隔离开关由分到合时，在主动触头接触前，引弧触头应先接触；从合到分时，触头的断开顺序应相反。

(9) 三相联动的隔离开关，触头接触时，不同期值应符合产品的技术规定。当无规定时，应符合下列数值：

1) 电压为10~35kV时，相差值为5mm；

2) 电压为63~110kV时，相差值为10mm；

3) 电压为220~330kV时，相差值为20mm。

(10) 隔离开关、负荷开关的导电部分，应符合以下要求：

1) 以0.05mm×10mm的塞尺检查，对于线接触应塞不进去；对于面接触，其塞入深度：在接触表面宽度为50mm及以上时，不应超过4mm；在接触表面宽度为60mm及以上时，不应超过6mm；

2) 触头间应接触紧密，两侧的接触压力应均匀，且符合产品的技术规定；

3) 触头表面应平整、清洁，并应涂以薄层中性凡士林；载流部分的可挠连接不得有折损；连接应牢固，接触应良好；载流部分表面应无严重的凹陷及锈蚀；

4) 设备接线端子应涂以薄层电力复合脂。

(11) 隔离开关的用锁装置应动作灵活、准确可靠；带有接地刀刃的隔离开关，接地刀刃与主触头间的机械或电气用锁应准确可靠。

(12) 隔离开关及负荷开关的辅助开关应安装牢固，并动作准确，接触良好，其安装位置应便于检查；装于室外时，应有防雨措施。

(13) 负荷开关的安装及调整，除符合上述有关规定外，尚应符合以下要求：

1) 在负荷开关合闸时，主固定触头应可靠地与主刀刃接触；分闸时，三相的灭弧刀片应同时跳离固定灭弧触头；

2) 灭弧筒内产生气体的有机绝缘物应完整无裂纹，灭弧触头与灭弧筒的间隙应符合要求；

3) 负荷开关三相触头接触的同期性和分闸状态时触头间净距及拉开角度应符合产品的技术规定；

4) 带油的负荷开关的外露部分及油箱应清理干净，油箱内应注以合格油并无渗漏。

(14) 人工接地开关的安装与调整，除应符合上述有关规定外，尚应符合下列要求：

1) 人工接地开关的动作应灵活可靠，其合闸时间应符合继电保护的要求；

2) 人工接地开关的缓冲器应经详细检查，其压缩行程应符合产品的技术规定。

(15) 高压熔断器的安装，应符合以下要求：

1) 带钳口的熔断器，其熔丝管应紧密地插入钳口内；

2) 装有动作指示器的熔断器，应便于检查指示器的动作情况；

3) 跌落式熔断器的熔管的有机绝缘物应无裂纹、变形；熔管轴线与铅垂线的夹角应为15°~30°，其转动部分应灵活；跌落时不应碰及其他物体而损坏熔管；

4) 熔丝的规格应符合设计要求，且无弯曲、压扁或损伤，熔体与尾线应压接紧密牢固。

(二) 电抗器

混凝土电抗器、干式电抗器、滤波器和阻波器主线圈的安装和施工，应符合如下要求：

(1) 设备到达现场后，应进行外观检查，电抗器有下列情况时，可进行修补：

1) 混凝土支柱的表面裂纹长度不超过柱子径向尺寸的1/3，且其宽度不超过0.5mm时，可予填补，填补后应在表面涂以防潮绝缘漆；

2) 混凝土支柱表面漆层损坏处应补涂防潮绝缘漆；

3) 混凝土电抗器线圈绝缘有损伤时，应予包扎；

4) 干式电抗器线圈绝缘损伤及导体裸露时，应按制造厂的技术规定进行处理。

(2) 电抗器应按其编号进行安装，并应符合以下要求：

1) 三相垂直排列时，中间一相线圈的绕向应与上、下两相相反；

2) 两相重叠一相并列时，重叠的两相绕向应相反，另一相与上面的一相绕向相同；

3) 三相水平排列时，三相绕向应相同；

4) 垂直安装时，各相中心线应一致。

(3) 电抗器和支承式安装的阻波器主线圈，其重量应均匀地分配于所有支柱绝缘子上。找平时，允许在支柱绝缘子底座下放置钢垫片，但应固定牢靠。

电抗器上、下重叠安装时，应在其绝缘子顶帽上，放置与顶帽同样大小且厚度不超过4mm的绝缘纸板垫片或橡胶垫片；在户外安装时，应用橡胶垫片。

（4）悬式阻波器主线圈吊装时，其轴线宜对地垂直。设备接线端子与母线的连接，应符合现行国家标准《电气装置安装工程母线装置施工及验收规范》的规定。当其额定电流为1500A及以上时，应采用非磁性金属材料制成的螺栓。电抗器间隔内，所有磁性材料的部件，应可靠固定。

（5）电抗器和阻波器主线圈的支柱绝缘子的接地，应符合以下要求：

1）上、下重叠安装时，底层的所有支柱绝缘子均应接地，其余的支柱绝缘子不接地；

2）每相单独安装时，每相支柱绝缘子均应接地；

3）支柱绝缘子的接地线不应成闭合环路。

（6）电抗器安装后应进行验收，在验收时，应进行下列项目的检查：

1）支柱应完整、无裂纹，线圈应无变形；

2）线圈外部的绝缘漆应完好；

3）支柱绝缘子的接地应良好；

4）混凝土支柱的螺栓应拧紧；

5）混凝土电抗器的风道应清洁无杂物；

6）各部油漆应完整；

7）阻波器内部的电容器和避雷器外观应完整，连接良好，固定可靠；

8）应具备完整的技术文件。

（三）电容器

电容器的安装和施工，应符合以下要求：

（1）电容器在安装前，应进行以下检查：

1）套管芯棒应无弯曲或滑扣；

2）引出线端连接用的螺母、垫圈应齐全；

3）外壳应无显著变形，外表无锈蚀，所有接缝不应有裂缝或渗油。

（2）成组安装的电力电容器，应符合以下要求：

1）三相电容量的差值宜调配到最小，其最大与最小的差值，不应超过三相平均电容值的5%；设计有要求时，应符合设计的规定；

2）电容器构架应保持其应有的水平及垂直位置，固定应牢靠，油漆应完整；

3）电容器的配置应使其铭牌面向通道一侧，并有顺序编号；

4）电容器端子的连接线应符合设计要求，接线应对称一致，整齐美观，母线及分支线应标以相色；

5）凡不与地绝缘的每个电容器的外壳及电容器的构架均应接地；凡与地绝缘的电容器的外壳均应接到固定的电位上。

（3）耦合电容器安装时，不应松动其顶盖上的紧固螺栓，接至电容器的引线不应使其端头受到过大的横向拉力。两节或多节耦合电容器叠装时，应按制造厂的编号安装。

（4）电容器安装后应进行验收。在验收时，应进行以下检查：

1）电容器组的布置与接线应正确，电容器组的保护回路应完整；

2）三相电容量误差允许值应符合规定；

3) 外壳应无凹凸或渗油现象，引出端子连接牢固，垫圈、螺母齐全；
4) 熔断器熔体的额定电流应符合设计规定；
5) 放电回路应完整且操作灵活；
6) 电容器外壳及构架的接地应可靠，其外部油漆应完整；
7) 电容器室内的通风装置应良好。

第二节 低压电器的安装和施工

（一）低压断路器

低压断路器的安装和施工，应符合以下要求：

（1）低压断路器安装前的检查，应符合下列要求：

1) 衔铁工作面上的油污应擦净；
2) 触头闭合、断开过程中，可动部分与灭弧室的零件不应有卡阻现象；
3) 各触头的接触平面应平整；开合顺序、动静触头分闸距离等，应符合设计要求或产品技术文件的规定；
4) 受潮的灭弧室，安装前应烘干，烘干时应监测温度，可以将灭弧室的温度控制在不使灭弧室变形为原则。

（2）低压断路器的安装、应符合以下要求：

1) 低压断路器的安装、应符合产品技术文件的规定；当无明确规定时，宜垂直安装，其倾斜度不应大于5°；
2) 低压断路器与熔断器配合使用时，熔断器应安装在电源侧，以便检修方便；
3) 低压断路器操作机构的安装，应符合下列要求：

a. 操作手柄或传动杠杆的开、合位置应正确；操作力不应大于产品的规定值；

b. 电动操作机构接线应正确；在合闸过程中，开关不应跳跃；开关合闸后，限制电动机或电磁铁通电时间的联锁装置应及时动作；电动机或电磁铁通电时间不应超过产品的规定值；

c. 开关辅助接点动作应正确可靠，接触应良好；

d. 抽屉式断路器的工作、试验、隔离三个位置的定位应明显，并应符合产品技术文件的规定；

e. 抽屉式断路器空载时进行抽、拉数次应无卡阻，机械联锁应可靠。

（3）低压断路器的接线，应符合以下要求：

1) 裸露在箱体外部且易触及的导线端子，应加绝缘保护；
2) 有半导体脱扣装置的低压断路器，其接线应符合相序要求，脱扣装置的动作应可靠。

（4）直流快速断路器的安装、调整和试验，尚应符合以下要求：

1) 安装时应防止断路器倾倒、碰撞和激烈震动；基础槽钢与底座间，应按设计要求采取防震措施；
2) 断路器极间中心距离及相邻设备或建筑物的距离，不应小于500mm。当不能满足要求时，应加装高度不小于单极开关总高度的隔弧板；在灭弧室上方应留有不小于1000mm的空间；当不能满足要求时，在开关电流 3000A 以下断路器的灭弧室上方 200mm 处应加装隔弧板；在开关电流 3000A 及以上断路器的灭弧室上方 500mm 处应加装隔弧板；

3）灭弧室内绝缘衬件应完好，电弧通道应畅通；

4）触头的压力、开距、分断时间及主触头调整后灭弧室支持螺杆与触头间的绝缘电阻，应符合产品技术文件的要求；

5）直流快速断路器的接线，应符合以下要求：

a. 与母线连接时，出线端子不应承受附加应力；母线支点与断路器之间的距离，不应小于 1000mm；

b. 当触头及线圈标有正、负极性时，其接线应与主回路极性一致；

c. 配线时应使控制线与主回路分开。

6）直流快速断路器调整和试验，应符合以下要求：

a. 轴承转动应灵活，并应涂以润滑剂；

b. 衔铁的吸、合动作应均匀；

c. 灭弧触头与主触头的动作顺序应正确；

d. 安装后应按产品技术文件要求进行交流工频耐压试验，不得有击穿、闪络现象；

e. 脱扣装置应按设计要求进行整定值校验，在短路或模拟短路情况下合闸时，脱扣装置应能立即脱扣。

（二）低压隔离开关、刀开关、转换开关及熔断器组合电器

（1）隔离开关与刀开关的安装，应符合以下要求：

1）开关应垂直安装。当在不切断电流、有灭弧装置或用于小电流电路等情况下，可水平安装。水平安装时，分闸后可动触头不得自行脱落，其灭弧装置应固定可靠；

2）可动触头与固定触头的接触应良好；大电流的触头或刀片宜涂电力复合脂；

3）双投刀闸开关在分闸位置时，刀片应可靠固定，不得自行合闸；

4）安装杠杆操作机构时，应调节杠杆长度，使操作到位且灵活；开关辅助接点指示应正确；

5）开关的动触头与两侧压板距离应调整均匀，合闸后接触面应压紧，刀片与静触头中心线应在同一平面，且刀片不应摆动。

（2）直流母线隔离开关安装，应符合以下要求：

1）垂直或水平安装的母线隔离开关，其刀片均应位于垂直面上；在建筑构件上安装时，刀片底部与基础之间的距离，应符合设计或产品技术文件的要求。当无明确要求时，不宜小于 50mm；

2）刀体与母线直接连接时，母线固定端应牢固。

（3）转换开关和倒顺开关安装后，其手柄位置指示应与相应的接触片位置相对应；定位机构应可靠；所有的触头在任何接通位置上应接触良好。

（4）带熔断器或灭弧装置的负荷开关接线完毕后，检查熔断器应无损伤，灭弧栅应完好，且固定可靠；电弧通道应畅通，灭弧触头各相分闸应一致。

（三）住宅电器、漏电保护器及消防电气设备

（1）住宅电器的安装，应符合以下要求：

1）集中安装的住宅电器，应在其明显部位设警告标志；

2) 住宅电器安装完毕，调整试验合格后，宜对调整机构进行封锁处理。

(2) 漏电保护器的安装、调整试验应符合以下要求：

1) 按漏电保护器产品标志进行电源侧和负荷侧接线；

2) 带有短路保护功能的漏电保护器安装时，应确保有足够的灭弧距离；

3) 在特殊环境中使用的漏电保护器，应采取防腐、防潮或防热等措施；

4) 电流型漏电保护器安装后，除应检查接线无误外，还应通过试验按钮检查其动作性能，并应满足要求。

(3) 火灾探测器、手动火灾报警按钮、火灾报警控制器、消防控制设备等的安装，应按现行国家标准《火灾自动报警系统施工及验收规范》执行。

(四) 低压接触器及电动机起动器

(1) 低压接触器及电动机起动器安装前的检查，应符合以下要求：

1) 衔铁表面应无锈斑、油垢；接触面应平整、清洁。可动部分应灵活无卡阻；灭弧罩之间应有间隙；灭弧线圈绕向应正确；

2) 触头的接触应紧密，固定主触头的触头杆应固定可靠；

3) 当带有常用触头的接触器与磁力起动器闭合时，应先断开常闭触头，后接通主触头；当断开时应先断开主触头，后接通常闭触头，且三相主触头的动作应一致，其误差应符合产品技术文件的要求；

4) 电磁起动器热元件的规格应与电动机的保护特性相匹配；热继电器的电流调节指示位置应调整在电动机的额定电流值上，并应按设计要求进行定值校验。

(2) 低压接触器和电动机起动器安装完毕后，应进行以下检查：

1) 接线应正确；

2) 在主触头不带电的情况下，起动线圈间断通电，主触头动作正常，衔铁吸合后应无异常响声；

3) 接触器的安装应便于更换和检修。

(3) 真空接触器安装前，应进行以下检查：

1) 可动衔铁及拉杆动作应灵活可靠、无卡阻；

2) 辅助触头应随绝缘摇臂的动作可靠动作，且触头接触应良好；

3) 按产品接线图检查内部接线应正确。

(4) 采用工频耐压法检查真空开关管的真空度，应符合产品技术文件的规定。

(5) 真空接触器的接线，应符合产品技术文件的规定，接地应可靠。

(6) 可逆起动器或接触器，电气联锁装置和机械联锁装置的动作均应正确、可靠。

(7) 星、三角起动器的检查、调整，应符合以下要求：

1) 起动器的接线应正确；电动机定子绕组正常工作应为三角形接线；

2) 手动操作的星、三角起动器，应在电动机转速接近运行转速时进行切换；自动转换的起动器应按电动机负荷要求正确调节延时装置。

(8) 自耦减压起动器的安装、调整，应符合以下要求：

1) 起动器应垂直安装；

2) 油浸式起动器的油面不得低于标定油面线；

3) 减压抽头在65%～80%额定电压下，应按负荷要求进行调整；起动时间不得超过自耦减压起动器允许的起动时间。

（9）手动操作的起动器，触头压力应符合产品技术文件规定，操作应灵活。

（10）接触器或起动器均应进行通断检查；用于重要设备的接触器或起动器尚应检查其起动值，并应符合产品技术文件的规定。

（11）变阻式起动器的变阻器安装后，应检查其电阻切换程序、触头压力、灭弧装置及起动值，并应符合设计要求或产品技术文件的规定。

（五）控制器、继电器、按钮及行程开关

（1）控制器的安装应符合以下要求：

1）控制器的工作电压应与供电电源电压相符；

2）凸轮控制器及主令控制器，应安装在便于观察和操作的位置上；操作手柄或手轮的安装高度，宜为 800～1200mm；

3）控制器操作应灵活；档位应明显、准确。带有零位自锁装置的操作手柄，应能正常工作；

4）操作手柄或手轮的动作方向，宜与机械装置的动作方向一致；操作手柄或手轮在各个不同位置时，其触头的分、合顺序均应符合控制器的开、合图表的要求，通电后应按相应的凸轮控制器件的位置检查电动机，并应运行正常；

5）控制器触头压力应均匀；触头超行程不应小于产品技术文件的规定。凸轮控制器主触头的灭弧装置应完好；

6）控制器的转动部分及齿轮减速机构应润滑良好。

（2）继电器安装前的检查，应符合以下要求：

1）可动部分动作应灵活、可靠；

2）表面污垢和铁心表面防腐剂应清除干净。

（3）继电器的安装应符合以下要求：

1）触点数量应符合设计要求；

2）线圈电压应和供电电压相符；

3）动作参数应符合设计要求；

4）继电器的安装应便于更换和检修。

（4）按钮的安装应符合以下要求：

1）按钮之间的距离宜为 50～80mm，按钮箱之间的距离宜为 50～100mm；当倾斜安装时，其与水平的倾角不宜小于 30°；

2）按钮操作应灵活、可靠、无卡阻；

3）集中在一起安装的按钮应有编号或不同的识别标志，"紧急"按钮应有明显标志，并设保护罩。

（5）行程开关的安装、调整，应符合以下要求：

1）安装位置应能使开关正确动作，且不妨碍机械部件的运动；

2）碰块或撞杆应安装在开关滚轮或推杆的动作轴线上。对电子式行程开关应按产品技术文件要求调整可动设备的间距；

3）碰块或撞杆对开关的作用力及开关的动作行程，均不应大于允许值；

4）限位用的行程开关，应与机械装置配合调整；确认动作可靠后，方可接入电路使用。

（六）电阻器及变阻器

电阻器及变阻器的安装及施工，有以下要求：

（1）电阻器的电阻元件，应位于垂直面上。电阻器垂直叠装不应超过四箱；当超过四箱时，应采用支架固定，并保持适当距离；当超过六箱时应另列一组。有特殊要求的电阻器，其安装方式应符合设计规定。电阻器底部与地面间，应留有间隔，并不应小于 150mm。

（2）电阻器与其他电器垂直布置时，应安装在其他电器的上方，两者之间应留有间隔。

（3）电阻器的接线，应符合以下要求：

1）电阻器与电阻元件的连接应采用铜或钢的裸导体，接触应可靠；

2）电阻器引出线夹板或螺栓应设置与设备接线图相应的标志；当与绝缘导线连接时，应采取防止接头处的温度升高而降低导线的绝缘强度的措施；

3）多层叠装的电阻箱的引出导线，应采用支架固定，并不得妨碍电阻元件的更换。

（4）电阻器和变阻器内部不应有断路或短路；其直流电阻值的误差应符合产品技术文件的规定。

（5）变阻器的转换调节装置，应符合以下要求：

1）转换调节装置移动应均匀平滑、无卡阻，并应有与移动方向相一致的指示阻值变化的标志；

2）电动传动的转换调节装置，其限位开关及信号联锁接点的动作应准确和可靠；

3）齿链传动的转换调节装置，可允许有半个节距的串动范围；

4）由电动传动及手动传动两部分组成的转换调节装置，应在电动及手动两种操作方式下分别进行试验；

5）转换调节装置的滑动触头与固定触头的接触应良好，触头间的压力应符合要求，在滑动过程中不得开路。

（6）频敏变阻器的调整，应符合以下要求：

1）频敏变阻器的极性和接线应正确；

2）频敏变阻器的轴头和气隙调整，应使电动机起动特性符合机械装置的要求；

3）频敏变阻器配合电动机进行调整过程中，连续起动次数及总的起动时间，应符合产品技术文件的规定。

（七）电磁铁

电磁铁的安装与施工，应符合以下要求：

（1）电磁铁的铁心表面，应清洁、无锈蚀。

（2）电磁铁的衔铁及其传动机构的动作应迅速、准确和可靠，并无卡阻现象。直流电磁铁的衔铁上，应有隔磁措施。

（3）制动电磁铁的衔铁吸合时，铁心的接触面应紧密地与其固定部分接触，且不得有异常响声。

（4）有缓冲装置的制动电磁铁，应调节其缓冲器道孔的螺栓，使衔铁动作至最终位置时平稳、无剧烈冲击。

（5）采用空气隙作为剩磁间隙的直流制动电磁铁，其衔铁行程指针位置应符合产品技术文件的规定。

(6) 牵引电磁铁固定位置应与阀门推杆准确配合，使动作行程符合设备要求。

(7) 起重电磁铁第一次通电检查时，应在空载（周围无铁磁物质）的情况下进行，空载电流应符合产品技术文件的规定。

(8) 有特殊要求的电磁铁，应测量其吸合与释放电流，其值应符合产品技术文件的规定及设计要求。

(9) 双电动机抱闸及单台电动机双抱闸电磁铁动作应灵活一致。

（八）熔断器

熔断器的安装和施工，应符合以下要求：

(1) 熔断器及熔体的容量，应符合设计要求，并核对所保护电气设备的容量与熔体容量相匹配；对后备保护、限流、自复、半导体器件保护等有专用功能的熔断器，严禁替代。

(2) 熔断器安装位置及相互间距离，应便于更换熔体。

(3) 有熔断指示器的熔断器，其指示器应装在便于观察的一侧。

(4) 瓷质熔断器在金属底板上安装时，其底座应垫软绝缘衬垫。

(5) 安装具有几种规格的熔断器，应在底座旁标明规格。

(6) 有触及带电部分危险的熔断器，应配齐绝缘抓手。

(7) 带有接线标志的熔断器，电源线应按标志进行接线。

(8) 螺旋式熔断器的安装，其底座严禁松动，电源应接在熔芯引出的端子上。

第三节 电机的安装和施工

（一）汽轮发电机和调相机的安装和施工

1. 一般规定

(1) 电机基础、地脚螺栓孔、沟道、孔洞、预埋件及电缆管的位置、尺寸和质量，应符合规定；

(2) 采用条形底座的电机应有2个及以上的接地点。

2. 保管、搬运和起吊

(1) 电机到达现场后，外观检查应符合以下要求：

1) 包装完整，在运输过程中无碰撞损坏现象；

2) 铁心、转子等的表面及轴颈的保护层完整，无损伤和锈蚀现象；

3) 水内冷电机定子、转子进出水管管口的封闭完好；

4) 充氮运输的电机，氮气压力符合产品的要求。

(2) 电机到达现场后，安装前的保管应符合以下要求：

1) 电机放置前应检查枕木垛、卸货台、平台的承载能力；

2) 电机的转子和定子应存放在清洁、干燥的仓库或厂房内，当条件不允许时，可就地保管，但应有防火、防潮、防尘、保温及防止小动物进入等措施；

3) 电机存放处的周围环境温度应符合产品技术条件的规定，水内冷电机不应低于5℃，充氮保管的电机，氮气压力应符合产品的要求；

4) 转子在存放时，不得使护环受力，应使大齿处于支撑位置；水内冷和氢冷电机的水气进出孔道，必须封严。水内冷电机应使用干燥、清洁的压缩空气吹扫水内冷绕组；

5）保管期间，应每月检查一次，轴颈、铁心、集电环等处不得有锈蚀；并按产品要求定期盘动转子；

6）对大型发电机定子、转子绕组，应定期使用兆欧表测量绝缘电阻，当发现绝缘电阻值明显下降时，应查明原因，并采取措施。

（3）电机定子在起吊和搬运中，受力点位置应符合产品技术文件的规定。定子上专用吊环的螺扣应全部拧紧。

转子起吊时，护环、轴颈、小护环、进出水水箱、风扇、集电环、氢冷转子的槽楔风斗等不得作为着力点。轴颈应包扎保护，钢丝绳不得与风扇、集电环、进出水水箱、氢冷转子的槽楔风斗等碰触。钢丝绳与转子的绑扎部位应采用能起保护作用的垫块垫好。

（4）大型电机定子的运输应考虑就位时的方向。

3．定子和转子的安装

（1）电机的铁心、绕组、机座内部应清洁，无尘土、油垢和杂物。绕组的绝缘表面应完整，无伤痕和起泡现象。端部绕组与绑环应紧靠垫实，紧固件和绑扎件应完整，无松动，螺母应锁紧。铁心硅钢片应无锈蚀、松动、损伤或金属性短接。通风孔和风道应清洁、无杂物阻塞。

（2）埋入式测温元件的引出线和端子板应清洁、绝缘，其屏蔽接地应良好。埋设于汇水管水支路处的测温元件应安装牢固，测温元件应完好。

定子槽楔无裂纹、凸出及松动现象。每根槽楔的空响长度不应超过其1/3，端部槽楔必须牢固；槽楔下采用波纹板时，应按产品技术要求进行检查。

进入定子膛内工作时，应保持洁净，严禁遗留金属件；不得损伤绕组端部和铁心。

（3）转子上的紧固件应紧牢，平衡块不得增减或变位，平衡螺丝应锁牢。氢内冷转子应按制造厂规定进行通风检查，通风孔应无阻塞。

风扇叶片应安装牢固，无破损、裂纹及焊口开裂，螺栓应锁牢。

穿转子时，不得碰伤定子绕组或铁心；下部铁心和绕组端部表面宜使用纸板或橡皮板垫敷。

（4）凸极式电机的磁极绕组绝缘应完好，磁极应稳固，磁极间撑块和连接线应牢固。电机的空气间隙和磁场中心应符合产品的技术要求。

（5）安装端盖前，电机内部应无杂物和遗留物，气封通道应通畅。安装后，端盖接合处应紧密。采用端盖轴承的电机，端盖接合面应采用 10mm×0.05mm 塞尺检查，塞入深度不得超过 10mm。

电机的引线及出线的安装应符合以下要求：

1）引线及出线的接触面良好、清洁、无油垢，镀银层不应锉磨；

2）引线及出线的连接应紧固，当采用铁质螺栓时，连接后不得构成闭合磁路；

3）大型发电机的引线及出线连接后，应按制造厂的规定进行绝缘包扎处理。

4．集电环和电刷的安装

（1）集电环应与轴同心，晃度应符合产品技术条件的规定；当无规定时，晃度不宜大于 0.05mm。集电环表面应光滑，无损伤及油垢。

（2）接至刷架的电缆，不应使刷架受力，其金属护层不应触及带有绝缘垫的轴承。

（3）电刷架及其横杆应固定，绝缘衬管和绝缘垫应无损伤、无污垢，并应测量其绝缘电阻。

(4) 刷握与集电环表面间隙应符合产品技术要求；当产品无规定时，其间隙可调整为 2~4mm。

(5) 电刷的安装调整应符合以下要求：

1) 同一电机上应使用同一型号、同一制造厂的电刷；

2) 电刷的编织带应连接牢固，接触良好，不得与转动部分或弹簧片相碰触。具有绝缘垫的电刷，绝缘垫应完好；

3) 电刷在刷握内应能上下自由移动，电刷与刷握的间隙应符合产品的规定；当无规定时，其间隙可为 0.10~0.20mm；

4) 恒压弹簧应完整无机械损伤，型号和压力应符合产品技术条件的规定。同一极上的弹簧压力偏差不宜超过 5%；

5) 电刷接触面应与集电环的弧度相吻合，接触面积不应小于单个电刷截面的 75%。研磨后，应将炭粉清扫干净；

6) 非恒压的电刷弹簧，压力应符合其产品的规定。当无规定时，应调整到不使电刷冒火的最低压力，可为 14~25kPa，同刷架上每个电刷的压力应均匀；

7) 电刷应在集电环的整个表面内工作，不得靠近集电环的边缘。

(二) 电动机的安装和施工

1. 一般规定

对于异步电动机、同步电动机、励磁机及直流电机的安装有以下一般规定：

(1) 电机性能应符合周围工作环境的要求；

(2) 电机基础、地脚螺栓孔、沟道、孔洞、预埋件及电缆管位置、尺寸和质量，应符合设计和国家现行的建筑工程施工及验收规范的有关规定。

2. 保管和起吊

(1) 电机运到现场后，外观检查应符合以下要求：

1) 电机应完好，不应有损伤现象；

2) 定子和转子分箱装运的电机，其铁心、转子和轴颈应完整，无锈蚀现象；

3) 电机的附件、备件应齐全，无损伤。

(2) 电机及其附件宜存放在清洁、干燥的仓库或厂房内；当条件不允许时，可就地保管，但应有防火、防潮、防尘及防止小动物进入等措施。

保管期间，应按产品的要求定期盘动转子。

(3) 起吊电机转子时，不应将吊绳绑在集电环、换向器或轴颈部位。

起吊定子和穿转子时，不得碰伤定子绕组和铁心。

3. 检查和安装

(1) 电机安装时，电机的检查应符合以下要求：

1) 盘动转子应灵活，不得有碰卡声；

2) 润滑脂的情况正常、无变色、变质及变硬等现象。其性能应符合电机的工作条件；

3) 可测量空气间隙的电机，其间隙的不均匀度应符合产品技术条件的规定，当无规定时，各点空气间隙与平均空气间隙之差与平均空气间隙之比宜为 ±5%；

4) 电机的引出线鼻子焊接或压接应良好，编号齐全，裸露带电部分的电气间隙应符合产品标准的规定；

5）绕线式电机应检查电刷的提升装置，提升装置应有"起动"、"运行"的标志，动作顺序是先短路集电环，后提起电刷。

（2）当电机有下列情况之一时，应做抽芯检查：

1）出厂日期超过制造厂保证期限；

2）当制造厂无保证期限时，出厂日期已超过一年；

3）经外观检查或电气试验，质量可疑时；

4）开启式电机经端部检查可疑时；

5）试运行时有异常情况。

注：当制造厂规定不允许解体时，另作商定处理。

（3）电机抽转子检查，应符合以下要求：

1）电机内部清洁无杂物；

2）电机的铁心、轴颈、集电环和换向器应清洁，无伤痕和锈蚀现象；通风孔无阻塞；

3）绕组绝缘层应完好，绑线无松动现象；

4）定子槽楔应无断裂、凸出和松动现象，每根槽楔的空响长度不得超过其1/3，端部槽楔必须牢固；

5）转子的平衡块及平衡螺丝应紧固锁牢，风扇方向应正确，叶片无裂纹；

6）磁极及铁轭固定良好，励磁绕组紧贴磁极，不应松动；

7）笼型电动机转子铜导电条和端环应无裂纹，焊接应良好；浇铸的转子表面应光滑平整；导电条和端环不应有气孔、缩孔、类渣、裂纹、细笼、断笼和浇注不满等现象；

8）电机绕组应连接正确，焊接良好；

9）直流电机的磁极中心线与几何中心线应一致；

10）检查电机的滚动轴承，应符合以下要求：

①轴承工作面应光滑清洁，无麻点、裂纹或锈蚀，并记录轴承型号；

②轴承的滚动体与内外圈接触良好，无松动，转动灵活无卡涩，其间隙符合产品技术条件的规定；

③加入轴承内的润滑脂应填满其内部空隙的2/3；同一轴承内不得填入不同品种的润滑脂。

（4）电机的换向器或集电环应符合以下要求：

1）表面应光滑，无毛刺、黑斑、油垢。当换向器的表面不平程度达到0.2mm时，应进行车光；

2）换向器片间绝缘应凹下0.5~1.5mm。整流片与绕组的焊接应良好。

（5）电机电刷的刷架、刷握及电刷的安装应符合以下要求：

1）同一组刷握应均匀排列在与轴线平行的同一直线上；

2）刷握的排列，应使相邻不同极性的一对刷架彼此错开；

3）各组电刷应调整在换向器的电气中性线上；

4）带有倾斜角的电刷的锐角尘应与转动方向相反；

5）电机电刷的安装，有与汽轮发电机和调相机集电环和电刷的安装相同的要求。

（6）箱式电机的安装，尚应符合以下要求：

1) 定子搬运、吊装时应防止定子绕组的变形；
2) 定子上下瓣的接触面应清洁，连接后使用 0.05mm 的塞尺检查，接触应良好；
3) 必须测量空气间隙，其误差应符合产品技术条件的规定；
4) 定子上下瓣绕组的连接，必须符合产品技术条件的规定。

(7) 多速电机的安装，尚应符合以下要求：
1) 电机的结线方式、极性应正确；
2) 联锁切换装置应动作可靠；
3) 电机的操作程序应符合产品技术条件的规定。

(8) 有固定旋转方向要求的电机，试车前必须检查电机与电源的相序并应一致。

(三) 小型电动机的安装

小型电动机的使用量最大，尤以小型三相异步电动机为最多。其安装方法与其传动方式有关，最常见的传动方式有：齿轮传动、蜗轮蜗杆传动、皮带轮传动及联轴器传动等几种。电动机有底脚安装和凸缘法兰端盖安装（即卧式和立式）两种。

1. 齿轮传动电动机的安装

这种传动方式，要求电机轴与主动齿轮连接，因此电机轴线必须通过主动齿轮中心线，齿轮内孔径和电机轴伸相配合，电机无论是立式还是卧式，必须安装牢固。

2. 蜗轮蜗杆传动电动机的安装

一般情况下，电动机和蜗杆直接连接，如采用联轴器，则电机轴线和蜗杆轴线一致，电机无论是立式还是卧式，必须安装牢固，蜗杆再与蜗轮啮合。

3. 皮带轮传动电动机的安装

一般情况下，电机轴伸的主动皮带轮和从动负载皮带轮通过皮带来传动，两个皮带轮槽的形式和皮带形式一致，电动机轴线和从动皮带轮轴线平行，且两个皮带轮在同一个平面内，电机无论是立式还是卧式，必须安装牢固。但电机的中心高和从动皮带轮中心高可以不一致。

4. 联轴器传动电动机的安装

一般情况下，联轴器的主动部分和电动机连接配合，联轴器的从动部分和负载连接配合，这种传动方式要求电动机轴线和负载转动轴线在同一条直线上，电动机轴线中心高差和负载中心高是相同的话，可以安装在同一平台上，若中心高不同，则中心高低的应垫以垫块，或安装在有两个不等高的台面上。电机无论是立式还是卧式，必须安装牢固。

(四) 电机试运行前的检查

电机安装完工后，在试运行前的检查，应符合以下要求：

(1) 建筑工程全部结束，现场清扫整理完毕；

(2) 电机本体安装检查结束，起动前应进行的试验项目已按现行国家标准《电气装置安装工程电气设备交接试验标准》试验合格；

(3) 冷却、调速、润滑、水、氢、密封油等附属系统安装完毕，验收合格，水质、油质或氢气质量符合要求，分部试运行情况良好；

(4) 发电机出口母线应设有防止漏水、油、金属及其他物体掉落等设施；

(5) 电机的保护、控制、测量、信号、励磁等回路的调试完毕，动作正常；

(6) 测定电机定子绕组、转子绕组及励磁回路的绝缘电阻，应符合要求；有绝缘的轴承座的绝缘板、轴承座及台板的接触面应清洁干燥，使用 1000V 兆欧表测量，绝缘电阻值不得小于 0.5MΩ；

（7）电刷与换向器或集电环的接触应良好；

（8）盘动电机转子时应转动灵活，无碰卡现象；

（9）电机引出线应相序正确，固定牢固，连接紧密；

（10）电机外壳油漆应完整，接地良好；

（11）照明、通信、消防装置应齐全。

第四节 照明系统的安装和施工

（一）总则要点

1. 电气照明装置施工前，建筑工程应符合以下要求：

（1）对灯具安装有妨碍的模板、脚手架应拆除；

（2）顶棚、墙面等抹灰工作应完成，地面清理工作应结束。

2. 电气照明装置施工结束后，对施工中造成的建筑物、构筑物局部破损部分，应修补完整。

3. 当在砖石结构中安装电气照明装置时，应采用预埋吊钩、螺栓、螺钉、膨胀螺栓、尼龙塞或塑料塞固定；严禁使用木楔。当设计无规定时，上述固定件的承载能力应与电气照明装置的重量相匹配。

4. 在危险性较大及特殊危险场所，当灯具距地面高度小于 2.4m 时，应使用额定电压为 36V 及以下的照明灯具，或采取保护措施。

5. 安装在绝缘台上的电气照明装置，其导线的端头绝缘部分应伸出绝缘台的表面。

6. 电气照明装置的接线应牢固，电气接触应良好；需接地或接零的灯具、开关、插座等非带电金属部分，应有明显标志的专用接地螺钉。

（二）灯具的安装和施工

灯具的安装和施工，应符合以下要求：

1. 灯具及其配件应齐全，并应无机械损伤、变形、油漆剥落和灯罩破裂等缺陷。

2. 根据灯具的安装场所及用途，引向每个灯具的导线线芯最小截面，应符合表 5-2 的规定。

表 5-2 导线线芯最小截面

灯具的安装场所及用途		线芯最小截面/mm²		
		铜芯软线	铜线	铝线
灯头线	民用建筑室内	0.4	0.5	2.5
	工业建筑室内	0.5	0.8	2.5
	室外	1.0	1.0	2.5
移动用电设备的导线	生活用	0.4	—	—
	生产用	1.0	—	—

3. 灯具不得直接安装在可燃构件上；当灯具表面高温部位靠近可燃物时，应采取隔热、散热措施。

4. 在变电所内,高压、低压配电设备及母线的正上方,不应安装灯具。

5. 室外安装的灯具,距地面的高度不宜小于 3m；当在墙上安装时,距地面的高度不应小于 2.5m。

6. 螺口灯头的接线应符合以下要求：

(1) 相线应接在中心触点的端子上,零线应接在螺纹的端子上；

(2) 灯头的绝缘外壳不应有破损和漏电；

(3) 对带开关的灯头,开关手柄不应有裸露的金属部分。

7. 对装有白炽灯泡的吸顶灯具,灯泡不应紧贴灯罩；当灯泡与绝缘台之间的距离小于 5mm 时,灯泡与绝缘台之间应采取隔热措施。

8. 灯具的安装应符合以下要求：

(1) 采用钢管作灯具的吊杆时,钢管内径不应小于 10mm；钢管壁厚度不应小于 1.5mm；

(2) 吊链灯具的灯线不应受拉力,灯线应与吊链编叉在一起；

(3) 软线吊灯的软线两端应作保护扣；两端芯线应搪锡；

(4) 同一室内或场所成排安装的灯具,其中心线偏差不应大于 5mm；

(5) 日光灯和高压汞灯及其附件应配套使用,安装位置应便于检查和维修；

(6) 灯具固定应牢固可靠。每个灯具固定用的螺钉或螺栓不应少于 2 个；当绝缘台直径为 75mm 及以下时,可采用 1 个螺钉或螺栓固定。

9. 公用场所用的应急照明灯和疏散指示灯,应有明显的标志。无专人管理的公共场所照明宜装设自动节能开关。

10. 每套路灯应在相线上装设熔断器。由架空线引入路灯的导线,在灯具入口处应做防水弯。

11. 36V 及以下照明变压器的安装应符合以下要求：

(1) 电源侧应有短路保护,其熔体的额定电流不应大于变压器的额定电流；

(2) 外壳、铁心和低压侧的任意一端或中性点,均应接地或接零。

12. 固定在移动结构上的灯具,其导线宜敷设在移动构架的内侧；在移动构架活动时,导线不应受拉力和磨损。

13. 当吊灯灯具重量大于 3kg 时,应采用预埋吊钩或螺栓固定；当软线吊灯灯具重量大于 1kg 时,应增设吊链。

14. 投光灯的底座及支架应固定牢固,枢轴应沿需要的光轴方向拧紧固定。

15. 金属卤化物灯的安装应符合以下要求：

(1) 灯具安装高度宜大于 5m,导线应经接线柱与灯具连接,且不得靠近灯具表面；

(2) 灯管必须与触发器和限流器配套使用；

(3) 落地安装的反光照明灯具,应采取保护措施。

16. 嵌入顶棚内的装饰灯具的安装应符合以下要求：

(1) 灯具应固定在专设的框架上,导线不应贴近灯具外壳,且在灯盒内应留有余量,灯具的边框应紧贴在顶棚面上；

(2) 矩形灯具的边框宜与顶棚面的装饰直线平行,其偏差不应大于 5mm；

(3) 日光灯管组合的开启式灯具,灯管排列应整齐,其金属或塑料的间隔片不应有扭曲等缺陷。

17. 固定花灯的吊钩,其圆钢直径不应小于灯具吊挂销、钩的直径,且不得小于6mm。对大型花灯、吊装花灯的固定及悬吊装置,应按灯具重量的1.25倍做过载试验。

18. 安装在重要场所的大型灯具的玻璃罩,应按设计要求采取防止碎裂后向下溅落的措施。

19. 霓虹灯的安装应符合以下要求:

(1) 灯管应完好,无破裂;

(2) 灯管应采用专用的绝缘支架固定,且必须牢固可靠。专用支架可采用玻璃管制成。固定后的灯管与建筑物、构筑物表面的最小距离不宜小于20mm;

(3) 霓虹灯专用变压器所供灯管长度不应超过允许负载长度;

(4) 霓虹灯专用变压器的安装位置宜隐蔽,且方便检修,但不宜装在吊平顶内,并不宜被非检修人员触及。明装时,其高度不宜小于3m;当小于3m时,应采取防护措施;在室外安装时,应采取防水措施;

(5) 霓虹灯专用变压器的二次导线和灯管间的连接线,应采用额定电压不低于15kV的高压尼龙绝缘导线;

(6) 霓虹灯专用变压器的二次导线与建筑物、构筑物表面的距离不应小于20mm。

20. 手术台无影灯的安装应符合以下要求:

(1) 固定灯座螺栓的数量不应少于灯具法兰底座上的固定孔数,且螺栓直径应与孔径匹配;

(2) 在混凝土结构中,预埋件应与主筋焊接;

(3) 固定无影灯底座的螺栓应采用双螺母锁紧。

21. 手术台无影灯导线的敷设应符合以下要求:

(1) 灯泡应间隔地接在两条专用的回路上;

(2) 开关至灯具的导线应使用额定电压不低于500V的铜芯多股绝缘导线。

(三) 插座、开关、吊扇、壁扇的安装和施工

1. 插座的安装和施工

(1) 插座的安装高度应符合设计的规定,当设计无规定时,应符合以下要求:

1) 距地面高度不宜小于1.3m;托儿所、幼儿园及小学校不宜小于1.8m;同一场所安装的插座高度应一致;

2) 车间及试验室的插座安装高度距地面不宜小于0.3m;特殊场所暗装的插座不应小于0.15m;同一室内安装的插座高度差不宜大于5mm;并列安装的相同型号的插座高度差不宜大于1mm;

3) 落地插座应具有牢固可靠的保护盖板;

4) 有水和潮湿场所安装的插座,应有防水保护盖板,且密封性能良好。

(2) 插座的接线应符合以下要求:

1) 单相两孔插座,面对插座的右孔或上孔与相线相接,左孔或下孔与零线相接;单相三孔插座,面对插座的右孔与相线相接,左孔与零线相接;

2) 单相三孔、三相四孔及三相五孔插座的接地线或接零线均应接在上孔。插座的接地端子不应与零线端子直接连接;

3) 当交流、直流或不同电压等级的插座安装在同一场所时,应有明显的区别,且必须

选择不同结构、不同规格和不能互换的插座；其配套的插头，应按交流、直流或不同电压等级区别使用；

4）同一场所的三相插座，其接线的相位必须一致；

5）推行三相五线制，例如单相三孔插座，接零、接地分开，上孔接地。

(3) 暗装的插座应采用专用盒；专用盒的四周不应有空隙，且盖板应端正，并紧贴墙面。

2. 开关的安装和施工

开关的安装，应符合以下规定：

(1) 安装在同一建筑物、构筑物内的开关，宜采用同一系列的产品，开关的通断位置应一致，且操作灵活、接触可靠。

(2) 开关安装的位置应便于操作，开关边缘距门框的距离宜为 0.15~0.2m；开关距地面高度宜为 1.3m；拉线开关距地面高度宜为 2~3m，且拉线出口应垂直向下。

(3) 并列安装的相同型号开关距地面高度应一致，高度差不应大于 1mm；同一室内安装的开关高度差不应大于 5mm；并列安装的拉线开关的相邻间距不宜小于 20mm。

(4) 相线应经开关控制；民用住宅严禁装设床头开关。

(5) 暗装的开关应采用专用盒；专用盒的四周不应有空隙，且盖板应端正，并紧贴墙面。

3. 吊扇的安装和施工

(1) 吊扇挂钩应安装牢固，吊扇挂钩的直径不应小于吊扇悬挂销钉的直径，且不得小于 8mm。

(2) 吊扇悬挂销钉应装设防振橡胶垫；销钉的防松装置应齐全、可靠。

(3) 吊扇扇叶距地面高度不宜小于 2.5m。

(4) 吊扇组装时，应符合以下要求：

1）严禁改变扇叶角度；

2）扇叶的固定螺钉应装设防松装置；

3）吊杆之间、吊杆与电机之间的螺纹连接，其啮合长度每端不得小于 20mm，且应装设防松装置。

(5) 吊扇应接线正确，运转时扇叶不应有明显颤动。

4. 壁扇的安装和施工

壁扇的安装，应符合以下要求：

(1) 壁扇底座可采用尼龙塞或膨胀螺栓固定；尼龙塞或膨胀螺栓的数量不应少于两个，且直径不应小于 8mm。壁扇底座应固定牢固。

(2) 壁扇的安装，其下侧边缘距地面高度不宜小于 1.8m，且底座平面的垂直偏差不宜大于 2mm。

(3) 壁扇防护罩应扣紧，固定可靠，运转时扇叶和防护罩均不应有明显的颤动和异常声响。

(四) 照明配电箱（板）的安装和施工

照明配电箱（板）的安装应符合以下要求：

1. 照明配电箱（板）内的交流、直流或不同电压等级的电源，应具有明显的标志。

2. 照明配电箱（板）不应采用可燃材料制作；在干燥无尘的场所，采用的木制配电箱（板）应经阻燃处理。

3. 导线引出面板时，面板线孔应光滑无毛刺，金属面板应装设绝缘保护套。

4. 照明配电箱（板）应安装牢固，其垂直偏差不应大于3mm；暗装时，照明配电箱（板）四周应无空隙，其面板四周边缘应紧贴墙面，箱体与建筑物、构筑物接触部分应涂防腐漆。

5. 照明配电箱底边距地面高度宜为1.5m；照明配电板底边距地面高度不宜小于1.8m。

6. 照明配电箱（板）内，应分别设置零线和保护地线（PE线）汇流排，零线和保护线应在汇流排上连接，不得绞接，并应有编号。

7. 照明配电箱（板）内装设的螺旋熔断器，其电源线应接在中间触点的端子上，负荷线应接在螺纹的端子上。

8. 照明配电箱（板）上应标明用电回路名称。

（五）照明系统施工后的验收

照明系统安装施工完成后，应进行验收，验收时应对下列项目进行检查：

1. 并列安装的相同型号的灯具、开关、插座及照明配电箱（板），其中心轴线、垂直偏差、距地面高度。

2. 暗装开关、插座的面板，盒（箱）周边的间隙，交流、直流及不同电压等级电源插座的安装。

3. 大型灯具的固定，吊扇、壁扇的防松、防振措施。

4. 照明配电箱（板）的安装和回路编号。

5. 回路绝缘电阻测试和灯具试亮及灯具的控制性能。

6. 接地或接零。

第六章　防雷与接地装置的安装和施工

第一节　防雷装置的安装和施工

一、建筑防雷

（一）第一类防雷建筑物的防雷措施

1. 第一类防雷建筑物防直击雷的措施，应符合以下要求：

（1）应装设独立避雷针或架空避雷线（网），使被保护的建筑物及风帽、放散管等突出屋面的物体均处于接闪器的保护范围内。架空避雷网的网格尺寸不应大于5m×5m或6m×4m。

（2）排放爆炸危险气体、蒸汽或粉尘的放散管、呼吸阀、排风管等的管口外的以下空间应处于接闪器的保护范围内；当有管帽时应按表6-1确定；当无管帽时，应为管口上方半径5m的半球体。接闪器与雷闪的接触点应设在上述空间之外。

表6-1　有管帽的管口外处于接闪器保护范围内的空间

装置内的压力与周围空气压力的压力差/kPa	排放物的比重	管帽以上的垂直高度/m	距管口处的水平距离/m
<5	重于空气	1	2
5~25	重于空气	2.5	5
≤25	轻于空气	2.5	5
>25	重或轻于空气	5	5

（3）排放爆炸危险气体、蒸汽或粉尘的放散管、呼吸阀、排风管等，当其排放物达不到爆炸浓度、长期点火燃烧、一排放就点火燃烧时，及发生事故时排放物才达到爆炸浓度的通风管、安全阀，接闪器的保护范围可仅保护到管帽，无管帽时可仅保护到管口。

（4）独立避雷针的杆塔、架空避雷线的端部和架空避雷网的各支柱处应至少设一根引入线。对用金属制成或有焊接、绑扎连接钢筋网的杆塔、支柱，宜利用其作为引下线。

（5）独立避雷针和架空避雷线（网）的支柱及其接地装置至被保护建筑物及与其有联系的管道、电缆等金属物之间的距离应符合规定。

（6）架空避雷线至屋面和各种突出屋面和风帽、放散管等物体之间的距离应符合规定。

（7）架空避雷网至屋面和各种突出屋面的风帽、放散管等物体之间的距离应符合规定。

（8）独立避雷针、架空避雷线或架空避雷网应有独立的接地装置，每一引下线的冲击接地电阻不宜大于10Ω。在土壤电阻率高的地区，可适当增大冲击接地电阻。

2. 第一类防雷建筑物防雷电感应的措施，应符合以下要求：

（1）建筑物内的设备、管道、构架、电缆金属外皮、钢屋架、钢窗等较大金属物和突出屋面的放散管、风管等金属物，均应接到防雷电感应的接地装置上。

金属屋面周边每隔18~24m应采用引下线接地一次。

现场浇制的或由预制构件组成的钢筋混凝土屋面,其钢筋宜绑扎或焊接成闭合回路,并应每隔 18~24m 采用引下线接地一次。

(2) 平行敷设的管道、构架和电缆金属外皮等金属物,其净距小于 100mm 时应采用金属线跨接,跨接点的间距不应大于 30m；交叉净距小于 100m 时,其交叉处亦应跨接。

当金属物的弯头、阀门、法兰盘等连接处的过渡电阻大于 0.03Ω 时,连接处应用金属线跨接。对有不少于 5 根螺栓连接的法兰盘,在非腐蚀环境下,可不跨接。

(3) 防雷电感应的接地装置应和电气设备接地装置共用,其工频接地电阻不应大于 10Ω。防雷电感应的接地装置与独立避雷针、架空避雷线或架空避雷网的接地装置之间的距离应符合第一类防雷建筑防直击雷措施的要求。

屋内接地干线与防雷电感应接地装置的连接,不应少于两处。

3. 第一类防雷建筑物防止雷电波侵入的措施,应符合以下要求：

(1) 低压线路宜全线采用电缆直接埋地敷设,在入户端应将电缆的金属外皮、钢管接到防雷电感应的接地装置上。当全线采用电缆有困难时,可采用钢筋混凝土杆和铁横担的架空线,并应使用一段金属铠装电缆或护套电缆穿钢管直接埋地引入,其埋地长度应符合规定。

在电缆与架空线连接处,尚应装设避雷器。避雷器、电缆金属外皮、钢管和绝缘子铁脚、金具等应连在一起接地,其冲击接地电阻不应大于 10Ω。

(2) 架空金属管道,在进出建筑物处,应与防雷电感应的接地装置相连。距离建筑物 100m 内的管道,应每隔 25m 左右接地一次,其冲击接地电阻不应大于 20Ω,并宜利用金属支架或钢筋混凝土支架的焊接、绑扎钢筋网作为引下线,其钢筋混凝土基础宜作为接地装置。

埋地或地沟内的金属管道,在进出建筑物处亦应与防雷电感应的接地装置相连。

4. 当建筑物太高或其他原因难以装设独立避雷针、架空避雷线、避雷网时,可将避雷针或网格不大于 5m×5m 或 6m×4m 的避雷网或由其混合组成的接闪器直接装在建筑物上,避雷网应沿屋角、屋脊、屋檐和檐角等易受雷击的部位敷设。并必须符合以下要求：

(1) 所有避雷针应采用避雷带互相连接；

(2) 引下线不应少于两根,并应沿建筑物四周均匀或对称布置,其间距不应大于 12m；

(3) 排放爆炸危险气体、蒸汽或粉尘的管道应符合规定要求；

(4) 建筑物应装设均压环,环间垂直距离不应大于 12m,所有引下线、建筑物的金属结构和金属设备均应接到环上。均压环可利用电气设备的接地干线环路；

(5) 防直击雷的接地装置应围绕建筑物敷设或环形接地体,每根引下线的冲击接地电阻不应大于 10Ω,并应和电气设备接地装置及所有进入建筑物的金属管道相连,此接地装置可兼作防雷电感应之用；

(6) 防直击雷的环形接地体宜按规定的方法敷设；

(7) 当建筑物高于 30m 时,尚应采取以下防侧击的措施；

1) 从 30m 起每隔不大于 6m 沿建筑物四周设水平避雷带并与引下线相连；

2) 30m 及以上外墙上的栏杆、门窗等较大的金属物与防雷装置连接。

(8) 在电源引入的总配电箱处宜装设过电压保护器。

5. 当树木高于建筑物且不在接闪器保护范围之内时,树木与建筑物之间的净距不应小于 5m。

(二) 第二类防雷建筑物的防雷措施

1. 第二类防雷建筑物防直击雷的措施，宜采用装设在建筑物上的避雷网（带）或避雷针或由其混合组成的接闪器。避雷网（带）应按规定沿屋角、屋脊、屋檐和檐角等易受雷击的部位敷设，并应在整个屋面组成不大于 10m×10m 或 12m×8m 的网格。所有避雷针应采用避雷带相互连接。

2. 突出屋面的放散管、风管、烟囱等物体，应按以下方式保护：

（1）排放爆炸危险气体、蒸汽或粉尘的放散管、呼吸阀、排风管等管道应符合规定；

（2）排放无爆炸危险气体、蒸汽或粉尘的放散管、烟囱，1 区、11 区和 2 区爆炸危险环境的自然通风管，装有阻火器的排放爆炸危险气体、蒸汽或粉尘的放散管、呼吸阀、排风管等，其防雷保护应符合以下要求：

1) 金属物体可不装接闪器，但应和屋面防雷装置相连；

2) 在屋面接闪器保护范围之外的非金属物体应装接闪器，并和屋面防雷装置相连。

3. 引下线不应少于两根，并应沿建筑物四周均匀或对称布置，其间距不应大于 18m。当仅利用建筑物四周的钢柱或柱子钢筋作为引下线时，可按跨度设引下线，但引下线的平均间距不应大于 18m。

4. 每根引下线的冲击接地电阻不应大于 10Ω。防直击雷接地宜和防雷电感应、电气设备、信息系统等接地共用同一接地装置，并宜与埋地金属管道相连；当不共用、不相连时，两者间在地中的距离应符合规定，但不应小于 2m。

在共用接地装置与埋地金属管道相连的情况下，接地装置宜围绕建筑物敷设成环形接地体。

5. 利用建筑物的钢筋作为防雷装置时应符合以下规定：

（1）建筑物宜利用钢筋混凝土屋面、梁、柱、基础内的钢筋作为引下线。按规定的建筑物尚宜利用其作为接闪器；

（2）当基础采用硅酸盐水泥和周围土壤的含水量不低于 4% 及基础的外表面无防腐层或有沥青质的防腐层时，宜利用基础内的钢筋作为接地装置；

（3）敷设在混凝土中作为防雷装置的钢筋或圆钢，当仅一根时，其直径不应小于 10mm。被利用作为防雷装置的混凝土构件内有箍筋连接的钢筋，其截面积总和不应小于一根直径为 10mm 钢筋的截面；

（4）利用基础内钢筋网作为接地体时，在周围地面以下距地面不小于 0.5m，每根引下线所连接的钢筋表面积总和应符合规定；

（5）当在建筑物周边的无钢筋的闭合条件混凝土基础内敷设人工基础接地体时，接地体的规格尺寸不应小于表 6-2 的规定；

表 6-2 第二类防雷建筑物环形人工基础接地体的规格尺寸

闭合条形基础的周长/m	扁钢/mm	圆钢，根数×直径/mm
≥60	4×25	2×φ10
≥40 至 <60	4×50	4×φ10 或 3×φ12
<40	钢材表面积总和≥4.24m²	

注：1. 当长度相同、截面相同时，宜优先采用扁钢；

2. 采用多根圆钢时，其敷设净距不小于直径的 2 倍；

3. 利用闭合条形基础内的钢筋作接地体时可按本表校验，除主筋外，可计入箍筋的表面积。

（6）构件内有箍筋连接的钢筋或成网状的钢筋，其箍筋与钢筋的连接、钢筋与钢筋的连接应采用土建施工的绑扎法连接或焊接。单根钢筋或圆钢或外引预埋连接板、线与上述钢筋的连接应焊接或采用螺栓紧固的卡类器连接。构件之间必须连接成电气通路。

6. 当土壤电阻率 ρ 小于或等于 $3000\Omega \cdot m$ 时，在防雷的接地装置同其他接地装置和进出建筑物的管道相连的情况下，防雷的接地装置可不计及接地电阻值，但其接地体应符合以下规定之一：

（1）防直击雷的环形接地体的敷设应符合规定，但土壤电阻率 ρ 的适用范围可放大到小于或等于 $3000\Omega \cdot m$；

（2）利用建筑物的钢筋作为防雷装置的条件下利用槽形、板形或条形基础的钢筋作为接地体，当槽形、板形基础钢筋网在水平面的投影面积或成环的条形基础钢筋所包围的面积 A 大于或等于 $80m^2$ 时，可不另加接地体；

（3）利用建筑物的钢筋作为防雷装置的条件下，对 6m 柱距或大多数柱距为 6m 的单层工业建筑物，当利用柱子基础的钢筋作为防雷的接地体并同时符合以下条件时，可不另加接地体：

1）利用全部或绝大多数柱子基础的钢筋作为接地体；

2）柱子基础的钢筋网通过钢柱，钢屋架，钢筋混凝土柱子、屋架、屋面极、吊车梁等构件的钢筋或防雷装置互相连成整体；

3）在周围地面以下距地面不小于 0.5m，每一柱子基础内所连接的钢筋表面积总和大于或等于 $0.82m^2$。

7. 有爆炸危险的建筑物，其防雷电感应的措施还应符合以下要求：

（1）建筑物内的设备、管道、构架等主要金属物，应就近接至防直击雷接地装置或电气设备的保护接地装置上，可不另设接地装置；

（2）平行敷设的管道、构架和电缆金属外皮等长金属物应符合要求，但长金属物连接处可不跨接；

（3）建筑物内防雷电感应的接地干线与接地装置的连接不应少于两处。

8. 防止雷电流流经引下线和接地装置时产生的高电位对附近金属物或电气线路的反击，应符合以下要求：

（1）当金属物或电气线路与防雷的接地装置之间不相连时，其与引下线之间的距离应符合要求；

（2）当金属物或电气线路与防雷的接地装置之间相连或通过过电压保护器相连时，其与引下线之间的距离应符合要求；

当利用建筑物的钢筋或钢结构作为引下线，同时建筑物的大部分钢筋、钢结构等金属物与被利用的部分连成整体时，金属物或线路与引下线之间的距离可不受限制；

（3）当金属物或线路与引下线之间有自然接地或人工接地的钢筋混凝土构件、金属板、金属网等静电屏蔽物隔开时，金属物或线路与引下线之间的距离可不受限制；

（4）当金属物或线路与引下线之间有混凝土墙、砖墙隔开时，混凝土墙的击穿强度应与空气击穿强度相同；砖墙的击穿强度应为空气击穿强度的 1/2。当距离不能满足要求时，金属物或线路应与引下线直接相连或通过过电压保护器相连；

（5）在电气接地装置与防雷的接地装置共用或相连的情况下，当低压电源线路用全长电缆或架空线换电缆引入时，宜在电源线路引入的总配电箱处装设过电压保护器；当 Y，yn0 型或 D，yn11 型接线的配电变压器设在本建筑物内或附设于外墙处时，在高压侧采用电缆进线的情况下，宜在变压器高、低压侧各相上装设避雷器；在高压侧采用架空进线的情况下，除按国家现行有关规范的规定在高压侧装设避雷器外，尚宜在低压侧各相上装设避雷器。

9. 防雷电波侵入的措施，应符合以下要求：

（1）当低压线路全长采用埋地电缆或敷设在架空金属线槽内的电缆引入时，在入户端应将电缆金属外皮、金属线槽接地；有爆炸危险的建筑物，上述金属物尚应与防雷的接地装置相连；

（2）有爆炸危险的建筑物，其低压电源线路应符合以下要求：

1）低压架空线应改换一段埋地金属铠装电缆或护套电缆穿钢管直接埋地引入，其埋地长度应符合要求，但电缆埋地长度不应小于 15m。入户端电缆的金属外皮、钢管应与防雷的接地装置相连。在电缆与架空线连接处尚应装设避雷器。避雷器、电缆金属外皮、钢管和绝缘子铁脚、金具等应连在一起接地，其冲击接地电阻不应大于 10Ω；

2）平均雷暴日小于 30d/a 地区的建筑物，可采用低压架空线直接引入建筑物内，但应符合以下要求：

① 在入户处应装避雷器或设 2~3mm 的空气间隙，并应与绝缘子铁脚、金具连在一起接到防雷的接地装置上，其冲击接地电阻不应大于 5Ω；

② 入户处的三基电杆绝缘子铁脚、金具应接地，靠近建筑物的电杆，其冲击接地电阻不应大于 10Ω，其余两基电杆不应大于 20Ω。

（3）重要的建筑物，其低压电源线路应符合以下要求：

1）当低压架空线路转换金属铠装电缆或护套电缆穿钢管直接埋地引入时，其埋地长度应大于或等于 15m，尚应符合规定的其他要求；

2）当架空线直接引入时，在入户处应加装避雷器，并将其与绝缘子铁脚、金具连在一起接到电气设备的接地装置上。靠近建筑物的两基电杆上的绝缘子铁脚应接地，其冲击接地电阻不应大于 30Ω。

（4）架空和直接埋地的金属管道在进出建筑物处应就近与防雷的接地装置相连；当不相连时，架空管道应接地，其冲击接地电阻不应大于 10Ω。在爆炸危险的建筑物，引入、引出该建筑物的金属管道在进出处应与防雷的接地装置相连；对架空金属管道尚应在距建筑物约 25m 处接地一次，其冲击接地电阻不应大于 10Ω。

10. 高度超过 45m 的钢筋混凝土结构、钢结构建筑物，尚应采取以下防侧击和等电位的保护措施：

（1）钢构架和混凝土的钢筋应互相连接。钢筋的连接应符合规定的要求；

（2）应利用钢柱或柱子钢筋作为防雷装置引下线；

（3）应将 45m 及以上外墙上的栏杆、门窗等较大的金属物与防雷装置连接；

（4）竖直敷设的金属管道及金属物的顶端和底端与防雷装置连接。

11. 有爆炸危险的露天钢质封闭气罐，当其壁厚不小于 4mm 时，可不装设接闪器，但应接地，且接地点不应少于两处；两接地点间距离不宜大于 30m，冲击接地电阻不应大于 30Ω。当防雷的接地装置符合规定时，可不计及其接地电阻值。放散管和呼吸阀的保护应符合规定的要求。

(三) 第三类防雷建筑物的防雷措施

1. 第三类防雷建筑物防直击雷的措施，宜采用装设在建筑物上的避雷网（带）或避雷针或由这两种混合组成的接闪器。避雷网（带）应按规定沿屋角、屋脊、屋檐和檐角等易受雷击的部位敷设。并应在整个屋面组成不大于20m×20m或24m×16m的网格。

平屋面的建筑物，当其宽度不大于20m时，可仅沿周边敷设一圈避雷带。

2. 每根引下线的冲击接地电阻不宜大于30Ω，但对省、部级办公及人员密集公共建筑物则不宜大于10Ω。其接地装置宜与电气设备等接地装置共用。防雷的接地装置宜与埋地金属管道相连。当不共用、不相连时，两者间在地中的距离不应小于2m。

在共用接地装置与埋地金属管道相连的情况下，接地装置宜围绕建筑物敷设成环形接地体。

3. 建筑物宜利用钢筋混凝土屋面板、梁、柱和基础的钢筋作为接闪器、引下线和接地装置，并应符合规定和以下的要求：

（1）利用基础内钢筋网作为接地体时，在周围地面以下距地面不小于0.5m，每根引下线所连接的钢筋表面积总和应符合规定；

（2）当在建筑物周边的无钢筋的闭合条形混凝土基础内敷设人工基础接地体时，接地体的规格尺寸不应小于表6-3的规定。

表6-3 第三类防雷建筑物环形人工基础接地体的规格尺寸

闭合条形基础的周长/m	扁钢/mm	圆钢，根数×直径/mm
≥60		1×φ10
≥40 至 <60	4×20	2×φ8
<40	钢材表面积总和≥1.89m²	

注：1. 当长度相同、截面相同时，宜优先选用扁钢；
  2. 采用多根圆钢时，其敷设净距不小于直径的2倍；
  3. 利用闭合条形基础内的钢筋作接地体时可按本表校验。除主筋外，可计入箍筋的表面积。

4. 当土壤电阻率 ρ 小于或等于 3000Ω·m 时，在防雷的接地装置同其他接地装置和进出建筑物的管道相连的情况下，防雷的接地装置可不计及接地电阻值，其接地体的钢筋表面积总和大于或等于 0.37m²。

5. 突出屋面的物体的保护方式应符合规定。

6. 砖烟囱、钢筋混凝土烟囱，宜在烟囱上装设避雷针或避雷环保护。多支避雷针应连接在闭合环上。

当非金属烟囱无法采用单支或双支避雷针保护时，应在烟囱口装设环形避雷带，并应对称布置三支高出烟囱口不低于0.5m的避雷针。

钢筋混凝土烟囱的钢筋应在其顶部和底部与引下线和贯通连接的金属爬梯相连。当符合规定时，宜利用钢筋作为引下线和接地装置，可不另设专用引下线。

高度不超过40m的烟囱，可只设一根引下线，超过40m时应设两根引下线。可利用螺栓连接或焊接的一座金属爬梯作为两根引下线用。

金属烟囱应作为接闪器和引下线。

7. 引下线不应少于两根，但周长不超过25m且高度不超过40m的建筑物可只设一根引下线。引下线应沿建筑物四周均匀或对称布置，其间距不应大于 25m。当仅利用建筑物四周的钢柱或柱子钢筋作为引下线时，可按跨度设引下线，但引下线的平均间距不应大于 25m。

8. 防止雷电流流经引下线和接地装置时产生的高电位对附近金属物或线路的反击，应符合规定的要求。

9. 防雷电波侵入的措施，应符合以下要求：

（1）对电缆进出线，应在进出端将电缆的金属外皮、钢管等与电气设备接地相连。当电缆转换为架空线时，应在转换处装设避雷器；避雷器、电缆金属外皮和绝缘子铁脚、金具等应连在一起接地，其冲击接地电阻不宜大于 30Ω；

（2）对低压架空进出线，应在进出处装设避雷器并与绝缘子铁脚、金具连在一起接到电气设备的接地装置上。当多回路架空进出线时，可仅在母线或总配电箱处设一组避雷器或其他型式的过电压保护器，但绝缘子铁脚、金具仍应接到接地装置上；

（3）进出建筑物的架空金属管道，在进出处应就近接到防雷或电气设备的接地装置上或独自接地，其冲击接地电阻不宜大于 30Ω。

10. 高度超过 60m 的建筑物，其防侧击和等电位的保护措施应符合规定，并应将 60m 及以上外墙上的栏杆、门窗等较大的金属物与防雷装置连接。

（四）其他防雷措施

1. 当一座防雷建筑物中兼有第一、二、三类防雷建筑物时，其防雷分类和防雷措施应符合以下要求：

（1）当第一类防雷建筑物的面积占建筑物总面积的 30% 及以上时，该建筑物宜确定为第一类防雷建筑物；

（2）当第一类防雷建筑物的面积占建筑物的总面积的 30% 以下，且第二类防雷建筑物的面积占建筑物总面积的 30% 及以上时，或当这两类防雷建筑物的面积均小于建筑物总面积的 30%，但其面积之和又大于 30% 时，该建筑物宜确定为第二类防雷建筑物。但对第一类防雷建筑物的防雷电感应和防雷电波侵入，应采取第一类防雷建筑物的保护措施；

（3）当第一、二类防雷建筑物的面积之和小于建筑物总面积的 30%，且不可能遭直接雷击时，该建筑物可确定为第三类防雷建筑物；但对第一、二类防雷建筑物的防雷电感应和防雷电波侵入，应采取各个类别的保护措施；当可能遭直接雷击时，宜按各自类别采取防雷措施。

2. 当一座建筑物中仅有一部分为第一、二、三类防雷建筑物时，其防雷措施宜符合以下要求：

（1）当防雷建筑物可能遭直接雷击时，宜按各自类别采取防雷措施；

（2）当防雷建筑物不可能遭直接雷击时，可不采取防直击雷措施，可仅按各自类别采取防雷电感应和防雷电波侵入的措施；

（3）当防雷建筑物的面积占建筑物总面积的 50% 以上时，该建筑物宜按兼有第一、二、三类防雷建筑物分类，并采取相应的防雷措施。

3. 当采用接闪器保护建筑物、封闭气罐时，其外表面的工区爆炸危险环境可不在滚球法确定的保护范围内。

4. 固定在建筑物上的节日彩灯、航空障碍信号灯及其他用电设备的线路，应根据建筑物的重要性采取相应的防止雷电波侵入的措施。并应符合以下要求：

(1) 无金属外壳或保护网罩的用电设备宜处在接闪器的保护范围内,不宜布置在避雷网之外,并不宜高出避雷网。

(2) 从配电盘引出的线路宜穿钢管。钢管的一端宜与配电盘外壳相连;另一端宜与用电设备外壳、保护罩相并宜就近与屋顶防雷装置相连。当钢管因连接设备而中间断开时宜设跨接线。

(3) 在配电盘内,宜在开关的电源侧与外壳之间装设过电压保护器。

5. 粮、棉及易燃物大量集中的露天堆场,宜采取防直击雷措施。当其年计算雷击次数大于或等于 0.06 时,宜采用独立避雷针或架空避雷线防直击雷。独立避雷针和架空避雷线保护范围的滚球半径 h_r 可取 100m。

在计算雷击次数时,建筑物的高度可按堆放物可能堆放的高度计算,其长度和宽度可按可能堆放面积的长度和宽度计算。

6. 在独立避雷针、架空避雷线(网)的支柱上严禁悬挂电话线、广播线、电视接收天线及低压架空线等。

二、防雷装置

(一) 接闪器

1. 接闪器应由下列的一种或多种组成:
(1) 独立避雷针;
(2) 架空避雷线或架空避雷网;
(3) 直接装设在建筑物上的避雷针、避雷带或避雷网。

2. 避雷针宜采用圆钢或焊接钢管制成,其直径不应小于下列数值:
(1) 针长 1m 以下:圆钢为 12mm;钢管为 20mm;
(2) 针长 1~2m:圆钢为 16mm;钢管为 25mm;
(3) 烟囱顶上的针:圆钢为 20mm;钢管为 40mm。

3. 避雷网和避雷带宜采用圆钢和扁钢,优先采用圆钢。圆钢直径不应小于 8mm。扁钢截面不应小于 48mm²,其厚度不应小于 4mm。

当烟囱上采用避雷环时,其圆钢直径不应小于 12mm。扁钢截面不应小于 100mm²,其厚度不应小于 4mm。

4. 架空避雷线和避雷网宜采用截面不小于 35mm² 的镀锌钢绞线。

5. 除第一类防雷建筑物外,金属屋面的建筑物宜利用其屋面作为接闪器,并应符合以下要求:
(1) 金属板之间采用搭接时,其搭接长度不应小于 100mm;
(2) 金属板下面无易燃物品时,其厚度不应小于 0.5mm;
(3) 金属板下面有易燃物品时,其厚度,铁板不应小于 4mm,铜板不应小于 5mm,铝板不应小于 7mm;
(4) 金属板无绝缘被覆层(薄的油漆保护层或 0.5mm 厚沥青层或 1mm 厚聚氯乙烯层均不属于绝缘被覆层)。

6. 除第一类防雷建筑物和排放爆炸危险气体、蒸汽或粉尘的放散管、呼吸阀、排风管等的规定外,屋顶上永久性金属物宜作为接闪器,但其各部件之间均应连成电气通路,并应符合以下要求：

(1) 旗杆、栏杆、装饰物等，其尺寸应符合避雷针、避雷网和避雷带直径或截面的要求；

(2) 钢管、钢罐的壁厚不小于 2.5mm，但钢管、钢罐一旦被雷击穿，其介质对周围环境造成危险时，其壁厚不得小于 4mm（利用屋顶建筑构件内钢筋做接闪器应符合接地体规格尺寸的要求）。

7. 除利用混凝土构件内钢筋做接闪器外，接闪器应热镀锌或涂漆。在腐蚀性较强的场所，尚应采取加大其截面或其他防腐措施。

8. 不得利用安装在接收无线电视广播的共用天线的杆顶上的接闪器保护建筑物。

(二) 引下线

1. 引下线宜采用圆钢或扁钢，宜优先采用圆钢。圆钢直径不应小于 8mm。扁钢截面不应小于 $48mm^2$，其厚度不应小于 4mm。

当烟囱上的引下线采用圆钢时，其直径不应小于 12mm；采用扁钢时，其截面不应小于 $100mm^2$，厚度不应小于 4mm。

防腐措施是应将接闪器热镀锌或涂漆，以及加大截面等措施。利用建筑构件内钢筋作引下线应符合规格尺寸的要求。

2. 引下线应沿建筑物外墙明敷，并经最短路径接地；建筑艺术要求较高者可暗敷，但其圆钢直径不应小于 10mm，扁钢截面不应小于 $80mm^2$。

3. 建筑物的消防梯、钢柱等金属构件宜作为引下线，但其各部件之间均应连成电气通路。

4. 采用多根引下线时，宜在各引下线距地面 0.3m 至 1.8m 之间装设断接卡。

当利用混凝土内钢筋、钢柱作为自然引下线并同时采用基础接地体时，可不设断接卡，但利用钢筋作引下线时应在室内外的适当地点设若干连接板，该连接板可供测量、接人工接地体和作等电位连接用。当仅利用钢筋作引下线并采用埋于土壤中的人工接地体时，应在每根引下线上于距地面不低于 0.3m 处设接地体连接板。采用埋于土壤中的人工接地体时应设断接卡，其上端应与连接板或钢柱焊接，连接板处宜有明显标志。

5. 在易受机械损坏和防人身接触的地方，地面上 1.7m 至地面下 0.3m 的一段接地线应采取暗敷或镀锌角钢、改性塑料管或橡胶管等保护设施。

(三) 接地装置

1. 埋于土壤中的人工垂直接地体宜采用角钢、钢管或圆钢；埋于土壤中的人工水平接地体宜采用扁钢或圆钢。圆钢直径不应小于 10mm；扁钢截面不应小于 $100mm^2$，其厚度不应小于 4mm；角钢厚度不应小于 4mm；钢管壁厚不应小于 3.5mm。

在腐蚀性较强的土壤中，应采取热镀锌等防腐措施或加大截面。

接地线应与水平接地体的截面相同。

2. 人工垂直接地体的长度宜为 2.5m。人工垂直接地体间的距离及人工水平接地体间的距离宜为 5m，当受地方限制时可适当减小。

3. 人工接地体在土壤中的埋设深度不应小于 0.5m。接地体应远离由于砖窑、烟道等高温影响使土壤电阻率升高的地方。

4. 在高土壤电阻率地区，降低防直击雷接地装置接地电阻宜采用以下方法：

(1) 采用多支线外引接地装置，外引长度不应大于有效长度，有效长度应符合规定；

（2）接地体埋于较深的低电阻率土壤中；
（3）采用降阻剂；
（4）填土。

5. 防直击雷的人工接地体距建筑物出入口或人行道不应小于3m。当小于3m时应采取以下措施之一：
（1）水平接地体局部深埋不应小于1m；
（2）水平接地体局部应包绝缘物，可采用50~80mm厚的沥青层；
（3）采用沥青碎石地面或在接地体上面敷设50~80mm厚的沥青层，其宽度应超过接地体2m。

6. 埋在土壤中的接地装置，其连接应采用焊接，并在焊接处作防腐处理。
7. 接地装置工频接地电阻的计算及与冲击接地电阻的换算应符合规定。

三、防雷击电磁脉冲

（一）屏蔽、接地和等电位连接

屏蔽、接地和等电位连接的要求如下：

1. 为减少电磁干扰的感应效应，其基本屏蔽措施是：建筑物和房间的外部设屏蔽措施，以合适的路径敷设线路，线路屏蔽，以及这些措施的联合使用。

为改进电磁环境，所有与建筑物组合在一起的大小尺寸金属件都应等电位连接在一起，并与防雷装置相连（但第一类防雷建筑物的独立避雷针及其接地装置除外）。如屋顶金属表面、立面金属表面、混凝土内钢筋和金属门窗框架。

在需要保护的空间内，当采用屏蔽电缆时其屏蔽层应至少在两端并宜在防雷区交界处做等电位连接，当系统要求只在一端做等电位连接时，应采用两层屏蔽，外层屏蔽按上述要求处理。

在分开的各建筑物之间的非屏蔽电缆应敷设在金属管道内，如敷设在金属管、金属格栅或钢筋成格栅形的混凝土管道内，这些金属物从一端到另一端应是导电贯通的，并分别连到各分开的建筑物的等电位连接带上。电缆屏蔽层应分别连到这些带上。

2. 当建筑物或房间的大空间屏蔽是由诸如金属支撑物、金属框架或钢筋混凝土的钢筋等自然构件组成时，这些构件构成一个格栅形大空间屏蔽，穿入这类屏蔽的导电金属物应就近与其做等电位连接。

3. 接地除应符合有关规定外，尚应符合以下要求：
（1）每幢建筑物本身应采用共用接地系统；
（2）当互相邻近的建筑物之间有电力和通信电缆连通时，宜将其接地装置互相连接。

4. 穿过各防雷区界面的金属物和系统，以及在一个防雷区内部的金属物和系统均应在界面处做等电位连接，并应符合以下要求：
（1）所有进入建筑物的外来导电物均应在界面处做等电位连接。当外来导电物、电力线、通信线在不同地点进入建筑物时，宜设若干等电位连接带，并应将其就近连到环形接地体、内部环形导体或此类钢筋上，它们在电气上是贯通的并连通到接地体，含基础接地体。

环形接地体和内部环形导体应连到钢筋或金属立面等其他屏蔽构件上，宜每隔5m连接一次。

对各类防雷建筑物，各种连接导体的截面不应小于规定。

铜或镀锌钢等电位连接带的截面不应小于 $50mm^2$。

当建筑物内有信息系统时，在那些要求雷击电磁脉冲影响最小之处，等电位连接宜采用金属板，并与钢筋或其他屏蔽构件做多点连接。

（2）各后续防雷区界面处也应采用等电位连接。

穿过防雷区界面的所有导电物、电力线、通信线均应在界面处做等电位连接。应采用局部等电位连接带做等电位连接，各种屏蔽结构或设备外壳等其他局部金属物也连到该带。

用于等电位连接的接线夹和电涌保护器应分别计算通过的雷电流。

（3）所有电梯轨道、吊车、金属地板、金属门框架、设施管道、电缆桥架等大尺寸的内部导电物，其等电位连接应以最短路径连到最近的等电位连接带或其他已做了等电位连接的金属物，各导电物之间宜附加多次互相连接。

（4）信息系统的所有外露导电物应建立一等电位连接网络。每个等电位连接网不宜设单独的接地装置。

信息系统等电位连接有两类：一是基本的等电位连接网，另一类是接至共用接地系统的等电位连接网。这两种类型又都有两种结构：一是星形结构，二是网形结构。

信息系统的各种箱体、壳体、机架等金属组件与建筑物的共用接地系统的等电位连接应采用星形结构和网形结构其中之一的结构形式。

（二）电涌保护器和其他

对电涌保护器和其他的要求，如下：

1. 当电源采用 TN 系统时，从建筑物内总配电盘（箱）开始引出的配电线路和分支线路必须采用 TN—S 系统。

2. 原则上要在各防雷区界面处做等电位连接，但由于工艺要求或其他原因，被保护设备的安装位置不会正好设在界面处而是设在其附近，在这种情况下，当线路能承受所发生的电涌电压时，电涌保护器可安装被保护设备处，而线路的金属保护层或屏蔽层宜首先于界面处做一次等电位连接。

3. 电涌保护器必须能承受预期通过它们的雷电流，通过电涌时的最大钳压，应能熄灭在雷电流通过后产生的工频续流。

在建筑物进线处和其他防雷区界面处的最大电涌电压，即电涌保护器的最大钳压加上其两端引线的感应电压应与所属系统的基本绝缘水平和设备允许的最大电涌电压协调一致。为使最大电涌电压足够低，其两端的引线应做到最短。

在不同界面上的各电涌保护器还应与其相应的能量承受能力相一致。

4. 选择 220/380V 三相系统中的电涌保护时，其最大持续运行电压应符合规定。

在供电的电压偏差超过所规定的 10% 以及谐波使电压幅值加大的场所，应根据具体情况对氧化锌压敏电阻电涌保护器，提高所规定的最大持续运行电压。

5. 安装的电涌保护器所得到的电压保护水平加上其两端引线的感应电压以及反射波效应不足以保护距其较远处的被保护设备的情况下，尚应在被保护设备处装设电涌保护器。

当被保护设备沿线路距安装的电涌保护器不大于 10m 时，若该电涌保护器的电压保护水平加上其两端引线的感应电压小于被保护设备耐压水平的 80%，一般情况下在被保护设备处可不装电涌保护器。

6. 当安装的电涌保护器之间没有配电盘时，若第一级电涌保护器的电压保护水平加上其两端引线的感应电压保护不了该配电盘内的设备，应在该盘内安装第二级电涌保护器。

7. 在一般情况下，当在线路上多处安装电涌保护器且无准确数据时，电压开关型电涌保护器与限压型电涌保护器之间的线路长度不宜小于10m，限压型电涌保护器之间的线路长度不宜小于5m。

8. 在一般情况下，特殊需要保护的设备，其耐冲击过电压类别为Ⅰ类的设备，以及用电设备中，耐冲击过电压类别为Ⅱ类的设备，宜考虑采取防操作过电压的措施。

第二节　接地装置的安装和施工

一、电气装置的接地

接地装置包括接地体和接地线，接地体有人工接地体和自然接地体两种。电气设备用接地线与接地体连接，称为接地。接地是保证电气安全的重要措施。

（一）一般规定

1. 电气装置的下列金属部分，均应接地或接零：

（1）电机、变压器、电器、携带式或移动式用电器具等的金属底座和外壳；

（2）电气设备的传动装置；

（3）屋内外配电装置的金属或钢筋混凝土构架以及靠近带电部分的金属遮栏和金属门；

（4）配电、控制、保护用的屏（柜、箱）及操作台等的金属框架和底座；

（5）交、直流电力电缆的接头盒、终端头和膨胀器的金属外壳和电缆的金属护层、可触及的电缆金属保护管和穿线的钢管；

（6）电缆桥架、支架和井架；

（7）装有避雷线的电力线路杆塔；

（8）装在配电线路杆上的电力设备；

（9）在非沥青地面的居民区内，无避雷线的不接地电流架空电力线路的金属杆塔和钢筋混凝土杆塔；

（10）电除尘器的构架；

（11）封闭母线的外壳及其他裸露的金属部分；

（12）六氟化硫封闭式组合电器和箱式变电站的金属箱体；

（13）电热设备的金属外壳；

（14）控制电缆的金属护层。

2. 电气装置的下列金属部分可不接地或不接零：

（1）在木质、沥青等不良导电地面的干燥房间内，交流额定电压为380V及以下或直流额定电压为440V及以下的电气设备的外壳；但当有可能同时触及上述电气设备外壳和已接地的其他物体时，则仍应接地；

（2）在干燥场所，交流额定电压为127V及以下或直流额定电压为110V及以下的电气设备的外壳；

（3）安装在配电屏、控制屏和配电装置上的电气测量仪表、继电器和其他低压电器等

的外壳,以及当发生绝缘损坏时,在支持物上不会引起危险电压的绝缘子的金属底座等;

(4) 安装在已接地金属构架上的设备,如穿墙套管等;

(5) 额定电压为220V及以下的蓄电池室内的金属支架;

(6) 由发电厂、变电所和工业、企业区域内引出的铁路轨道;

(7) 与已接地的机床、机座之间有可靠电气接触的电动机和电器的外壳。

3. 需要接地的直流系统的接地装置应符合以下要求:

(1) 能与地构成闭合回路且经常流过电流的接地线应沿绝缘垫板敷设,不得与金属管道、建筑物和设备的构件有金属的连接;

(2) 在土壤中含有在电解时能产生腐蚀性物质的地方,不宜敷设接地装置,必要时可采取外引式接地装置或改良土壤的措施;

(3) 直流电力回路专用的中性线和直流两线制正极的接地体、接地线不得与自然接地体有金属连接;当无绝缘隔离装置时,相互间的距离不应小于1m;

(4) 三线制直流回路的中性线宜直接接地。

4. 接地线不应作其他用途,如电缆架构或电缆钢管不应作电焊机零线。

(二) 接地装置的选择

1. 交流电气设备的接地可以利用下列自然接地体:

(1) 埋设在地下的金属管道,但不包括有可燃或有爆炸物质的管道;

(2) 金属井管;

(3) 与大地有可靠连接的建筑物的金属结构;

(4) 水工构筑物及其类似的构筑物的金属管桩。

这几种自然接地体均直接埋入地中或水中,能够很好起到降低接地电阻、均衡电位的作用,且能节约钢材,能提高电气设备运行可靠性。

2. 交流电气设备的接地线可利用以下接地体接地:

(1) 建筑物的金属结构(梁、柱等)及设计规定的混凝土结构内部的钢筋;

(2) 生产用的起重机的轨道、配电装置的外壳、走廊、平台、电梯竖井、起重机与升降机的构架、运输皮带的钢梁、电除尘器的构架等金属结构;

(3) 配线的钢管。

目前广泛应用建筑物金属结构及满足热稳定要求的混凝土结构内部的非预应力钢筋作交流电气设备的接地线,能够保证设备的运行可靠性。

3. 接地装置宜采用钢材。接地装置的导体截面应符合热稳定和机械强度的要求,施工时应符合设计要求。大中型发电厂、110kV及以上变电所或腐蚀性较强场所的接地装置应采用热镀锌钢材,或适当加大截面。

钢接地体(线)耐受腐蚀能力差,钢材镀锌后能将耐腐蚀性能提高一倍左右,热镀锌防腐性能更好。

4. 低压电气设备地面上外露的铜和铝接地线的截面,应按照设计进行施工。

5. 在地下不得采用裸铝导体作为接地体或接地线。

裸铝导体埋入地下较易腐蚀,使用寿命较钢材短且价格比钢材贵。

6. 利用化学方法降低土壤电阻率时,采用的降阻剂应符合以下要求:

(1) 材料的选择应符合设计要求;

(2) 使用的材料必须符合国家现行技术标准，并有合格证件；

(3) 严格按照生产厂家使用说明书规定操作工艺施工。

7. 不得利用蛇皮管、管道保温层的金属外皮或金属网以及电缆金属护层作接地线。

蛇皮管、管道保温层的金属外皮等的强度差又易腐蚀，作接地线很不可靠。

（三）接地装置的敷设

接地装置的敷设，应符合以下要求：

1. 接地体顶面埋设深度应符合设计规定。当无规定时，不宜小于0.6m（因为在地下0.15~0.5m处，是处于土壤干湿交界的地方，接地导体易受腐蚀，因此埋深不应小于0.6m）。角钢及钢管接地体应垂直配置。除接地体外，接地体引出线的垂直部分和接地装置焊接部位应作防腐处理；在作防腐处理前，表面必须除锈并去掉焊接处残留的焊药。

2. 考虑到接地体互相的屏蔽影响，垂直接地体的间距不宜小于其长度的2倍。水平接地体的间距应符合设计规定。当无设计规定时不宜小于5m。

3. 接地线应防止发生机械损伤和化学腐蚀。在与公路、铁路或管道等交叉及其他可能使接地线遭受损伤处，均应用管子或角钢等加以保护。接地线在穿过墙壁、楼板和地坪处应加装钢管或其他坚固的保护套，有化学腐蚀的部位还应采取防腐措施。

4. 为了确保接地的可靠性，接地干线应在不同的两点及以上与接地网相连接。自然接地体应在不同的两点及以上与接地干线或接地网相连接。

5. 如接地线串联使用，则当一处接地线断开时，会造成后面串接设备接地点均不接地。所以，每个电气装置的接地应以单独的接地线与接地干线相连接，不得在一个接地线中串接几个需要接地的电气装置。

6. 外取回填土时，不重视质量会造成接地不良。所以，接地体敷设完后的土沟其回填土内不应夹有石块和建筑垃圾等；外取的土壤不得有较强的腐蚀性；在回填土时应分层夯实。

7. 明敷接地线的安装应符合以下要求：

（1）应便于检查；

（2）敷设位置不应妨碍设备的拆卸与检修；

（3）支持件间的距离，在水平直线部分宜为0.5~1.5m；垂直部分宜为1.5~3m；转弯部分宜为0.3~0.5m；

（4）接地线应按水平或垂直敷设；亦可与建筑物倾斜结构平行敷设；在直线段上，不应有高低起伏及弯曲等情况；

（5）接地线沿建筑物墙壁水平敷设时，离地面距离宜为250~300mm；接地线与建筑物墙壁间的间隙宜为10~15mm；

（6）在接地线跨越建筑物伸缩缝、沉降缝处时，应设置补偿器。补偿器可用接地线本身弯成弧状代替。

8. 明敷接地线的表面应涂以用15~100mm宽度相等的绿色和黄色相间的条纹。在每个导体的全部长度上或只在每个区间或每个可接触到的部位上宜作出标志。当使用胶带时，应使用双色胶带。

中性线宜涂淡蓝色标志。

9. 为了生产维护检修带来方便，在接地线引向建筑物的入口处和在检修用临时接地点处,均应刷白色底漆并标以黑色记号,其代号为"⊥"。

10. 进行检修时,在断路器室、配电间、母线分段处、发电机引出线等需临时接地的地方,应引入接地干线,并应设有专供连接临时接地线使用的接线板和螺栓,对运行维护装设临时接地线提供方便。

11. 为了防止零序保护误动作,当电缆穿过零序电流互感器时,电缆头的接地线应通过零序电流互感器后接地;由电缆头至穿过零序电流互感器的一段电缆金属护层和接地线应对地绝缘。

12. 为了保证接地的可靠性,直接接地或经消弧线圈接地的变压器、旋转电机的中性点与接地体或接地干线的连接,应采用单独的接地线。

13. 变电所、配电所的避雷器应用最短的接地线与主接地网连接。连接线短,在雷击时电感量减小,能迅速散流。

14. 全封闭组合电器外壳受电磁场的作用产生感应电势,能危及人身安全,应有可靠的接地。所以,全封闭组合电器的外壳应按制造厂规定接地;法兰片间应采用跨接线连接,并应保证良好的电气通路。

15. 为了牢固可靠地接地,避免有悬浮电位产生电火花危及人身安全。所以,高压配电间隔和静止补偿装置的栅栏门绞链处应用软铜线连接。

16. 高频感应电热装置的屏蔽网、滤波器、电源装置的金属屏蔽外壳,高频回路中外露导体和电气设备的所有屏蔽部分和与其连接的金属管道均应接地,并且应当与接地干线连接。

17. 为了便于运行、维护和检测接地电阻,当接地装置由多个分接地装置部分组成时,应按设计要求设置便于分开的断接卡。自然接地体与人工接地体连接处应有便于分开的断接卡。断接卡应有保护措施。

(四) 接地体(线)的连接

接地体(线)的连接,应符合以下要求:

1. 接地体(线)的连接应采用焊接,焊接必须牢固无虚焊。接至电气设备上的接地线,应用镀锌螺栓连接;有色金属接地线不能采用焊接时,可用螺栓连接。螺栓连接处的接触面应按现行国家标准《电气装置安装工程母线装置施工及验收规范》的规定处理。

2. 接地体(线)的焊接应采用搭接焊,其搭接长度应符合以下要求:

(1) 扁钢为其宽度的2倍(且至少3个棱边焊接);
(2) 圆钢为其直径的6倍;
(3) 圆钢与扁钢连接时,其长度为圆钢直径的6倍;
(4) 扁钢与钢管、扁钢与角钢焊接时,为了连接可靠,除应在其接触部位两侧进行焊接外,并应焊以由钢带弯成的弧形(或直角形)卡子或直接由钢带本身弯成弧形(或直角形)与钢管(或角钢)焊接。

3. 利用建筑物的梁柱、起重机轨道、电梯竖井、起重机与升降机的构架、配线的钢管等各种金属构件、金属管等作为接地线时,应保证其全长为完好的电气通路。利用串联的金属构件、金属管道作接地线时,应在串接部位焊接金属跨接线,以保证电气接触良好。

(五) 避雷针(线、带、网)的接地

1. 避雷针(线、带、网)的接地除应符合上述有关规定外,尚应遵守以下规定:

(1) 避雷针（带）与引下线之间的连接应采用焊接，以保证安全；

(2) 避雷针（带）的引下线及接地装置使用的紧固件均应使用镀锌制品。当采用没有镀锌的地脚螺栓时应采取防腐措施；

(3) 建筑物上的防雷设施采用多根引下线时，宜在各引下线距地面的 1.5~1.8m 处设置断接卡，以便于测量接地电阻及检查引下线的连接情况。为防止断接卡的意外断开，断接卡应加保护措施；

(4) 装有避雷针的金属筒体，当其厚度不小于 4mm 时，不会被雷电流烧穿，可作避雷针的引下线。筒体底部应有两处与接地体对称连接；

(5) 独立避雷针及其接地装置与道路或建筑物的出入口等的距离应大于 3m。当小于 3m 时，应采取均压措施或铺设卵石或沥青地面；

(6) 独立避雷针（线）应设置独立的集中接地装置。当有困难时，该接地装置可与接地网连接，但避雷针与主接地网的地下连接点至 35kV 及以下设备与主接地网的地下连接点，沿接地体的长度不得小于 15m；

(7) 独立避雷针的接地装置与接地网的地中距离不应小于 3m；

(8) 配电装置的架构或屋顶上的避雷针应与接地网连接，并应在其附近装设集中接地装置。

雷击避雷针时，避雷针接地点的高电位向外传播 15m 后，在一般情况下衰减到不足以危及 35kV 及以下设备的绝缘；集中接地装置是为了加强雷电流散流作用，降低对地电压而敷设的附加接地装置。

2. 为了防止静电感应的危害，建筑物上的避雷针或防雷金属网应和建筑物顶部的其他金属物体连接成一个整体。

3. 构架上避雷针（线）落雷时，危及人身和设备安全，但将电缆的金属护层或穿金属管的导线在地中埋置长度大于 10m 时，可将雷击时的高电位衰减到不危险的程度。因此，装有避雷针和避雷线的构架上的照明灯电源线，必须采用直埋于土壤中的带金属护层的电缆或穿入金属管的导线。电缆的金属护层或金属管必须接地，埋入土壤中的长度应在 10m 以上，方可与配电装置的接地网相连或与电源线、低压配电装置相连接。

4. 为防止保护发电厂和变电所的避雷线断线造成事故，发电厂和变电所的避雷线线档内不应有接头。

5. 避雷针（网、带）及其接地装置，应采取自下而上的施工程序。首先安装集中接地装置，后安装引下线，最后安装接闪器。

（六）携带式和移动式电气设备的接地

携带式电气设备经常移动，导线绝缘易损坏或导线折断，危及人身安全，因此，携带式和移动式电气设备的接地，应符合以下要求：

1. 携带式电气设备应用专用芯线接地，严禁利用其他用电设备的零线接地；零线和接地线应分别与接地装置相连接。

2. 携带式电气设备的接地线应采用软铜绞线，其截面不小于 $1.5mm^2$，并且应根据相导线选择。

3. 由固定的电源或由移动式发电设备供电的移动式机械的金属外壳或底座，应和这些供电电源的接地装置有金属的连接；在中性点不接地的电网中，可在移动式机械附近装设接地装置，以代替敷设接地线，并应首先利用附近的自然接地体。

4. 移动式电气设备和机械的接地应符合固定式电气设备接地的规定，但以下情况可不接地：

（1）移动式机械自用的发电设备直接放在机械的同一金属框架上，又不供给其他设备用电；

（2）当机械由专用的移动式发电设备供电，机械数量不超过2台，机械距移动式发电设备不超过50m，且发电设备和机械的外壳之间有可靠的金属连接。

（七）变电所接地网

1. 变电所屋外接地网

接地网的布置尽量使所在范围内电位分布均匀，以减少接触电压和跨步电压，当接地网布置成环形时，在环形内加设相互平行的均压带，如均压带扁钢宽度小于20mm时，宜改用圆钢，在电气设备周围加装局部接地回路，人员经常出入口处，加装帽檐式均压带。

2. 变电所屋内接地网

屋内接地干线的敷设，首先应考虑各种电气设备外壳接地方便，易于检修，并尽量利用自然材料做接地线，如固定配电装置的各种金属座、衬垫等钢材，屋内接地干线一般敷设距地坪200～250mm的墙上为宜。

3. 厂房内接地干线敷设

厂房内的接地干线至少应在不同的两点与接地网相连，同样，自然接地至少也应在不同的两点与接地干线相连。电气设备及有可能带电的金属部件，均应单独用支线接于干线上，禁止将数个部件串联接地。接地干线与建筑物墙壁间应有10～15mm的间隙，接地支线应敷设在地坪的槽内，以不突出地坪为宜。

二、特殊接地

随着新技术的发展，为了安全，许多新的接地问题提出来了。例如电子设备的接地、电子计算机的接地、电气试验设备接地、高频电炉的接地，因为装置和设备的特殊性，所以其接地也有其特殊性；还有屏蔽接地，防静电接地。所以提出"特殊接地"的提法，以区别于一般电气设备的常规接地方法。

电子设备常常因为电压低、电流小，其安全问题不被人们重视，实际上电子设备的特点是，由于高频及各种静电和电磁干扰，使得电磁环境越来越恶劣，已构成对安全的极大威胁，电磁干扰效应普遍存在、形式各异，有时看不见、摸不着，极为隐蔽，产生严重的电磁兼容性故障。

静电问题越来越被人们重视。在带电导体周围有电场产生，在高压输电线路和变电所设备周围，就存在高压电场，根据静电感应原理，在周围的物体上会有电荷积累。有时还因为其他原因，如摩擦起电等，物体上就带有静电，甚至衣物和纸张上带有静电，给人有很强的刺激，汽车门上的静电，还能电击人们，黑暗中还能看到许多火花，并发出噼叭的声响，带静电的纸张还像一把锋利的刀子，将人体特别是手指割破（医学上被利用作为电刀）。人体接触带静电荷的物体，电荷向人体移动，有时像一个电容器对电阻放电，有时像一个电容器向另一个电容器充电，对人体产生电击的感觉。静电电荷的瞬时电击对人体的安全极限，尚没有统一的标准，虽然尚未发现静电电击危及人的生命安全，但近年静电的发生频繁，静电感应的现象繁多，值得人们重视。所以，防静电接地，就有其重要的意义。

下面对电子设备、电子计算机、电气试验设备、高频电炉等设备的接地种类、接地型式和方法，以及对屏蔽接地和防静电接地等分别进行简要的叙述。

(一) 电子设备接地

1. 电子设备接地的种类

(1) 信号地。为了使电子设备在工作时有一个统一的公共参考电位（即基准电位），不至于因浮动而引起信号量的误差，并防止其内外的有害电磁场的干扰，使电子设备稳定可靠地工作，实现其固有的功能，电子设备中的信号电路应接地，这种接地称为信号接地，简称信号地。属于电子设备的功能性接地。

这个"地"，可以是大地，也可以是接地母线、总接地端子等，总之只要是一个等电位点或等电位面即可。

(2) 安全地。当电子设备由 TN（或 TT）系统供电的交流线路引入时，为了保证人身和电子设备本身的安全，防止在发生接地故障时其外露导电部分上出现超过限值的危险的接触电压，电子设备的外露导电部分应接保护线或接大地，这种接地称为安全接地，简称安全地，即电子设备的保护性接地。

2. 信号地的接地型式

(1) 一点接地。各电子设备的信号地或电子设备中各部分电路均以总接地端子为基准电位点，再由总接地端子引出接地线与接地极相连接的接地方式。

这种接地型式适用于低频（$f<1\text{MHz}$）电子设备。

这种接地型式可分为串联式一点接地和并联式一点接地两种。

串联式一点接地因部分设备或电路间存在共用的接地线（即公共阻抗），所以其信号可能会互相影响。特别是当其电平相差较大时，高电平设备或电路的较大的地电流将会对低电平的设备或电路产生较大干扰。但这种接地型式简便易行，仍可用于电平相近的各低频电子设备电路。不过应注意将其中电平最低者置于距接地端子最近处。

并联式一点接地避免了串联式一点接地的缺点，但因接地线数量较多而使布线复杂化。

(2) 多点接地。各电子设备的信号地或电子设备中的各部分信号电路，分别以最短的接地线接至接地母线（以此为基准电位）上，以降低各接地线的阻抗，减小各接地线之间的电感耦合及因存在分布电容而形成的电容耦合。由接地母线至接地极的接地线应采取适当的屏蔽措施，以免其接收或辐射干扰信号。

这种接地型式适用于高频（$f>10\text{MHz}$）电子设备。

(3) 混合式接地。即一点接地和多点接地混合的接地型式。这种接地型式适用于低频与高频之间的电子设备。

电子设备接地系统的接地电阻值一般要求不大于 4Ω，若与防雷接地系统共用接地极时，则一般要求不大于 1Ω。信号地的接地线及接地母线一般采用薄铜排。

(二) 电子计算机接地

1. 电子计算机接地的种类

作为电子设备之一的电子计算机，其接地的种类也分为：

(1) 信号地。即电子计算机本身的逻辑参考地，也称逻辑地，是电子计算机正常运行所需要的接地，其作用与电子设备的信号地相同，属于电子计算机的功能性接地。

(2) 安全地。同电子设备的安全地。

2. 电子计算机的接地型式

(1) 一点接地。将电子计算机各机框中的信号地接至机房内活动地板下已接大地的铜排网的同一点。安全地则接保护线 PE 或接总接地端子再接至铜排网的接地点。

(2) 悬浮地。可分为以下两种型式：

1) 悬浮地型式之一：电子计算机内各部分电路之间只依靠磁场耦合（如变压器）来传递信号，整个电子计算机包括外壳都与大地绝缘。

这种悬浮地适用于以机壳为电子计算机电路的地母线，并在绝缘环境里操作的小型电子计算机。大型电子计算机难以满足足够高的绝缘性能要求，故不能保证真正的悬浮。

在这种接地型式中，计算机内部因故障而出现的较高电压将存在于被悬浮的电路与邻近的其他电路之间，可能对计算机的正常运行产生干扰。若这个电压超过接触电压的限值而出现在机壳上，则将危及人身安全，所以现在已较少采用这种悬浮地。

2) 悬浮地型式之二：电子计算机内各信号地接至机房活动地板下与大地绝缘的铜排网上的同一点，安全地则接至总接地端子或保护线 PE。

以上不同的接地型式，适用于相应的电子计算机。但对于某一确定的电子计算机来说，它的接地型式及接地要求在做产品软件设计时就已被确定了，因此施工时应根据其说明书的具体要求来决定其接地型式。

运行经验证明，由电子计算机至铜排网的这一段接地线，一般采用 0.35mm×100mm 或 0.5mm×100mm 的薄铜排较合适。

电子计算机房活动地板下的铜排网，一般按活动地板的尺寸采用 0.6m×0.6m 的网格，也可按电子计算机柜布置的位置来敷设，这样可以减小接地线的长度。

(三) 高频电炉接地

高频电炉的接地，应符合以下要求：

1. 为了防止高频电炉工作时间外辐射的高频电磁波对工作人员的有害影响，防止其对电气设备特别是较灵敏的电子设备造成干扰，应对高频电炉工作间进行屏蔽（即将高频电炉设在屏蔽室中），或对高频电炉本身进行屏蔽，并将屏蔽体接总接地端子或接保护线，其接地系统的接地电阻值一般要求不大于 4Ω。若与其他接地合用，则应接至同一接地极，其接地电阻值应符合其中最小值的要求。

2. 容量在 30kW 及以上的高频电炉，一般应安装在屏蔽室内。在电源线进入屏蔽室入口处应装设电源滤波器，并应在此处将屏蔽室的屏蔽体和电源滤波器进行一点接地。

3. 容量在 30kW 以下的高频电炉是否需要设置在屏蔽室中，应根据高频电炉所在工厂中电子设备设置的情况和当地公安、民航、驻军等有关部门的要求而定。不论是否设置在屏蔽室中，高频电炉的外露导电部分（如金属外壳）均应与总接地端子或 PE 线连接。

4. 当高频电炉周围一定距离内的电磁场强度超过关于高频辐射的工业卫生标准而可能危害操作人员时，还应对高频电炉本身进行屏蔽，并将屏蔽体接总接地端子或接 PE 线。如屏蔽体由几部分组成，则应将各部分做电气连接后再接总接地端子或接 PE 线。

(四) X 光设备接地

X 光设备的接地，应符合以下要求：

1. X 光设备应接地，其接地电阻不大于 4Ω，可与车间接地干线相连接。

2. 如高压发生器在 X 光设备内，则将 X 光设备的外壳接地。

3. 如高压发生器与 X 光设备分开设置，则高压发生器的接地端子首先与 X 光设备的外壳相连接，然后再接到接地干线或接地极上。

4. X 光管的外包金属体和金属支架均应接地。

（五）电气试验设备接地

电气试验设备的接地，应符合以下要求：

1. 10kV 以下的高压试验设备一般是携带式或台式，可直接放在工作台上，工作人员站在绝缘地板上并戴绝缘手套操作，故可不接地。

2. 10～100kV、10kVA 以下的高压试验变压器，应将需要接地的部位都通过一点进行接地。一般要求其接地电阻不大于 4Ω。高压试验变压器及相应的配套设施应采用栅栏围护。栅栏的门和栅栏外的操作台之间应设置机械电气联锁，以便使工作人员只能在操作台上进行操作。

3. 100kV 以上的大型高压试验设备，要求的接地电阻较小，而且需在试验场所采取均压措施。

（六）防静电接地

1. 静电产生的原因及其特点

静电是由于两种不同物质相互接触、分离、摩擦而产生的。静电电压的大小与物体接触表面处电介质的性质和状态、表面之间相互贴近的压力的大小、表面之间相互摩擦的速度、物体周围介质的温湿度有关。静电电压可能高达数千伏甚至几万伏，而电流却可能小于 $1\mu A$，故当电阻小于 $1M\Omega$ 时就可能发生静电短路而泄放静电能量。静电放电的火花能引起易燃易爆物的燃烧、甚至爆炸，是火灾和人员工伤的原因之一。静电亦可被利用，静电喷涂就是一个突出的例子。

2. 防静电危害的主要方法——接地

当因静电危害而对有关人员、工艺过程或产品质量发生不良影响时，应采取防止静电危害的措施，其主要措施就是接地，所谓"防静电接地"。

但应注意，在许多情况下，金属器具、贮罐和管道的表面或内壁会出现沉淀的非导电物质（如胶质物、薄膜、沉渣等）。这种物质不但使接地失去作用，反而会使人产生"静电危害已被消除"的错觉。又如搪瓷或其他有绝缘层的金属器具等，简单接地不能防止静电危害，应采取更有效的措施。

3. 防静电接地的范围和方法

防静电接地的范围和做法，如下：

（1）所有设置在户外（如在栈桥或地沟中）和车间内的有可能发生静电危害的管道和设备，均应连接成连续的电气通路并接地。车间内管道系统的接地点应不少于两处。采用金属法兰连接的设备和金属管道的连接处可不设跨接线，但若还需防雷则应设跨接线；

（2）所有容积大于 $50m^3$ 和直径大于 2.5m 的贮罐，接地点不应少于两处，并应沿设备外围均匀布置，其间距不应大于 30m；

（3）铁路油罐车在灌注油液的时间内，栈桥、油罐车和铁轨之间应有良好的电气连接并可靠接地。油罐车、油船在灌注或排放可燃性液体和液化气时同样应接地；

（4）当润滑油的电阻大于 $10^6\Omega$ 时，设备的旋转部分必须接地，否则应采用接触电刷或导电润滑剂；

（5）移动的导电容器或器具有可能产生静电危害时应接地。当利用与导电地板、导电工作台和其他接地物体相连接的方法不能确保其可靠接地时，必须采用可挠性的铜线将其直接接地。利用工具操作或检修这类设备时，工具也应可靠接地；

（6）洁净室、计算机房、手术室等房间一般采用接地的导静电地板。当其与大地之间的电阻在 $10^6\Omega$ 以下时，则可防止静电危害；

在有可能发生静电危害的房间里，工作人员应穿导静电鞋（例如皮底或导静电橡胶底鞋），并应使导静电鞋与导静电地板之间的电阻保持在 $10^4 \sim 10^6\Omega$ 以下；

（7）为了防止静电危害，在某些特殊场所，工作人员不应穿丝绸或某些合成纤维（例如尼龙、贝纶等）衣服，并应在手腕戴接地环以确保接地。从事带静电作业人员（如汽油、橡胶溶液的操作人员等）不应戴金属戒指和手镯。这些特殊场所的门把和门栓也应接地。

4. 防静电接地的接地电阻值

专门用于防止静电危害的接地系统，其接地电阻值宜不大于 100Ω。但如与其他接地共用接地系统时，则其接地电阻值应符合其中最小值的要求。

5. 防静电接地的接地线及其连接

（1）由于防静电接地系统所要求的接地电阻值较大而接地电流（或泄漏电流）很小，一般为微安级，所以其接地线主要按机械强度来选择，其最小截面为 $6mm^2$。一般采用绝缘导线，对移动设备则采用可挠导线。

（2）对于固定式装置的防静电接地，接地线应与其焊接（如电焊、气焊、锡焊）；对于移动或装置的防静电接地，接地线与其可靠连接，防止松动或断线。

（3）当采用橡皮软管灌注油类时，应在管头安装金属管口，并应在金属管口处设置与其有电气连接且已接地的盛油的金属槽。当从一个金属容器往另一个金属容器灌注油类时，应预先把两个容器进行电气连接并接地。

（4）油罐车在行驶时，防静电接地的一般做法是将接在车体上的金属链直接垂到路面上。

（七）屏蔽接地

电气装置为了防止其内部或外部电磁感应或静电感应的干扰而对屏蔽体进行的接地，称为屏蔽接地。例如某些电气设备的金属外壳、电子设备的屏蔽罩或屏蔽线缆的接地就属屏蔽接地。依此类推，某些建筑物或建筑物中某些房间的金属屏蔽体的接地也可称为屏蔽接地。屏蔽接地有以下几种：

1. 静电屏蔽体的接地

静电屏蔽体接地的目的是把金属屏蔽体上感应的静电干扰信号直接导入地中，同时减小分布电容的寄生耦合，保证人身安全。一般要求其接地电阻不大于 4Ω。

2. 电磁屏蔽体的接地

电磁屏蔽体接地的目的是减小电磁感应的干扰和静电耦合，保证人身安全。一般要求其接地电阻不大于 4Ω。

3. 磁屏蔽体的接地

磁屏蔽体接地的目的是防止形成环路产生环流而发生磁干扰。磁屏蔽体的接地主要应考虑接地点的位置以避免产生接地环流。一般要求其接地电阻不大于 4Ω。

4. 屏蔽室的接地

屏蔽室接地，其屏蔽体应在电源滤波器处，即在进线口处一点接地。

5. 屏蔽线缆的接地

屏蔽线缆的接地有两种情况，一是当电子设备之间采用多芯线缆连接，且工作频率 $f \leqslant$ 1MHz，其长度 L 与波长 λ 之比 $\frac{L}{\lambda} \leqslant 0.15$ 时，其屏蔽层应采用一点接地（又称单端接地）；二是当 $f > 1MHz$、$\frac{L}{\lambda} > 0.15$ 时，应采用多点接地，并应使接地点间距离 $S \leqslant 0.2\lambda$。

三、智能建筑的接地

智能建筑是以建筑为平台，兼备建筑设备、办公自动化及通信网络系统，集结构、系统、服务、管理及它们之间的最优化组合，为人们提供一个安全、高效、舒适、便利的建筑环境。

智能建筑中新技术应用多，科技含量高，投资大，设备复杂、成本高。所以，智能建筑的安全问题非常重要，智能建筑防雷和接地特别重要，其接地装置要求高、要求严，并且有其特点。

（一）智能建筑接地的一般规定

1. 智能化系统设备的接地应做到安全可靠、经济合理、技术先进。并且，应采用总等电位联结，各楼层的智能化系统设备机房、楼层弱电间、楼层配电间等的接地应采用局部等电位联结。接地极当采用联合接地体时，接地电阻不应大于 1Ω；当采用单独接地体时，接地电阻不应大于 4Ω。在智能化系统设备和电气设备的选择及线路敷设时应考虑电磁兼容问题。

2. 智能建筑的接地除了其他相关标准有更严格的规定外，接地方法必须符合 NEC 要求。接地系统一般是商业建筑楼内保护专用信号或通信及综合布线系统不受干扰的一个完整部分。为了保护强电环境中的人员和设备，接地系统必须减少对通信及综合布线系统的电磁干扰的影响。不正确的接地装置会产生感应电压，破坏其通信电路。

3. 在符合电气标准的同时，还必须遵守设备厂家的接地规程和要求。专用数据和通信网的接地标准要求可能比国内的有关要求高。

4. 设计智能建筑的接地系统，应考虑下列因素：

（1）保证安装符合正确的操作规程；

（2）保证管理区、设备室和入楼设备有正确的接地入口；

（3）保证接地适用于跳接箱、插接架、电话和数据设备以及维修和测试设备。

5. 网络接地点是本地通信部门的通信设备和用户终端的通信布线及设备之间的连接点。从物理接地点角度，通信部门提供业务的接地方式是标准中记录的转换装置或工业标准中规定的方式。为了系统的安装，确定准确的接地点要同业务提供者或厂商协商。

6. 对于网络接地点的位置，在单一用户的大楼中，接地点在保护装置的 12 英寸范围内或无保护装置的地方，它们一般在通信部门设备到大楼的 12 英寸范围内，在多用户大楼中，通信部门要为接地点限定起码的几个点的接入法规，否则，大楼的房主可自行规定接地点的位置，可以设置一个单独的接地点，也可以在每个用户的办公地点设一个分界点。这样，从布线到用户办公地点就会超过 12 英寸。

7. 对于智能建筑系统接地方式的选择，统一（联合）接地系统，智能建筑的接地系统，智能建筑的防雷接地，是智能建筑接地的重要内容。

（二）智能建筑系统接地方式的选择

智能建筑系统接地方式的选择应根据智能型建筑对接地系统的要求，建筑物供电的环境，以及各种接地系统的特点，才能正确地进行智能建筑系统接地方式的选择。

1. TN-C 系统

TN-C 系统，其整个系统的中性线与保护线是合一的。TN-C 接地系统线路简单，成本低，中性线 N 与变压器中性点接地后再与保护接地线 PE 合二为一，通称为 PEN。系统安装施工方便，接地故障灵敏度高，对切除故障设备电源快速，对减少接地故障电击有利，但在负荷中含有较多的单相负荷供电系统中，中性线 N 会带电，而且带电情况非常复杂，随时随地都会变化。原因是单相负荷供电的设备，N 线作为电流的回路而带电，线路中存在高次谐波，尤其是在 A、B、C 相的三次谐波，它们在 N 线中不能互相抵消，相反，是互相叠加的，这样，使 N 线中的电流增大，回路中单相负荷比重大时，三相不平衡，中性点漂移，N 线中存在不平衡电流。

所以，TN-C 系统适用于一般工业厂房内三相负荷比较平衡的动力负荷。由于 PEN 线上流过的不平衡电流比相电流还是小得多，PEN 线的截面可以小于相线截面，并可节省一条专用保护接地线 PE 线。在采用过电流保护时，因故障回路阻抗相对较小，故障电流相对较大，因此保护动作灵敏度高。但 TN-C 系统的安全水平较低，不适用于有爆炸和火灾危险厂房内，也不适用于有大量单相负荷存在的民用建筑内。

TN-C 系统尽管它简单、经济，但不能满足智能型建筑物的要求，由于 N 线带电被接在外壳时，不仅危险，而且会对电子设备干扰，找不到一个基准地电位点。因此，智能型建筑不能采用 TN-C 系统。

2. TN-S 和 TN-C-S 系统

TN-S 系统，其整个系统的中性线与保护线是分开的。TN-S 系统的特点是，中性线 N 与保护接地线 PE 在变压器中性点共同接地后，N 线与 PE 线直接分开，没有 PEN 线。这一系统，由于多了 PE 线，而且对 PE 线的截面也有要求，增加了设计和施工的工作量，和 TN-C 系统相比，造价成本有所提高。但是由于 PE 线作为专用保护接地线，增加了防电击的安全性，并可采用四极开关在分断相线时，同时将带电的 N 线也分断，减少了碰触 N 线时引起的电击火灾和爆炸的危险。

TN-C-S 系统，该系统中有一部分中性线与保护线是合一的。TN-C-S 系统的特点是，供电线路进户前采用三相四线制，即采用 TN-C 系统，施工方便，成本低廉；进户后采用三相四线制加 PE 线制，即 TN-S 系统，将中性线 N 与保护接地线 PE 分开。中性线带电，而保护接地线在正常运作时不带电，对防止人身电击、引起火灾等极为有利。施工时，将 TN-C 系统的 N 线在入户时重复接地，并在接地点另外引出 PE 线，在该点以后 N 线与 PE 线不应有任何电气连接，这样在户内便成为 TN-S 系统。

TN-S、TN-C-S 系统适用于民用建筑及科研试验单位。因这类场所单相负荷较多，并含有晶闸管、荧光灯等负荷，电路中三次谐波电流较大，又有不平衡电流，使中性线带有较大的电流。采用 TN-S、TN-C-S 系统后，有专用不带电的保护接地线 PE 线，显然比采用 TN-C 系统，大大提高了安全性。

由区域变电所单独供电的民用建筑，采用 TN-C-S 系统比较适合。附设有变电所的高层建筑，采用 TN-S 系统可方便地自变压器中性点引出 PE 线，只要接地良好，PE 线的对地电位很低，提高了安全性。精密电子设备和电子计算机使用的场所，对接地方式往往有不同要求，应视其要求选用相应的接地方式。若无特殊技术要求时，也常采用 TN-S 系统。

正因为 TN-C-S 和 TN-S 系统，都具备了中性线 N 与保护接地线 PE，设备外壳接在不带电的 PE 线上，既安全，设备又无电磁干扰。尽管中性线 N 带电，可能引起接地电位有些波动，但由于 PE 线、N 线、直流接地线采用同一点接地，这一点的地电位始终相同，这就是智能建筑所需要的基准工作电位，因此，对于由区域变电所供电的智能建筑可采用 TN-C-S 系统；对于有自设变电所的智能建筑，可采用 TN-S 系统。

3. TT 系统和 IT 系统

TT 系统有一个直接接地点，电气装置的外露导电部分接至电气上与低压系统的接地点没有直接电气连接的接地装置。TT 系统也有保护接地线 PE，其特点是工作接地与保护接地不采用共同接地体，即中性线 N 与保护接地线 PE 没有任何电气连接。这个系统的缺点是接地故障灵敏度不高，设备外壳虽有接地保护，由于不能及时切断电源，也可能会引起电击等危险，因此 TT 系统必须装有漏电保护器，以提高切除故障设备电源的灵敏度。设计和施工都有相当的工作量，投资与 TN-S 系统相当，而比 TN-C 系统高。但 TT 系统在正常运行时地电位稳定，没有干扰电流侵入。

IT 系统的带电部分与大地间不直接连接（经阻抗接地或不接地），而电气装置的外露导电部分则是接地的。IT 系统的特点是没有中性线 N，只有线电压（如 380V），没有相电压（如 220V）。供电线路简单，节约大量线材，成本低，接地故障时能延续一段时间供电，供电连续性好，保护接地线 PE 不带电，和 TT 系统一样，接地电位稳定。IT 系统的缺点是不适用于具有大量 220V 的单相用电设备的供电，否则，需要采用 380/220V 的变压器，给设计、施工、使用带来不便。

对于 TT 系统，同样有中性线 N 和保护接地线 PE，并且没有一点电气连接，接地点电位更稳定，只要将 PE 线与直流接地线同一点接地线作为基准电位，可以防止干扰。TT 系统仅对一些取不到区域变电所单独供电的智能建筑适用，也就是供电是来自公共电网的建筑物。但由于公共电网的供电可靠性和供电质量都不是很高。为了保证电子设备和电子计算机的正常准确运行，还必须做一些技术性措施。

IT 系统显然也能找到电子设备所需要的基准电位，保护接地亦比较安全，但由于现在大量单相用电设备都是交流 220V，因此在该系统中要增加变电设备，才能使建筑物内的用电设备运作起来。所以，只有少量或特殊的智能建筑才使用 IT 系统。IT 系统也适用于某些不间断供电要求较高的场所，但不适用于有大量三相及单相用电设备混合使用的场所，因为 IT 系统中不能提供中性线 N。

城市公用低压线路供电的民用建筑和工厂规定采用 TT 系统。对于负荷分散、线路长的场所，应就地设置接地极，采用 TT 系统。

TT、IT、TN-S 系统适用于有爆炸和火灾危险的厂房内。IT、TT 系统更为安全，尤以 IT 安全性最好。但是在民用建筑中，IT 系统很难做到相线对地绝对绝缘，将会使接地故障信息经常出现，使之无法使用。

目前最适合于智能建筑的接地系统是 TN-S 系统。

智能建筑中，有大量的强电设备，更有大量的弱电设备，如电子计算机和其他电子设备，为了使这些设备能正常、精确地运行，通常采用直流接地，也就是所谓"信息接地"，或称逻辑接地。直流接地的特点是有比较稳定的基准地电位。上述设备还要防止一切外来的电磁干扰，又常采用屏蔽接地与抗静电接地，设备外壳还有接地保护。除了这些电子设备本身对接地系统的要求外，还须考虑建筑物所处的供电环境。

在智能建筑的接地系统设计时，正确选择智能建筑系统接地方式是一个重要环节，施工时必须符合设计的有关要求。

（三）统一接地系统

统一接地是将复杂多样的智能建筑的各种接地系统，统一在一个完整的接地系统中。

1. 统一接地体的构成

利用智能建筑地基钢筋，作为自然接地体，将外围地基钢筋用 40mm×4mm 镀锌扁钢或 ϕ12mm 钢筋闭环连成一体，使地基和闭环可靠地连接。

施工时应特别注意，及早做好技术交底，统一接地体工作应在地基施工时进行。

统一接地体特别适用于三相五线制供电系统，也即零、地分开的系统。

2. 统一接地体的电阻值

智能建筑内有各种各样的电子设备，它们对接地电阻有不同要求；同一种电子设备，由于各种接地功能不同，它们对接地电阻值也有不同要求。在一个接地系统中，通常按最小的接地电阻值来确定系统的接地电阻值。接地系统采用分散接地或采用统一接地，对接地电阻值要求也不相同，一般分散接地电阻值可以大些，如一般规定所介绍的，可以取 4Ω。若采用统一接地方式，则接地电阻值规定为≤1Ω。这一阻值要比各种分散接地体的电阻值严格得多，这主要是为了使各种接地带来的干扰电流能迅速地泄入大地，而不使地电位值有较大的波动，导致电子设备和电子计算机系统等受到干扰，而不能正常和精确地运行。标准和规范规定，采用统一接地体时，应利用智能建筑的地基（或称桩基）作自然接地体，若接地电阻值达不到≤1Ω 时，规定应增加人工接地体或采取降阻措施。但实际上利用智能建筑地基钢筋作为自然接地体时电阻值均可达到≤1Ω，实测的统计数字表明，这时的电阻值通常<0.3Ω。这一结果对智能建筑非常有利，它已成为统一接地的基础，在智能建筑，甚至于高层各种民用建筑中，得到广泛的采用。

对于统一接地系统中的中性线、保护接地线、辅助等电位铜排、直流接地线、总等电位铜排及接地线、变电所接地网络、接地体、网络接地线、防雷接地系统等都必须严格按设计规定要求执行，以有效地提高智能建筑的安全水平。

（四）智能建筑接地系统的安装和施工

智能建筑中要接地的设备与构件很多，而且接地功能要求也不相同，如防雷接地、工作接地、保护接地、直流接地（信号接地、逻辑接地）、屏蔽接地和防静电接地，在电子设备、计算机接地系统中，还有功率接地。

智能建筑的接地系统应遵循总等电位、辅助等电位及局部等电位的原则。要分清哪些接地可以混接，哪些接地不能混接。对于电子设备、计算机系统及其综合布线系统，应注意防止电磁干扰效应和电磁兼容性故障。电磁干扰分传导干扰和辐射干扰，传导干扰有电耦合、磁耦合及电磁耦合；辐射干扰有近区场感应耦合及远区场辐射耦合。电磁干扰来自于电磁干扰源，通过传输通道，传到对干扰能量敏感的接收器而形成。所以，智能建筑中的设备和布线应尽可能避开电磁干扰源及传输通道。周密而有效地完成电磁屏蔽接地及抗静电接地。并以接地电阻≤1Ω的统一接地方式来实现各类接地系统的安装和施工。从而实现智能建筑的安全、可靠，最终发挥其各种功能的目的。

1. 各种功能接地和总等电位铜排

（1）在TN-S系统中，中性线N与变压器中性点一起接地，也可以接在总等电位铜排上，此外，N线不应与任何"地"有电气连接，中性线N是各种电子设备的功率接地线。

（2）交流设备的保护接地，应设置PE干线，采用裸铜排，其截面积应符合设计要求。

交流设备的PE干线敷设在强电竖井中，引到各个楼层，在每一楼层，接近用电设备的地方，设置一辅助等电位铜排，应用绝缘子支撑铜排，与防雷系统隔离。设备外壳及其附近非带电导体，用φ6mm及以上铜芯黄绿色绝缘线连接到辅助等电位铜排上。PE干线下端与总等电位铜排连接。

电子设备的保护接地，另设置PE干线，按照交流设备PE干线同样制作，敷设在弱电竖井中，引到需要的楼面，接近电子设备的地方设置一辅助等电位铜排，供电子设备外壳及附近的非电导体保护接地用。单台设备，或距离较远设备，可用五芯电缆解决PE接地线。

（3）屏蔽层接地，抗静电接地，都可以就近接在PE线上或辅助等电位铜排上。

（4）电子设备的直流接地引线，应用足够截面的铜芯绝缘线，各自从总等电位铜排上，分别引接到各类设备的直流接地极。不应与其他接地系统混接。敷设施工时，应穿金属管、槽暗敷或在弱电竖井中明敷。金属管、槽必须有接地连续性措施，两端与PE线连接。

（5）各种接地引线，要有明确区别标志，特别要注意中性线N、保护接地线PE（黄绿双色绝缘）和直流接地线的区别。

在智能建筑中应设置总等电位铜排。铜排设置在变配电所内接地网格等至少三处与接地体可靠连接，确保总等电位铜排的电位是地电位，并且要求接地电阻≤1Ω，若不能满足这一要求，应增加与接地体的连接。施工时，铜排的设置是利用100mm×10mm长1m，每隔50mm钻φ12mm孔，以便接引线。

2. 交流工作接地

（1）智能建筑若有附近区域变电所供电时，它的交流工作接也已在区域变电所内完成。从区域变电所引来的输电线路，进入建筑物前，中性线N应重复接地（接在自然接地体上），进入智能建筑的配电间后，必须再与总等电位铜排相连接。从连接点起，引出的中性线N采用绝缘铜导线，不应再与任何"地"作电气连接，也不允许与保护接地线PE有任何连接。这也是TN-C-S接地系统的工作接地的原则。

（2）智能建筑内自备独立变配电所，其交流工作接地在变配电所内完成，施工时，将变压器中性点、中性线N和总等电位铜排连接在一起，直接接在自然接地体上。并从接地点引出的中性线N采用绝缘铜导线，不允许再与任何"地"作电气连接。也不应与保护接地线PE有任何电气连接。这就是TN-S接地系统的工作接地的原则。

（3）工作接地除直接与智能建筑接地体连接外，还应与变电所接地网格及总等电位铜排相连，使工作接地更为可靠。工作接地电阻值，规定为：采用分散接地时，电阻值≤4Ω；采用统一接地时，其电阻值应保证≤1Ω。

3. 保护接地系统

保护接地系统，有防雷保护接地与防电击保护接地两类。对于防电击保护接地，包括：变电所内防跨步电压接地、总等电位铜排、PE 干线、辅助等电位铜排的安装和施工。

(1) 变电所内防跨步电压接地

变电所内防跨步电压接地的规定是：在变电所内，采用 25mm×4mm 的镀锌扁钢，组成 1.5m×1.5m 网格，敷设在变（配）电所地坪 0.5m 下，网格与接地体直接连接，再与变压器中性点和总等电位铜排连接，并沿变（配）电所内墙的适当位置，多处设置接地端子，供所内设备外壳金属构件保护接地。

(2) 总等电位铜排

总等电位铜排的设置规定为：在变电所内接地引线方便的位置，采用 100mm×10mm 长约 1m 铜排，每隔 50mm 钻 ϕ13mm 的孔约 20 个，供各种接地引线连接使用。总等电位铜排直接与接地体连接，再与变压器中性点及接地网格连接。应使总等电位铜排的接地电位与接地体的电位一致，即总等电位铜排的接地电阻值应保证 ≤1Ω。若达不到此规定数值，必须增加与接地体的连接点数。

(3) PE 干线

保护接地线 PE 的干线设置，可以避免 PE 线都从总等电位铜排上引出，可以大大方便智能建筑内设备的保护接地。其设置方式有如下两种：

1) 采用五芯电缆或五芯封闭母线槽，其中一芯作为 PE 干线。这种方式的优点是 PE 线的接地电阻较小，对接地故障保护灵敏度有提高；缺点是成本高，且 PE 线难以做到与防雷系统绝缘隔离，引线较为不便。这种方式适用在 PE 线无分支要求的场所。

2) 在四芯电缆或四芯封闭母线槽附近单独设置 PE 干线，这种方式比较经济，分支 PE 线连接方便，而且在敷设时，易做到与防雷接地系统绝缘隔离。施工时，PE 干线采用镀锡铜排，下端与总等电位铜排连接，每隔 0.5m 钻 ϕ12mm 的孔，作为分支 PE 线连接之用。这种方式得到广泛使用。

对于电子设备外壳保护接地 PE 干线，宜采用镀锡铜排，截面宜按最大用电电子设备的传输相导体截面来选择 PE 干线；PE 干线下端与总等电位铜排连接后应设置在弱电竖井中，再引到电子设备的楼层。

(4) 辅助等电位铜排

辅助等电位铜排常设置在每一楼层的竖井中或配置在配电箱内，用放射式保护接地引线，从辅助等电位铜排上，引至各个需要保护接地的房间，供房间内的设备外壳及附近的金属管道与构件保护接地使用。这样，使房间内的设备外壳与金属构件万一带电时都处于等电位状态，以保证人身和设备的安全。

辅助等电位铜排的截面按 PE 干线来选择，长度根据配电箱的体积来考虑，施工时，辅助等电位铜排上要有一定数量的孔，以连接引线。

(5) 保护接地线 PE 的施工

1) 将 PE 干线两端均与防雷系统连接，使 PE 干线与防雷系统等电位。这样，可以防止雷电对 PE 线的反击和感应。但是有时也有可能在雷击时，雷电流通过 PE 干线上端接点侵入 PE 线上，对设备带电体形成反击。

2) 作为用电设备外壳保护接地的 PE 线系统，除了下端与总等电位铜排连接后，尽可能远离防雷接地系统，裸铜排辅助等电位铜排用绝缘子支撑，PE 引接线用绝缘铜芯线，与防雷系统采用隔离，是为了防止在雷击时，PE 线直接带有雷击高电位对设备带电体造成反击，而引起损坏。防雷系统在雷击时，对设置带电体经保护接地线 PE 产生的反击或感应，实际上其危害程度较轻。这样，在这种情况下，保护接地线 PE 就相当于设备带电体的屏蔽线，起到了防雷感应侵入的屏蔽作用。

3) 对于智能建筑物，其大部分金属物，如钢筋、钢结构等，与被利用的部分连成整体时，它的距离可以不受限制。因此，即使连接设备外壳的保护接地线 PE 与防雷系统之间的距离达不到要求时，并不影响 PE 线的这种施工方法，所以 PE 线的施工方法得到了广泛的应用。

4. 直流接地系统

电子设备的接地有：直流接地（信号接地或逻辑接地）、安全接地、功率接地、屏蔽接地等几种方式。

电子设备的各种接地方式，有其不同的作用和功能。

(1) 安全接地：电子设备的金属外壳接地，施工时，把设备外壳接到保护接地线 PE 上。

(2) 功率接地：因为电子设备中装有交流的、直流的滤波器，将这些滤波器接地，将干扰信号泄入接地体中，这种强功率接地称为功率接地。

(3) 屏蔽接地：对于来自智能建筑的设备间、布线间的相互干扰常采用静电屏蔽、电磁屏蔽和磁屏蔽等措施。将屏蔽体作可靠的接地，称为屏蔽接地。

(4) 逻辑接地：在数字电路中，各种门电路信息的传递，从 0、1、0、1 的脉冲进行转换，也需要一个等位面作基准。这种接地方式，在计算机中称为逻辑接地。

(5) 信号接地：在电子设备中，为了在电路中传输信息、转换能量、放大信号、输出指示，使其准确性高、稳定性好，就必须使信号电路的某一电位为基准电位。特别是当电子电路级数较多时，就更需要一个统一的基准电位，以便衡量比较信息的有无、放大信号的高低等，因此要有一个等位面。这种接地即为信号接地。

(6) 直流接地：直流接地系统是智能建筑中极为重要的接地系统。因为电子设备都是在较低电位的状态下工作，若在接地通道中，即便是很小的扰动电压，也会影响电子设备的正常工作，所以要求良好的直流接地系统。这个直流接地系统应具有以下两个条件：

1) 与其他接地系统分离；

2) 要求有较小的接地电阻，保证接地电阻值≤1Ω。

实际工作中，要把直流接地系统与其他接地系统完全分离是很困难的。所以应采取以下一系列措施：

1) 接地体离开其他接地体的距离，不得小于 20m；

2) 接地引线距其他接地引线不得小于 2m；

3) 直流接地引线应独立采用足够截面的铜芯绝缘线；穿钢管或封闭线槽直接引至设备附近，只作直流接地使用，钢管或封闭线槽应可靠接地；

4) 若在一个房间内需要直流接地的设备较多，可采用辅助等电位的方法。施工时，在房间设备下面，采用 0.6cm×0.6cm 的铜排网格或一个与其他接地系统绝缘隔离的闭合铜排环，设备直流接地引线可从辅助等电位铜排上就近接地。辅助等电位铜排的电位，应尽量接近总等电位铜排的电位；

5) 应尽可能缩短直流接地线长度或采用大于规定截面的铜芯绝缘导线, 并保证接地电阻≤1Ω。

信号接地与逻辑接地也常统称为直流接地。

5. 屏蔽接地及防静电接地

对消除电磁和静电干扰, 最有效的办法是屏蔽。屏蔽是指减弱和防止静电及电磁相互干扰的措施。有静电屏蔽、电磁屏蔽和磁屏蔽。所以智能建筑要进行电磁兼容设计。尽管对于闪电、雷击、外来的电磁波干扰, 由于智能建筑物的钢筋, 组成了一个多层屏蔽的良好的防雷接地体系, 同时电子设备及其布线都配置在建筑物的底部楼面的较中心位置, 基本能做到抗外来干扰; 一般电子设备又装有交流电源滤波器、隔离变压器、直流滤波器等, 已经将交直流电源传导来的干扰信号或耦合信号消除了许多。但是, 在智能建筑中为了消除各种干扰, 使智能建筑物有更安全的电磁环境, 还必须进行静电屏蔽及防静电接地、电磁屏蔽及其接地。

(1) 静电屏蔽及防静电接地

为了防止静电场对信号回路的影响, 消除两个电路间分布电容耦合产生的干扰, 所以必须采取静电屏蔽措施, 静电屏蔽在设备本身已经具备, 因此, 只要把静电屏蔽体作良好的接地就可以。

施工时, 应将通信设备房、电子计算机房以及容易产生静电, 以及静电对电子设备容易产生干扰的机房, 其地坪应采用防静电地板 (即导电地板) 架设, 导电地板间应有接地连续性措施, 甚至房间门窗上的金属手把、门栓及所有金属构件都应可靠接地。

(2) 电磁屏蔽及接地

为了防止外来电磁场及综合布线间直接电磁耦合对电子设备产生的电磁干扰, 应采取电磁屏蔽措施。和静电屏蔽一样, 通常电子设备本身已具备屏蔽体 (有时与静电屏蔽体合用), 所以只要将屏蔽体作可靠的接地就行。

施工方法如下:

1) 为了信息保密或防窃听, 应将整个房间屏蔽起来, 门、窗、通风等开孔处及接缝, 应采取有效的屏蔽措施;

2) 整个屏蔽层组合间, 应有接地连续性措施, 并具备可靠的接地措施;

3) 为了防止来自综合布线间的相互干扰, 电子设备的信号传输线、接地线等应尽量远离产生强磁场的场所, 布线应尽量避免相互干扰的线路平行敷设, 布线路径并应尽量短;

4) 传输线直流接地线应采用屏蔽线式穿钢管或金属线槽敷设, 屏蔽层和金属管、槽两端应可靠接地;

5) 屏蔽接地引线应直接与保护接地线 PE 连接, 或与辅助等电位铜排相连接, 并应采用 $6mm^2$ 以上的铜芯绝缘线, 且引线长度不得超过 6m。

6. 电子设备及其布线系统的接地

电子设备及其布线系统的接地, 是智能建筑的功能接地的重要组成部分, 也是分为信号接地 (或逻辑接地)、功率接地、布线系统的屏蔽接地和安全接地四种。

(1) 信号接地或逻辑接地

在智能建筑的电子设备中, 为了在电路中传输信息、转换能量、放大信号、输出指示及控制对象, 使其稳定性好、准确性高, 就需求信号电路有一个基准电位或称为基准电位面。

这个基准电位就是智能建筑接地体的电位,地电位可以在总等电位铜排上取到,这种接地方式称为信号接地。

在数字电路中,各种门电路信息的传递,以0、1、0、1的脉冲进行转换,也必须有一个基准等位面,或者说是基准电位,这也是智能建筑接地体的地电位,和信号接地一样,它也是从总等电位铜排上取得,这种接地方式称为逻辑接地。

信号接地和逻辑接地通常合称为直流接地,其接地系统称为直流接地系统。

(2) 功率接地

在智能建筑的电子设备中,有交直流电源引进,各种频率的干扰电压,也随着交直流电源电流侵入,干扰低电平的信号电路形成,有的电路内部也会产生干扰信号,虽然智能建筑中装有交直流滤波器,在电子设备内部能起到抑制作用,但是这些滤波器还必须有良好的接地,才能使干扰信号泄入接地体中,这种接地方式称为功率接地。

在智能建筑中,还有一些产生高次谐波的强电设备,它们会在电路中产生干扰信号,也会串入电子设备中,影响各种电子设备正常工作。所以也必须接地,也将干扰信号汇入到接地体。这种接地方式也称为功率接地。

(3) 屏蔽接地

在智能建筑的电子设备中,为了防止外来的电磁场对其干扰,又为了防止电气回路间因直接电磁耦合而产生的相互干扰,应将电子设备的屏蔽壳体,设备内外的屏蔽线或穿导线的金属管、槽等进行可靠的接地,要求高的场合,还应将电子设备的房间进行屏蔽接地。这种接地方式称为屏蔽接地,其接地系统称为屏蔽接地系统。

(4) 安全接地

电子设备在正常或故障情况时,其金属外壳可能会带电,对人身和设备产生电击的危险,因此电子设备的金属外壳必须可靠的接地,这种接地方式称为安全接地。

智能建筑中的电子设备及其布线系统设置信号接地、逻辑接地、功率接地、屏蔽接地、安全接地后,使其抗干扰的能力大大提高,从而提高了智能建筑的安全性和可靠性。

7. 自动控制设备的接地

智能建筑常见的必备的自动控制设备和系统有:通信自动化系统,办公自动化系统,空调制冷系统,消防联动控制系统,广播、电视系统,安全防范系统,电梯系统等,常称为"十个系统"。这些系统在安装和施工时必须可靠地接地,消除各种干扰,保证这些自动化系统安全、正常地工作,并保证人身的安全。

现以通信自动化系统、管理自动化系统、办公自动化系统、消防联动控制系统为例,进行说明。

(1) 通信自动化系统

智能建筑的通信系统,除了通常的电话交换机房、综合布线和终端外,随着现代通信技术的发展还包含广泛的内容,这些都是容易受到干扰的系统,由于干扰致使系统不能正常工作,或者是干扰其他系统设备的工作。

对于机房的接地,通信设备自身有接地设计。通常应采用直流接地、安全接地、功率接地、屏蔽接地等。

通信自动化系统接地的施工,如下:

1) 直流接地:用足够截面的铜芯绝缘线,从总等电位铜排上引出,不允许与任何

"地"作连接。在弱电竖井中穿导线的金属管或槽直接引至机房供信号接地用。

2) 安全接地：采用的绝缘铜芯线，其截面应符合要求。接地引线应从最近的楼层保护接地的辅助等电位铜排上引接。对于洁净、干燥的机房地坪应采用抗静电地板，其接地应与保护接地线相连接。

3) 功率接地：采用和相导体相同截面的绝缘铜芯线，从楼层配电箱与相导体一起引出来，在 TN-S 系统中，这就是中性线 N。这个 N 线除了在变压器中性点接地外，不应与任何"地"有电气连接，这就是功率接地的特点。

4) 屏蔽接地：在通信自动化系统中的金属管、槽、设备外壳，都应连接到保护接地线 PE 上。机房内应作等电位接地，即在施工时，将机房内的其他金属构件与保护接地线 PE 连成一体。

(2) 管理自动化系统

管理自动化系统，将智能建筑内的各种设备、能量、信息进行自动控制，各种功能的自动化仪表，各种传感器，将各种不同的控制对象，应用计算机实现各个系统的自动控制，这是构成智能建筑的重要组成部分。

管理自动化系统的接地，同样，通常采用直流接地、安全接地、功率接地等接地方式。

1) 直流接地：施工时采用足够截面铜芯绝缘线，穿金属管、槽，敷设在弱电竖井中，一端与总等电位铜排连接，另一端与设备的直流接地极连接，不允许再与任何"地"连接。金属管、槽应与保护接地线 PE 连接。

2) 安全接地：施工时采用 $\phi 6mm$ 及以上铜芯黄绿双色绝缘线，从最近的楼层保护接地辅助等电位铜排上引出，接到管理自动化系统的设备外壳，以及附近的非带电导体，构成安全接地。

3) 功率接地：在 TN-S 接地系统中，施工时采用与相导体相等截面的绝缘铜芯线，作为中性线 N，在变压器中性点相连并接地，中性线 N 不允许再与任何"地"作电气连接。但屏蔽与抗静电接地可以接在保护接地的装置上。这样，构成了管理自动化系统的功率接地。

(3) 办公自动化系统

办公自动化系统是智能建筑中功能广泛、非常重要的组成部分。使用的设备通常有：个人计算机、文字处理机、办公用计算机、单用户和多用户终端工作站、调制解调器、网络传输设备、传真机、多功能电话机、专用电话交换机系统、文体资料存档设备等，多数是计算机技术的应用或是采用微机发展而成。因此，这些设备的接地要求基本上和电子计算机的接地要求相同。常采用的接地方式有直流接地、安全接地、功率接地、屏蔽接地、抗静电接地等。

1) 直流接地：施工时采用足够截面的铜芯绝缘线，穿金属管、槽，敷设在弱电竖井中，一端与总等电位铜排作可靠电气连接，另一端与办公自动化系统的设备的直流接地极可靠连接，不允许再与任何"地"作电气连接。金属管与线槽也应可靠接地，并且金属管与线槽之间采取接地连续性措施，构成可靠的直流接地系统。

2) 安全接地：施工时采用 $6mm^2$ 及以上的黄绿双色铜芯绝缘线，从最近楼层保护接地的辅助等电位铜排上引接到各种设备的外壳上。同时，设备机房（间）内的其他金属构件与设备外壳作等电位连接，构成办公自动化系统的安全接地系统。

3) 功率接地：在智能建筑的 TN-S 接地系统中，功率接地的施工方法是，采用与相导体相等截面的中性线 N，与变压器中性点连接并可靠接地，不允许再与任何"地"作电气连接，构成办公自动化系统的功率接地。

4) 屏蔽接地：施工时将金属管、槽以及各种设备外壳可靠地接地，和直流接地与安全接地同时完成，起到设备的屏蔽接地作用。

5) 抗静电接地：办公自动化系统的防静电接地的主要施工方法是，电子设备的机房内的地坪采用导电地板，导电地板以及被绝缘支撑的门把手等金属构件，都一起连接到保护接地装置上，起到防静电干扰的作用。

(4) 消防联动控制系统

自动消防系统由三部分组成，一是温感、烟感、红外等探测装置，二是自动报警系统，三是消防联动控制系统，由消防中心监视和控制，并与通信系统和广播系统连接，且通过计算机来实现自动控制。为了保证自动消防系统的正常和可靠的运行，该系统必须有良好的接地系统。和其他自动化系统相似，消防联动控制系统常采用的接地方式也是直流接地、安全接地和功率接地等。

1) 直流接地：施工时采用足够截面的铜芯绝缘线，穿金属管、槽，敷设在弱电竖井中，其一端与总等电位铜排可靠连接，另一端与自动消防系统设备的逻辑接地相连接，并且不应再与任何"地"有电气连接，构成自动消防系统的直流接地。

2) 安全接地：施工时采用 $\phi 6mm$ 及以上的双色铜芯绝缘线，从最近楼层保护接地辅助等电位铜排上引出，接至自动消防系统设备的外壳，其周围的非带电导体互相连接后，接到保护接地装置上，构成自动消防系统的安全接地系统。

3) 功率接地：在智能建筑的 TN-S 接地系统中，施工时采用与相导体等截面的铜芯绝缘线作为中性线 N，与变压器的中性点相连并可靠接地，不允许再与任何"地"有电气连接。屏蔽接地和防静电接地也在以上这些接地施工时同时完成。

对于智能建筑中的电梯系统、智能保安系统、停车自动化系统、空调制冷系统、广播电视系统、安全防范系统等，为了保证各类系统的安全、可靠地运行，也必须安装和施工良好的接地系统，其接地方式和施工方法，和上述典型的例子类似，对各类系统也必须设置各种接地系统，对于该系统若有特殊要求，应按设备要求进行。

8. 智能建筑的防雷接地系统

智能建筑的防雷接地系统，有特殊的重要性，因为电子设备重要性高，但其绝缘水平极低，如各种芯片，绝缘水平等级只有几十伏，甚至只有几伏；而来自雷电的瞬时过电压高达几万伏，甚至几十万伏。即使雷电反击或雷电感应，也足以使自动化系统的电子设备损坏，甚至严重破坏，智能建筑物应按一类防雷保护考虑，必须具备相应的防雷接地系统。智能建筑应成为均压、等电位和有多层次的防雷屏蔽层结构。

(1) 一般规定

智能建筑的防雷接地系统的一般规定，如下：

1) 为了防止雷电波的侵入，所以进入建筑物的各种线路及金属管道应采用全线埋入的方法，并在入口端将电缆的金属外皮、钢管及金属管道与接地装置可靠地连接。若采用部分直接埋地引入时，电缆长度不应小于 15m，其入口端电缆的金属外皮或钢管应与接地装置良好连接；在电缆与架空线连接处，还应装设避雷器，并与电缆的金属外皮或钢管及绝缘子铁脚连在一起接地，其冲击接地电阻不应大于10Ω。

2）进出建筑物的各种金属管道及电子、电气设备的接地装置，应在进出处与防雷接地装置作可靠连接。

3）在有条件的情况下，应将防雷装置的接闪器和引下线与智能建筑物内的金属导电物体隔离，金属物体至引下线的距离，应符合设计的要求。且不能小于2m，如达不到要求时，应采取相互连接的措施，连接导线的最小截面应符合规定。

4）智能建筑物内的各种竖向金属管道每三层与圈梁或均压环的钢筋连接一次。底部必须与防雷装置相连接。

5）为了防侧击雷，应将30m及以上部分外墙上的栏杆、金属门窗等较大金属物直接或通过金属门窗埋铁，并与防雷装置良好地连接。

6）延伸至屋顶外的金属管道与构件，除保证其在接闪器保护范围内外，还应在户内、户外与防雷装置可靠地连接。

7）对于一些有特殊防雷要求的系统及设备，如电视的共用天线、卫星电视天线等应按照相应的有关标准、规范所规定的要求，进行安装和施工。

(2) 防雷接地体

智能建筑的地基是较理想的自然接地体。通常地基上端的钢筋已与承台面内的钢筋连接在一起。若未做到如此的地基，施工时，可采用40mm×4mm的镀锌扁钢将未连的钢筋连成一体，这样，完成地基的整体连接，显然，这是一个非常理想的自然接地体系统。施工时按设计要求，进行安装和施工。这样，就构成了防雷接地体。该接地系统的接地电阻，对于智能建筑，应保证小于1Ω。

(3) 防雷接地引下线

防雷接地引下线，引下接地的方式有两种：

1）施工时利用柱子内的主钢筋来作为防雷接地引下线，柱子下端钢筋应与承台面内钢筋连成一体，没有连接的应采用40mm×4mm的镀锌扁钢，将其连成一体，并完成与自然接地体连成一体。柱子上端的钢筋应与建筑物顶层内的钢筋连成一体，若没有相连的，可采用40mm×4mm的镀锌扁钢将柱子上端的钢筋连接在一起，用金属丝绑扎或焊接均可。沿外墙柱子的钢筋应与建筑物顶层的防雷接闪器连接在一起。这样，就完成了智能建筑防雷接地的引下线。这种防雷接地引下线的施工方法，雷电流泄漏点多，又不损坏建筑物的外观，而且施工比较方便，所以这种施工方法较好。

2）人工防雷接地引下线的施工方法是采用足够截面的裸铜线或30mm×4mm的镀锡铜带，每隔2m作一次固定，引下线间距不大于18m。采用这种人工防雷接地引下线的方法时，应注意建筑物的外观，这种引下线施工方法较适用于平面空间窄小的塔楼建筑。

(4) 防雷接闪器

雷电对建筑物及其设备，乃至人身有极大的危害，而且非常复杂，又具有突然性，特别是直击雷和侧击雷，对于建筑物的屋脊、屋角、女儿墙与屋檐，都比较容易受到雷击，在建筑物顶上的设备与器具，更是比较容易受到雷击，为了有效地防止雷击，可以采用针带组合接闪器。其施工方法如下：

1）采用25mm×4mm的镀锌扁钢在建筑物顶上组成不大于10m×10m的网格，并延伸到女儿墙上，使墙沿均在避雷带的保护范围内；

2）在建筑物的最高点再设置避雷针，或多处设置避雷针，可用滚球法确定其保护范围；

3）针带组合接闪器应与外墙柱子作为引下线的钢筋作可靠的连接。

(5) 等位面与均压环

等位面与均压环（形成均压空间）可使智能建筑内的电子设备及综合布线系统得到更有效的保护，所以有其重要的意义。有了均压系统，在发生雷击时，不会造成高压集中向低电位物体反击的现象。等位面与均压环的施工方法如下：

1）利用楼层内的钢筋与周围柱子的钢筋，将它们连成一体，整个楼面就成了防雷等电位面，这种等电位面楼层是很好的防雷屏蔽层。施工时有两种情况：一种是将等电位楼层在土建施工时自然完成；另一种对于预制式楼板，应在预制楼板内预埋供防雷接地装置连接的扁钢，在土建施工时将这些预埋扁钢与防雷装置作可靠的连接；

2）对于均压环，可将 30m 及以上的智能建筑，每三层利用圈梁的钢筋，与外墙所有柱子的钢筋作可靠的连接，这一连接整体自然构成了均压环。若没有圈梁的建筑物，可在 30m 及以上每隔三层，采用 40mm×4mm 的镀锌扁钢或 $\phi 12mm$ 的圆钢，将建筑物外墙柱子内钢筋连成一体，成为一个闭环，这种均压环能使建筑物内形成一个防雷均压场。保证雷击时，建筑物和其设备以及人身的安全。

从以上叙述，可以了解，对于智能建筑，它具有一个良好的接地体，多根防雷引下线，多层屏蔽等电位面，以及均压空间，称为法拉第笼结构，电子设备处在法拉第笼内。这样，完成了智能建筑的完善的防雷接地系统。这个系统也是智能建筑接地系统的基础。

第三节 接 零

一、接零的定义

接零首先涉及零线。与变压器或发电机直接接地的中性点连接的中性线或直流回路中的接地中性线，称为零线。中性点直接接地的低压电力网中，电气设备外壳与零线连接称为接零。

二、接零的有关要求

1. 在中性点直接接地的低压电力网中，电力设备的外壳宜采用低压接零保护。

2. 在中性点直接接地的低压电力网中，零线应在电源处接地。在架空线路的干线和分支线的终端及沿线每 1km 处，零线应重复接地（但距接地点不超过 50m 者除外），或在屋内将零线与配电屏、控制屏的接地装置相连。

零线的重复接地，应充分利用自然接地体。

直流电力网的零线重复接地，应采用人工接地体，并不得与地下金属管道等连接。

3. 配电线路零线每一重复接地装置的接地电阻不得超过 10Ω。在电力设备接地装置的接地电阻允许达到 10Ω 的电力网中，每一重复接地装置的接地电阻不应超过 30Ω，但重复接地不应少于三处。

4. 为防止触电危险，在低压电力网中，严禁利用土地作相线或零线。

5. 如用电设备较少、分散，采用接零保护有困难，且土壤电阻率较低时，可采用低压接地保护。但如用电设备漏电，设备外壳和与其有电气连接的金属部分可能带电时，应采取装设自动切除接地故障的继电保护装置，使用绝缘垫、安装围栏或采取均压等安全措施。

由同一台发电机、同一台变压器或同一段母线供电的低压线路，不宜采用接零、接地两种保护方式。

6. 在低压电力网中，全部采用接零保护确有困难时，也可同时采用两种（接零、接地）保护方式。但不接零的电力设备或线段，应装设能自动切除接地故障的继电保护装置。

在城防、人防等潮湿场所或条件特别恶劣场所的供电网中，电力设备的外壳应采用接零保护。

7. 零线上不应装设开关和熔断器；单相开关应装在相线上。

8. 当发生单相短路时，为保证人身和设备安全，其单相短路电流必须能使最近一组保护装置迅速可靠地动作，即应满足设计要求。

9. 在同时符合下列条件时，照明线路的零线可兼作由另一线路供电的电力设备接地线：
(1) 线路均由在同一接地网接地的变压器供电；
(2) 零线的电导符合要求；
(3) 线路供电时，零线不可能断开。

三、低压配电系统的接地形式

1. 低压配电系统的接地形式有：TN-C 系统、TN-S 系统、TN-C-S 系统、TT 系统、IT 系统等几种。

2. 各种接地形式的配电系统的适用范围。

从技术和安全方面考虑，其适用范围一般可如下划分：

(1) 在一般三相负荷基本平衡，有专职电工负责维护管理电气装置的工业厂房可采用 TN-C 系统；

(2) 在单相试验负荷较大和有晶闸管负荷的科研试验单位，宜采用 TN-S 或 TN-C-S 系统；

(3) 附设有或附近有变电所的高层建筑可采用 TN-S 系统；

(4) 电子计算机房、生产和使用电子设备的厂房、当电子计算机和电子设备本身未指定接地形式时，宜采用 TN-S、TN-C-S 或 TT 系统；

(5) 负荷小而分散的农村低压电网宜采用 TT 系统；

(6) 在火灾和爆炸危险厂房中宜采用 TT、IT 或 TN-S 系统；

(7) 由城市公用低压线路供电的民用建筑和工厂，应按供电部门的规定采用 TT 系统；由本单位自设变压器供电和管理的居住区民用建筑，可采用 TN-C-S 系统；

(8) 对不间断供电要求高的某些场所（如矿山、井下等）宜采用 IT 系统。

3. 配电系统接地的要求。

电气装置的外露导电部分应与保护线连接，能同时触及的外露导电部分应接至同一接地系统，建筑物电气装置应在电源进线处作总等电位联结。

对 TN 系统、TT 系统、IT 系统有以下要求：

(1) TN 系统

1) 电气装置的外露导电部分应采用保护线与电力系统的接地点即中性点连接。

如果电力系统的中性点不可能得到或不可能达到，则可在变电所将一根相线接地，但严禁将此相线作为保护接地线使用。

2) 保护线应在电气装置的每台电力变压器或发电机的靠近处接地。若有其他有效的接地连接体，应尽量将保护线与其相连，并尽量均匀地作多处接地，则发生接地故障时可使保护线的电位尽量接近地电位。但如在高层建筑等类的大型建筑物中，为保护线增设接地点实际上不可能时，将保护线与装置外导电部分作等电位联结，也具有相同的作用。同理，保护线宜在进入建筑物处重复接地。

3) 应装设能迅速自动切除接地故障的保护电器。

(2) TT 系统

1) 共用同一保护电器保护的所有电气装置的外露导电部分，应采用保护线与这些外露导电部分共用的接地极相互连接。当几套保护电器串联使用时，此要求分别适用于每套保护电器保护的所有电气装置的外露导电部分。

电力系统中性点应接地。若没有中性点，则每台发电机或电力变压器应有一根相线接地。

2) 应装设能迅速自动切除接地故障的保护电器。

(3) IT 系统

1) 电气装置外露导电部分都应单独接地、成组接地或集中接地。

2) 应装设能迅速反应接地故障的信号装置，必要时也可装设自动切除接地故障的电器。

四、低压配电系统接地故障保护的要求

低压配电系统接地故障保护的要求如下：

（1）一般正常环境中，实行接地故障保护的电气设备在接地故障时允许持续存在的预期接触电压最大值为 50V；

（2）潮湿环境及有火灾、爆炸危险的场所，预期接触电压最大值为 25V；

（3）特别危险场所，预期接触电压最大值为 12V；

（4）TN 系统、TT 系统和 IT 系统中的接地故障保护有其本身规定的要求。

五、零线（N）、保护线（PE）及保护中性线（PEN）的选择

（一）零线的选择

1. 由变压器中性点引出的接零母线

变压器低压侧出线一般采用放射式及"变压器—干线"式两种。由变压器中性点引出的接零母线也根据低压系统的不同而有所区别。

（1）低压线路采用放射性系统，从变压器中性点引至低压开关柜上的接零母线采用的材料及规格应符合规定；

（2）当采用"变压器—干线"供电系统时，如低压馈电线的接零干线采用铝、铜线等有色金属，为了施工方便及避免不同金属连接时的过渡阻抗所产生的不良作用，由变压器中性点引出的接零母线，应采用与低压馈电线的接零干线相同材料及截面的导线。

2. 低压架空馈电线的接零干线

(1) 变压器干线式线路的零线

采用这种线路绝大部分是一些较大的车间,且一般都设有行车轨道或采用金属结构,故应尽量采用这些行轨或金属结构自然接地体线路的接地干线。但为了避免互感抗过大,作为零线的自然导体与最近一根相线间的距离不得大于6m。

如果没有适当的自然导体作为零线时,一般应采用电导不小于相线的二分之一,且材质相同的导线作为零线。

如根据计算可以降低零线截面时,则应相应的降低。

(2) 敷设在绝缘子上的户内线路

这种线路的配电方式一般均采用电线穿管和电缆敷设直接送到架空线上。采用这种线路的车间也有采用行车钢轨和金属结构的,这些自然导体均可作为零线。如果没有上述自然导体,也可用电导为相线的二分之一,且材质相同的导线作为零线。但这种车间往往较小,经计算通常可以降低截面,因此最好进行计算。

(3) 户外架空线路的零线

户外架空线无自然导体可以利用,而且线路较长,对于相线截面等于或小于 $35mm^2$ 的铝线及 $16mm^2$ 的铜线,由于机构强度的要求,其零线不可能太小,因此选择零线时不必考虑接零要求,仅考虑机械强度就可以满足。如大于上述铜、铝导线截面时,零线截面电导也不应小于相线的二分之一。对于较短的线路,根据计算也可降低零线的截面。

3. 电缆线路的零线

应选择带接地芯线的电缆,利用其芯线和金属包皮作为零线。因芯线截面已考虑到接零的要求,所以不必再进行校核。如电缆不带接地芯线时,为了保证电气连接的可靠性和保证接零的安全,必须采用两根电缆的金属包皮作为零线。同时还要进行校验,若不能满足要求,为保证安全,则最好沿电缆敷设一根 20mm×4mm 扁钢作为辅助接地导体。如仅有一根电缆也须平行敷设一根 20mm×4mm 扁钢作为辅助接地导体,以保证安全。

4. 穿管线路的零线

对于这种线路,除了有特殊要求的,如防爆车间等外,可采用钢管作为零线。

5. 零线(N线)截面的选择

(1) 一般三相四线制线路,零线截面 S_0

$$S_0 \geq 0.5 S_\phi$$

(2) 3次谐波电流突出的三相四线制线路,零线截面 S_0

$$S_0 \approx S_\phi$$

(3) 两相三线及单相线路,零线截面 S_0

$$S_0 = S_\phi$$

式中 S_ϕ ——相线截面。

(二) 保护线截面的确定

1. 按机械强度要求,保护线若要用供电电缆或电缆金属外护层构成时,其截面不受限制;若采用绝缘导线或裸导线有机械保护(如敷设在套管、线槽等外护物内)时,截面不应小于 $2.5mm^2$,无机械保护(如敷设在绝缘子、瓷类上)时,不应小于 $4mm^2$。

2. 按接地故障时热稳定要求,当故障电流作用时间不超过5s和不小于0.1s时,保护线的最小截面应满足设计要求。

（三）保护中性线截面的确定

保护中性线截面应首先满足关于保护线截面的所有要求之后，再按以下要求确定：

1. 当采用单芯导线作配电干线（建筑物总配电箱的电源进线）的 PEN 线时，铜芯导线截面不应小于 10mm^2，铝芯导线截面不应小于 16mm^2。

2. 当采用同心中性线型电缆的同心中性线芯作配电干线的 PEN 线，且其全长上所有的接头及端子都是双重持续性连接（芯线的端子连接和芯线靠近端部用金属固定件连接）时，则最小截面可为 4mm^2。无此种电缆时也可采用多芯电缆的芯线，其最小截面也为 4mm^2。

（四）保护线的电气连续性

为了保证保护线的电气连续性，有以下要求：

1. 严禁开关电器接入保护线，但允许设置供测试用的只有使用工具才能断开的接头。
2. 保护线应适当地加以保护，使之不受机械损伤、化学腐蚀并能耐受电动力。
3. 保护线的接头应便于检查和测试，但注有绝缘膏的或封装的接头除外。
4. 对保护线的接地连续性采用电气监察时，监察电器的动作线圈严禁接入保护线。

（五）保护线的构成

保护线的构成有以下几种形式：

1. 多芯电缆的芯线；
2. 与带电导线一起在共用外护物内的绝缘导线或裸电线；
3. 固定的裸导线或绝缘导线；
4. 电缆的金属护套、屏蔽体及铠装层等；
5. 导线的金属保护管、金属线槽或金属封闭式母线槽的框架。当其电气连续性得到确实保证且电导符合要求时，可作为相应回路的保护线。

（六）关于保护线和保护中性线的其他要求

保护线和保护中性线还有以下要求：

1. 装置外导电部分严禁用作 PEN 线；
2. 保护线必须按可能承受的最高电压选择绝缘（成套设备中的除外），以避免杂散电流；
3. 在 TN－C－S 系统中，保护线和中性线从分开点起不允许再互相连接；
4. 保护线和保护中性线严禁接入开关电器；
5. 保护线和保护中性线应采用黄绿相间的色标。

六、接地、接零保护中应注意的问题

接地、接零保护中应注意以下几点：

1. 在中性点接地系统中，不允许一些设备接零，而另一些设备接地；
2. 在中性点不接地的系统中，有电联系的设备保护接地要求连在一起；
3. 在中性点接地系统保护中，零线不允许断线；
4. 保护接零只能用于中性点直接接地系统；
5. 不允许用保护接地装置作为中性线。

第七章 10/0.4kV 供配电系统的运行和维护

第一节 变压器的运行和维护

一、变压器的检查周期

(一) 运行变压器的常规检查周期

1. 有人值班的变压器，每班检查一次。
2. 无人值班的变压器，至少每周巡视检查一次。
3. 配电间内有高压配电屏的变压器，每月巡视检查一次。
4. 杆上变压器，每季度至少检查一次。

在维护检查时应作情况记录，必要时记录变压器的运行参数，作为今后运行和检修的重要参考资料。

(二) 特殊情况下的检查周期

1. 高温下运行的变压器

在气温最高的季节对不小于 200kVA 的电力变压器，应选择有代表性的一台进行昼夜 24h 的负荷测量，观察负荷变化规律及判定是否有过负荷现象。

2. 进行分、合闸操作的变压器

在每次分、合闸前，均应对变压器进行检查，然后进行操作。

3. 恶劣天气下运行的变压器

在雷雨、冰雪、冰雹等气候条件下，应对变压器进行特殊巡视检查，发现问题，及时处理。

二、变压器巡视检查内容

(一) 巡视检查的类别

对电力变压器的巡视检查，可分为监视仪表检查和现场检查两类。

监视仪表检查是通过变压器控制屏上的电流表、电压表和功率表读数来了解变压器运行情况和负荷大小。经常监视这些仪表的读数并定期抄表，是了解变压器运行状况的简便和可靠方法。有条件的，还应通过遥测温度计观察变压器的温升情况。

(二) 巡视检查的内容

变压器，进行现场检查的项目如下：

1. 检查运行中变压器的声响是否正常；
2. 检查变压器的油位及油的颜色是否正常，有无漏油现象；
3. 检查变压器运行温度是否超过规定；
4. 检查高低压套管是否清洁，有无裂纹、碰伤和放电痕迹；

5. 检查防爆管、除湿器、接线端子是否正常;
6. 检查变压器外接的高、低压熔断器及熔体是否完好;
7. 检查变压器接地装置是否良好。

(三) 恶劣天气下的特殊巡视内容

1. 气温异常的天气,巡视负荷情况,对油浸变压器应观察油温、油位变化情况;
2. 大风天,注意引线是否有剧烈摆动,导线上是否有异物搭挂;
3. 雷雨天,检查避雷器是否处于正常状态,检查熔体是否完好;
4. 雨雾天,注意套管等部位有无放电和闪络;
5. 冬季,注意变压器上是否有积雪和冰冻;
6. 夜间巡视,每月应进行一次夜间巡视,检查套管有无放电,引线与导电杆连接处是否发红。

三、变压器的运行

(一) 变压器的运行方式

1. 空负荷运行

变压器空负荷运行是指一次侧接通电源,二次侧开路运行,此运行方式产生空负荷损耗。

2. 负荷运行

变压器负荷运行,是指带负荷运行,即一次侧接通电源后,二次侧接上用电设备后运行。有欠负荷、满负荷、过负荷等几种情况。

负荷运行时,应注意以下两个问题:

(1) 运行电压一般不应高于运行分接头额定电压的105%。
(2) 无励磁调压变压器在额定电压的±5%范围内改变分接头位置运行时,其额定容量不变。如为 -10% ~ -7.5% 分接时,其容量按制造厂规定;如无制造厂规定,则容量应降低 2.5% 和 5%。

3. 变压器并列运行

如果一台变压器的容量不能满足负荷增长的需要时,把两台以上的变压器的高、低压侧分别并列起来使用,以增加供电量。这种运行方式叫作变压器并列运行,也就是并联运行。

为保证变压器实现并列运行,变压器应满足以下条件:

(1) 联结组标号相同;
(2) 电压比差值不得超过 ±5%;
(3) 负载电压值相差不得超过 ±10%;
(4) 两台变压器的容量比不宜超过 3:1。

(二) 变压器运行前的检查项目

在变压器投运前,应进行下列项目的检查:

1. 检查试验合格证。如果此试验合格证签发日期超过 3 个月,应重新测试绝缘电阻,其阻值应大于允许值,不小于原试验值的 70%。
2. 套管完整,无损坏裂纹现象,外壳无漏油、渗油现象。
3. 高、低压引线完整可靠,各处接点符合要求。

4. 引线和外壳及电杆的距离符合要求，油位正常。

5. 一、二次熔断器熔体符合要求，干式变压器风机正常、可靠。

6. 防雷保护齐全，接地电阻合格。

（三）变压器在运行中应做的测试项目

变压器在运行中，应经常对温度、负载、电压、绝缘状况进行测试，其方法和内容如下：

1. 温度测试：正常运行时，上层油面温度一般不得超过 85℃（温升 55℃）；对干式变压器，应检查自带温度自动控制装置是否正常。

2. 负荷测定：为了提高变压器的利用率，减少电能损耗，在变压器运行过程中，根据每一季节最大用电时期，对变压器的实际负载进行测定。一般负荷电流应为变压器额定电流的 75%~90%。

3. 电压测定：电压变动范围应在额定电压的 ±5% 以内。

4. 绝缘电阻测定：对变压器的绝缘电阻，一般不作规定。但应将所测得的绝缘电阻值与以前所测得的绝缘电阻值相比较，折算至同一温度下，应不低于前一次所测得的电阻值的 70%。测量变压器的绝缘电阻时，应根据电压等级的不同，选用不同电压等级的绝缘电阻表，并停电进行测试。

5. 每隔 1~2 年还应做一次预防性试验。

（四）对主变压器停送电操作顺序的规定

主变压器停送电的操作顺序是：停电时，先停负荷侧，后停电源侧；送电时，先送电源侧，后送负荷侧。这是因为：

1. 从电源侧逐级向负荷侧送电，如有故障，便于确定故障范围，及时作出判断和处理，以免故障蔓延扩大。

2. 多电源的情况下，若先停负荷，则可以防止变压器反充电；若先停电源侧，遇有故障可能会造成保护装置的误动作或拒动，延长故障切除时间，并可能扩大故障范围。

3. 当负荷侧母线电压互感器带有低周减载装置，而未装电流用锁时，一旦先停电源侧开关，由于大型同步电动机的反馈，可能使低周减载装置误动作。

（五）根据声音来判断变压器的运行情况

变压器正常运行时，由于铁心的振动而发出轻微的"嗡嗡"声，声音清晰而有规律。如果出现下述声音应视为不正常："嗡嗡"声大但仍均匀、"嗡嗡"声忽高忽低、"嗡嗡"声大而沉重、"嗡嗡"声大而嘈杂，有"吱吱"放电声或"噼啪"爆裂声等。

1. "嗡嗡"声大或比平时尖锐，但声音仍均匀，这通常不是变压器本身的故障，而是由于电源电压过高所致，可通过电压表查看电压的实际值。造成电压高的原因，一是高压线路电压过高，二是高压侧投入电容器容量过大造成过电压。可根据实际情况，或与供电部门联系降低电压，或切除电压侧的部分电容器。

2. "嗡嗡"声忽高忽低地变化但无杂音。一般是变压器负荷变化较大引起，可通过调整使变压器负荷尽量均衡。只要变压器在额定容量内运行，一般不会造成危害。

3. "嗡嗡"声大而沉重，但无杂音。一般是过负荷引起，可通过调整负荷加以解决。变压器在不同程度的过负荷下允许在一定时间内存在。自然冷却油浸变压器的过负荷允许时间，见表 7-1。

表 7-1 变压器过负荷允许时间（h：min）

过负荷倍数	过负荷前上层油的温度/℃					
	18	24	30	36	42	48
1.05	5：50	5：25	4：50	4：00	3：00	1：30
1.10	3：50	3：25	2：50	2：10	1：25	0：10
1.15	2：50	2：35	1：05	1：20	0：35	
1.20	2：50	1：40	1：15	0：45		
1.30	1：10	0：50	0：30			
1.40	0：40	0：25	0：30			
1.50	0：25					

注：在没有给出时间的空格内，一般应立即采取措施。

在变压器中性点不直接接地系统中发生单相接地、铁磁共振及大型电动机起动、短时穿越性短路等故障时，由于变压器过电流也会引发上述声响。

4. "嗡嗡"声大而嘈杂，有时会出现惊人的"叮当"锤击声或"呼呼"的吹气声。通常是内部结构松动时受到振动而引起的。内部结构一般为铁心缺片，铁心未夹紧，铁心紧固螺钉松动等。可停电进行吊心检查并做相应处理。若不能停电处理，应加强监视，并适当减小负荷。

5. 有"吱吱"放电声或"噼啪"爆裂声。这可能是跌落式熔断器有接触不良、变压器内部有放电闪络或绝缘击穿。当绝缘击穿造成严重短路时甚至会出现巨大的轰鸣声，并伴有喷油或冒烟着火。此时，应进行停电检查。重点检查绝缘套管、高低压引线连接处、高低压线圈与铁心之间的绝缘是否有损坏等。若变压器油箱内有"吱吱"放电，且伴随着放电声电流表读数明显变化，有时瓦斯保护发出信号，此故障现象多为调压分接开关故障，或为触头接触不良，或为抽头引出线处的绝缘不良引起的放电闪络现象。此时应对变压器调压分接开关进行检修。

6. 有"嘶嘶"声。这可能是变压器高压套管脏污、表面釉质脱落或有裂纹而产生的电晕放电所致。也可能是由于引线离地面的距离不足而出现间隙放电，这种情况可伴有放电火花。

7. 有"轰轰"声。这常是因变压器低压侧的架空线发生接地引起的。

8. 有"咕噜咕噜"声。这可能是变压器绕组有匝间短路产生短路电流，使变压器油局部发热沸腾。

9. 间歇性的"哧哧"声。常由铁心接地不良引起，应及时处理，避免故障扩大。

（六）变压器运行故障

1. 变压器温升过高

变压器温升过高往往使变压器不能正常运行，严重时会使变压器损坏，甚至烧毁。

变压器负荷过大，当然温升升高。若在正常负荷下，温升过高，甚至温升不断上升，说明变压器内部发生了故障，例如调压开关接触不良、线圈匝间短路或铁心片间短路等。铁心片间短路时可使铁损增大、温升升高，绝缘加速老化。铁心片间短路多由夹紧铁心用穿心螺钉绝缘损坏所致，严重时会引起铁心打火过热熔化，应及时停电进行吊心检查。

线圈匝间短路是常见而严重的故障，这种故障发展很快，有时很快就会冒烟，严重地影响了变压器的正常运行,发生这种故障时,应立即停电,吊心检查,视故障情况进行相应的检修。

2. 变压器轻瓦斯保护动作,发出轻瓦斯信号

瓦斯保护是变压器最基本、最主要的保护,它对油箱内线圈的相间短路、单相接地故障、绕组层间及匝间短路、铁心烧损、油面降低等异常运行情况反应灵敏,动作迅速。所以800kVA及以上容量的室外变压器和400kVA及以上容量的室内变压器都要求装设瓦斯保护。

变压器轻瓦斯保护动作,发出轻瓦斯信号时,值班人员应立即进行处理。可在复归音响信号后,先对变压器进行外部检查,主要检查储油柜中的油位高低及油色、变压器的电压、电流、温度指示和声音等的变化情况。若有备用变压器可将备用变压器投入运行,暂时停用工作变压器以便对其进行检查和原因分析。

如果信号动作的时间间隔逐渐缩短,说明变压器内有较严重的故障,值班人员应立即报告上级主管部门。

若变压器轻瓦斯动作,但经检查继电器内无气体,变压器也无异常,则可能是保护装置的二次回路有故障,此时值班人员可将重瓦斯由掉闸改投信号,并在经领导批准后由维修人员对二次回路进行检查。

变压器吸湿器原因也会导致轻瓦斯信号。吸湿器油封碗处用密封胶圈密封,是为变压器储运时用的,在运行时应将该密封胶圈取掉。

若重瓦斯动作已经跳闸,未查明原因,在作出适当处理之前不得重新合闸。

一般的处理方法是,在有备用变压器时将它立即投入,并向有关领导汇报。

3. 变压器自动跳闸

变压器自动跳闸,除了上述重瓦斯动作跳闸外,还可能是差动保护动作而跳闸,应对差动保护范围内的电气设备如套管、电缆头、油温、油色等进行检查。

由于过负荷、外部短路或保护装置的二次回路故障引起的跳闸,则变压器可重新投入运行。若是由于变压器内部引起的跳闸,则必须对变压器内部进行检查,经查明原因,处理方可合闸。

一般的处理方法是,如有备用变压器可将备用变压器投入运行,然后对变压器跳闸的原因进行分析检查,待查明故障,并经处理后,方可重新送电。严禁在变压器自动跳闸后,未经查明原因,就重新合闸,以免发生严重的事故。

4. 变压器熔断器熔体熔断

变压器熔断器熔体熔断,可能是只有低压侧熔断器熔断或只有高压侧熔断器熔断,或高、低压侧熔断器同时熔断三种情况。

熔断器熔体熔断状况,见图7-1。

从图7-1可以看出,如图7-1a所示,断点在压接螺钉附近,断口较小,往往可以看螺钉变色,生成黑色氧化层,这是由于接触不良或安装时将熔体不慎碰伤所致。

如图7-1b,熔体外露部分大部分全部熔爆,这是由于短路大电流在很短的时间内产生大量热量而使熔体熔爆所致。

如图7-1c,熔体中部产生较小的断口,这是由于流过熔体的电流长时间超过其额定电流所致。

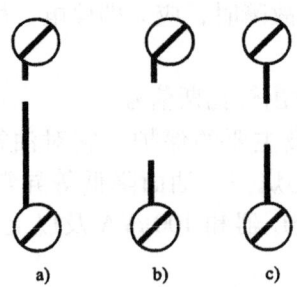

图 7-1 熔体的熔断状况

所以,当变压器低压熔断器熔体熔断后,可通过对熔体熔断状况分析初步判断故障原因。当熔体容量过小时,应对熔断器熔体进行正确的选择,当因过负荷引起,应考虑调整负荷使之不超过额定值。若熔体有严重烧伤,熔断器瓷托有电弧烧伤痕迹,一定是发生对地短路或相间短路。此时应检查低压侧线路或设备,查明原因排除故障后方可重新送电。

变压器高压侧熔丝熔断后,首先根据变压器高压侧熔断器熔体熔断情况来判断是一相、二相或三相熔断。如果一相熔体熔断,对于单相变压器,会造成全部用户断电;对于三相变压器△-Y联结,会使低压侧两相电压降低一半,一相正常;对于三相变压器Y-Y联结,造成低压一相断电。如果两相熔体熔断,对于各种接线方式的变压器都会造成全部停电。

熔体一相熔断又无明显弧光烧伤痕迹,可能是熔体太小,质量不好或机械强度较差或安装方法不当所造成,应更换合适的熔体,将变压器重新投入运行,如果声音没有异常即可正常运行。

熔体一相或两相熔断,并伴着低压侧熔体熔断,一般是因低压侧短路,电流过大而引起高压侧熔体熔断。应将低压侧熔断器全部取下,使变压器低压侧开路,换上合适的高压侧熔体后将变压器送电,如果没有异常,说明变压器本身无故障,然后排除低压侧的故障,最后将变压器重新投入运行。

高压侧熔体两相或三相熔断,烧伤明显,如有条件可进行全电压空载或变比试验,若声音正常,三相空载电流或电流比基本平衡,可判断变压器本身无故障,再进一步检查高压侧接线柱以外是否存在故障。

若空载电流超出规定值或三相电流不平衡,说明变压器绕组有短路。若熔丝烧损严重,变压器油油色变黑并且有明显烧焦气味,便基本可判断变压器内短路故障。

熔体熔断时,还应检查高压侧熔断器和防雷间隙有无短路或接地,如果外部无异常现象,再认真检查变压器有无冒烟、温度是否正常。

严禁在熔断器熔断后,不分析原因、不排除故障,就换以新熔体,甚至任意加大熔体、强行送电。

5. 其他

由于制造质量、安装和施工质量问题,或是使用不当,变压器在运行中还会发生许多问题,如振动、发出臭味、油变色、风扇损坏,气体继电器误动作,由于不核实相位并列运行造成的相间短路等。为了变压器的正常运行,必须有针对性地认真处理。

四、变压器的故障和修理

对于变压器的故障和修理,本书侧重于检修工作,目的是消除变压器的缺陷,保证变压器的安全运行。

(一) 检修前的准备

1. 了解变压器的运行状况和缺陷

(1) 检查运行日志，了解变压器的历史情况，根据日志所反映的异常情况及缺陷登记，分析故障或隐患可能发生的部位。

(2) 检修前对变压器进行外观检查，特别是事故后的外观检查，通过人的五官——看、听、闻、摸等直观手段，对故障的性质和严重程度，进行初步的判断。

(3) 用仪表进行测量，和预防性试和色谱分析记录，进行对比分析，确定检修内容、重点和项目。

2. 备品备件的准备

(1) 更换部件和零件的准备，并进行检查和鉴定；

(2) 电工材料的准备。

3. 工具和设备的准备

(1) 常用电工和钳工工具；

(2) 真空滤油机；

(3) 吊心用的起重设备；

(4) 试验设备；

(5) 现场消防设备。

检修现场应有严密的组织措施和技术措施、安全措施，保证检修工作的顺利进行。

(二) 变压器故障的检修

1. 变压器调压分接开关的故障检修

(1) 分接开关接触不良

分接开关接触不良的故障与检修，如下：

1) 触头严重损坏，应更换触头；

2) 触头压力不平衡，有些分接开关的触头弹簧是可调的，应适当调节弹簧，使触头压力保持平衡；

3) 触头表存有污垢或产生氧化膜，不严重时可操作触头动作多次，使之消除，否则，应用汽油擦洗，对于绝缘层性质的沉淀膜，应用丙酮擦洗消除；

4) 滚轮压力不均，使有效接触面积减小，应调整滚轮，保证接触良好；

5) 弹簧失去弹性，压力不足，应更换弹簧。

(2) 无励磁分接开关故障

当发现变压器油箱内有"吱吱"的放电声，电流表随着响声产生摆动，瓦斯保护可能发出信号，油的闪点急剧下降等现象时，可能是分接开关故障。

1) 分接开关触头弹簧压力不足，滚轮压力不均，使有效接触面积减小；镀银层机械强度不够而严重磨损，引起分接开关在运行中烧坏；

2) 分接开关接触不良，引线连接与焊接不良，经受不起短路电流冲击而造成分接开关故障；

3) 倒换分接头时，由于接头位置切换错误，引起分接开关损坏；

4) 由于三相引线相间距离不够或绝缘材料的电气强度低，在发生过电压时，使绝缘击穿，造成分接开关相间短路。

检修调压分接开关时，应将调压分接开关全部露出，重点检查引出线的绝缘是否良好，接线头的焊接是否牢固，接触压力及弹簧的弹性是否良好，接触面有无氧化或烧毛现象等。检查弹簧压力可用 0.05mm×10mm 的塞尺进行，接触到塞尺塞不进去方为正常。触头发生氧化或覆盖油污时，可将触头来回多转换几次，以将触头氧化物或覆盖的油污磨去。

（3）有载分接开关的故障

1）辅助触头中的限流阻抗在切换过程中可能被击穿、烧断，在烧断处发生闪络，引起触头间的电弧越拉越长，使故障扩大，并发出异常声音；

2）分接开关由于密封不严，进水后造成相间闪络或短路；

3）由于分接开关触头中的滚轮卡住，分接开关停在过渡位置上，造成相间短路而损坏；

4）调压分接开关的油箱不严密，使分接开关的油箱与主变压器的油箱相互连通，并使两个油位计指示相同，造成分接开关的油位出现假油位，而使分接开关油箱缺油，危及开关安全运行。

（4）有载分接开关的过渡电阻断路故障

有载分接开关是变压器在负荷运行中用以变换一次或二次绕组的分接，改变其有效匝数来进行分级调压的。分接开关在切换过程中常采用电抗或电阻过渡，以限制其过渡时的电流。采用电阻过渡的，由于电阻是短时工作的，操作机构一经工作必须连续完成。倘若由于机构不可靠而中断操作，停在过渡位置上，将会使电阻烧坏而造成断路。判断过渡电阻是否烧坏断路，可通过在操作过程中对电流进行观察完成。即不论升挡或降挡，在变换过程中，由于串入了过渡电阻，电流都有一个变小的趋势，可以清楚地看到，电流表指针向减小的方向摆动一点后再升起来。若在操作过程中，没有电流下降现象，则说明过渡电阻已经断了，此时应予以更换。

（5）分接开关慢动的故障

分接开关是专门承担切换负荷电流的器件，它的动作是通过快速机构按一定程序快速完成的。如果分接开关慢动，将有可能烧坏过渡电阻，导致分接开关顶盖冒烟，分接开关的气体继电器动作；若分接开关在某个位置上停下来而结束调挡，再调挡时很可能造成选择器触头拉弧，变压器主体的继电器动作。分接开关慢动时，从电流表上可发现指针向下降的方向大幅度摆动。若发现分接开关慢动，应停止下一次调挡，并把变压器停下来进行检修。

2. 变压器线圈的故障检修

（1）绕组绝缘损坏

1）线路的短路故障和负荷的急剧变化，使变压器的电流超过额定电流几倍或十几倍，绕组受到很大的电磁力矩而发生位移或变形，并使绕组温度迅速升高，造成绝缘损坏。

2）变压器长时间地过负荷运行，绕组产生高温，使绝缘受损，甚至酿成匝间或层间短路，造成绝缘烧焦损坏。

3）由于绕组里层浸漆和绝缘油含有水分，绕组绝缘受潮，造成匝间短路，使绝缘损坏。

4）绕组接头和分接开关接触不良，在带负荷运转时，接头发热，损坏附近的局部绝缘。

（2）绕组匝间短路

交流绕组匝间短路是常见故障，而且后果较为严重，它有蔓延迅速的特点，还有修理困难的特点，有的是由于制造质量有问题所致，有的是运行不当所致。

1) 绕制绕组时，操作不当，产生缺陷，如排列、换位、压装等不正确，导线本身有毛刺、焊接不良，本身绝缘不完善或有磨损引起局部过热，使匝间的绝缘损坏，产生一个闭合环流，严重时会烧毁变压器。

检修时，应进行吊心检查，一般匝间短路有比较明显的故障点，找到短路点，对于故障程度不严重时，可在短路点进行局部绝缘处理，短路严重时，不能简单修复时，则应考虑线圈重绕。

2) 由于系统短路或其他故障，绕组受振动产生位移、变形、造成机械损伤，导致匝间短路。

3) 由于变压器长期运行，绝缘自然老化而引起损坏，或因散热不良，长期过负荷运行及油道堵塞，使变压器部分绝缘迅速劣化，发展成匝间短路，发生匝间短路故障后，变压器应立即停止运行，进行检修。

匝间短路故障可以通过三相直流电阻测量，或进行变压器空载试验来判断，有匝间短路的相绕组直流电阻变小，空载试验时三相电流会不平衡。

(3) 绕组相间短路

变压器绕组发生相间短路的原因如下：
1) 由于主绝缘老化而破裂、折断等缺陷；
2) 绝缘油受潮，绝缘和绝缘油引起相间击穿；
3) 绕组内有杂物落入，绝缘损坏；
4) 过电压冲击波的作用；
5) 电磁作用力的破坏，可能引起套管间的短路；
6) 短路故障时产生的作用力使绕组变形损坏。

绕组发生相间短路，通常伴随着放炮声，应做停电检查，如发生在外部（如引线部分），则可作局部处理，如发生在绕组内部，则应进行绕组的修理，严重时应进行绕组的重绕。

(4) 绕组对地击穿

和绕组相间短路原因相似，绝缘老化、破裂等缺陷，而引起绕组对地击穿。发生绕组对地击穿，时常发生高压熔丝熔断、油温剧增，甚至有时造成储油柜喷油。

发生这种故障时，有时还会同时有匝间短路和相间短路，造成比较严重的后果。

应立即停电检查，吊心后视故障的情况，局部故障通常可以用肉眼看见，则作局部处理，严重时也要进行绕组的重绕。

(5) 绕组断线

由于连接不良或短路应力使引线内部断裂，或由于匝间短路引起高温使线匝烧断，应将绕组吊出器身外进行外观检查。若绕组是三角形联结可用电流表检查绕组的相电流或测量直流电阻；若有一相断线时，则在本相绕组中进行3次电阻测量，有2次测量的阻值相近，而第三次为前两次的1倍，即说明该相有故障；若完全断线则第三次仅比先前两次略大。若是星形联结，可测量直流电阻或用绝缘电阻表检查，根据检查情况更换损坏的绕组或重新绕制。

由于连接不良或短路应力使引线断裂，导线内部焊接不良，匝间短路使线匝烧断，应吊心检查，如果绕组直流电阻有差别，找出断路点，予以排除。

变压器线圈断线时，有时断线处可能发生电弧，断线的相没有电流。线圈的断线有时多发生在导线接头、线圈引线处，常见的断线原因是短路故障。绕组断线的检查主要通过外部检查或测量各相绕组的直流电阻并进行数值比较，直流电阻大的说明有断线，然后进行吊心检查。外部断线或接触不良的，可将其焊牢或紧固，若为内部断线则应进行局部处理，严重时则需更换线圈。

3. 变压器铁心的故障检修

（1）变压器振动而噪声大

变压器往往由于内部结构松动，如铁心缺片、铁心未夹紧、铁心紧固螺钉松动等原因，引起变压器振动，伴随着产生"嗡嗡"噪声，有时还会有锤击声或吹气声，此时应停电进行吊心检查，并做相应的处理。

对缺片、多片情况，应进行补片或抽片。螺栓松动时，应采取紧固措施。

（2）铁心片间绝缘损坏

铁心片间绝缘损坏，将会使变压器的铁耗增大，致使空载电流也增大，变压器温度升高，油的闪点降低、油色变褐、油质变坏。片间绝缘损坏的原因，可能是铁心受到剧烈振动，铁心片间发生摩擦，也可能是铁心片间绝缘老化。

铁心片间绝缘老化并有局部损坏，使涡流增大，造成局部过热，严重时还会熔化。应将铁心吊出器身外进行检查，用直流电压电流表法测量片间绝缘电阻，如损坏不严重，可涂以1611号或1030号绝缘漆，如果严重应清除老化绝缘层，重新涂漆烘干。若硅钢片质量太差，影响变压器运行性能时，应考虑更换铁心。

（3）接地片断裂

接地片断裂，再加上变压器组装工艺不符合要求，当电压升高时内部可能发出轻微的发电声，此时应做吊心检查，并应更换断裂的接地片。

应注意，往往在吊心检查时，不慎使接地片受机械损伤，变压器运行时有振动，使接地片断裂；或者在吊心检查时直接将接地碰断。所以，在做吊心检查时应严格按操作工艺要求进行。

铁心通过接地片接地，只能有一个接地点，如果铁心有两点接地，便可能产生环流，严重时，会烧损铁心。

（4）铁心的烧熔故障

正常的变压器铁心叠片表面是经过绝缘处理的，对片间绝缘良好的变压器铁心，涡流被限制在每片的内部，其引起的损耗是很小的。如果片间绝缘损坏，涡流损耗便会增大，损坏处的温度就会上升。由于温度的升高，又造成周围绝缘迅速的老化，直到片间短路，故障范围又进一步扩大，严重时能把叠片熔化。熔化的铁液一部分渗入片间间隙，一部分流到油箱底部形成小钢珠。

铁心局部熔化的另外原因，是铁心螺栓的绝缘损坏使叠片片间短路。以及铁心接地不正确（如有两个接地点），引起环流和放电。

在铁心熔化时温度很高，高温的钢液与变压器油接触后分解出气体，产生一定量的气体以后，气体继电器便会动作。当故障发展到相当严重时，油的温度就会显著升高，甚至冒烟，过载继电器也会动作。

这种铁心故障大多数发生在较大容量的变压器中，中心型变压器中较少发生。

对烧熔不很严重的铁心，可用风动砂轮将熔化处刮除，再涂上绝缘漆；对严重烧毁的铁心,则应进行大修理或更换铁心。

五、干式电力变压器的设备检验及安装验收

(一) 设备检验

1. 干式电力变压器到达现场后应进行下列内容检验:
(1) 防潮设施已安装且完好,没有雨水浸入的痕迹;
(2) 产品的铭牌参数、外形尺寸、外形结构、重量、引线方向等,均符合规定;
(3) 技术文件齐全;
(4) 备品备件齐全,附件符合规定。

2. 干式电力变压器安装时,应检查下列项目:
(1) 所有紧固件紧固,绝缘件完好,金属部件无锈蚀、无损伤;
(2) 绕组完好,无变形、无位移、无损伤,内部无杂物,表面光滑无裂纹;铁心无多点接地;引线、连接导体间和对地的距离符合规定,裸导体表面无损伤、毛刺和尖角,焊接良好;
(3) 规定接地的部位有明显标志,配有符合标准的螺帽和螺栓。

3. 无励磁分接开关安装时,经检查应符合下列要求:
(1) 无励磁分接开关应完好无损,安装正确,操作灵活,分接位置指示与绕组分接头位置对应正确;接线柱和连接导体,表面清洁,无裂纹、无损伤、螺纹完好;片形连接导体表面光滑、无气孔、无砂眼、无夹渣,以及无其他影响载流和机械强度等缺陷;
(2) 无励磁分接开关操作部件完好,绝缘良好,无损伤和受潮,固定良好;在操作三个循环后,每个分接位置测量触头接触电阻值不大于 $500\mu\Omega$;
(3) 无励磁分接开关调换使用接线柱和连接导体者,接线柱所标示分接位置与绕组分接头位置对应正确。

4. 有载分接开关安装时,经检查应符合下列要求:
(1) 有载分接开关装置应符合设计要求;手动、电动操作均应灵活,无卡滞,逐级控制正常,限位和重负荷保护正确可靠;
(2) 干式电力变压器未带电时,有载分接开关在操作均循环后,切换动作正常,位置指示正确;
(3) 有载分接开关触头完好无损,接触良好,每对触头的接触电阻值不大于 $500\mu\Omega$;过渡电阻和连线良好,电阻值与铭牌数值相差不大于 $\pm 10\%$;
(4) 有载分接开关切换动作顺序和切换过程应符合产品技术要求和国家现行有关标准的规定;
(5) 应按制造厂的要求,作调整试验,试验结果应正常。

5. 冷却装置安装时,经检查应符合下列要求:
(1) 冷却装置整体完好,无损伤;安装应牢固,运转时无异常振动及噪声,电动机发热正常;
(2) 风扇电动机绝缘良好,并经绝缘试验合格,绝缘电阻大于 $0.5M\Omega$、工频耐压 $1kV/min$;风扇叶片无裂纹,无变形,转动无卡阻现象;风道清洁、无杂物;
(3) 电源导线绝缘良好,并经绝缘试验合格,绝缘电阻大于 $0.5M\Omega$、工频耐压 $1kV/min$,

过流保护完好。

6. 温控、温显装置，经检查应符合下列要求：

（1）温控、温显装置产品说明书、检验合格证、出厂试验报告、计量许可证及标志、质量认证书，以及装箱单等随机文件齐全；

（2）温控、温显装置完好无损，有符合规定的产品标志；自检定程序正常，输出接口制式符合订货要求；输入、输出端子全部采用插拔式接插件；

（3）温控、温显指示正确，温控开关可在全量程内任意整定，变压器制造厂要求的整定值不受限制，温控装置各开关接点动作正常、指示灯完好；装置对电磁干扰不敏感。

（二）干式变压器的安装

1. 干式电力变压器的安装环境应符合下列要求：

（1）干式电力变压器安装的场所应符合制造厂对环境的要求；

（2）变压器安装在室内时，其环境清洁，无其他非建筑结构的贯穿设施，顶板不渗漏；基础设施应满足载荷、防震、底部通风等要求；

（3）变压器室内通风和消防设施应符合有关规定，通风管道密封良好，通风孔洞不与其他通风系统相通；室内照明布置应合理；

（4）温控、温显装置应设在明显位置，以便于观察；

（5）变压器室内采用不燃或难燃材料，门向外开，门上标有设备名称和安全警告标志、保护性网门、栏杆等安全设施完善。

2. 干式电力变压器与配电装置连接安装时，应符合下列要求：

（1）配电装置的安装符合设计要求和有关标准的规定，柜、网门的开启互不影响；柜、网门和遮栏，以及可攀登接近带电设备的设施，标有符合规定的设备名称和安全警告标志；

（2）带电部分的相间和对比距离符合规定；导体连接紧固，相色表示清晰正确；接地部分牢固可靠；

（3）温控装置的电源引自与变压器低压侧直接连接的母排上，且有足够开断容量的熔断器保护，并根据应急使用的重要程度采用自动切换的双路电源系统供电；

（4）配电装置按国家现行有关标准进行绝缘试验并合格。

（三）干式变压器的验收及试运行

1. 干式电力变压器的交接试验应符合下列要求：

（1）所有交接试验项目，应按《电气装置安装工程电气设备交接试验标准》GB 50150—91 和工频耐压施加电压应按《电气装置安装工程电气设备交接试验标准》GB 50150—91 附录一执行；

（2）测量绕组连同套管在各分接头位置的直流电阻值，其相间差：对容量为 1600kVA 及以下的干式电力变压器，小于三相平均值的 4%；对容量为 1600kVA 以上的干式电力变压器，小于三相平均值的 2%；其线间差：对容量为 1600kVA 以上的干式电力变压器，小于三相平均值的 1%，且与同温度出厂测量值比较相对变化不大于 2%；

（3）测量所有分接变比，符合铭牌电压变比规律，且额定分接允许误差为 ±0.5%，其他分接允许误差小于 1%；测量绕组绝缘电阻，其值不低于出厂试验值的 70%；检测三相变压器接线组别或单相变压器的极性，与铭牌标示相符；

（4）局部放电测量，在施加电压 $1.5U_m$、时间 30s 后，将电压降至 $1.1U_m$ 继续试验

3min，此时测及的放电量：对 10kV 电压等级不大于 10PC；对 35kV 电压等级不大于 20PC；测量铁心对地绝缘电阻，其值不小于 5MΩ；

（5）出厂试验时曾到厂验收，运输可靠，且未发现可疑情况者，在现场可不进行全部交接试验。

2. 设备验收启动应符合下列条件：

（1）设备试验全部合格；接地部分接触紧密、牢固可靠，设备中及带电部分无遗留杂物，安全措施已拆除，具备通电条件；

（2）安装工程结束并经验收后，干式电力变压器已带电连续试运行 24h；

（3）干式电力变压器分接开关符合运行要求。若为无励磁分接开关，在调好运行分接位置后，测量该分接位置绕组的直流电阻，并符合规定；在带电情况下将有载分接开关操作一个循环，逐级控制正常，电压调节范围与铭牌相符；

（4）所有保护装置已全部投入，进行空载合闸五次，第一次带电时间不少于 10min，且无异常；有并列点时应核对相位；

（5）温控开关整定符合要求，温控与温显所指示的温度一致；冷却装置自启动且运行正常。

干式电力变压器的主要质量特性要求及检查方法，见表 7-2。

表 7-2 主要质量特性要求及检查方法

检查内容	序号	项目		质量特性			检查方法及要求
				合格	一等	优等	
标准	1	产品标准		符合 GB6450 标准和 GB10228 标准或工业先进国家相应标准的要求			检查产品标准或样机，检查产品是否具有型号注册证书
电气性能	2	空载损耗偏差		符合 GB6450 标准的要求			复试或检查例行试验报告
	3	负载损耗偏差					
	4	总损耗偏差					
	5	空载电流偏差					
	6	短路电流偏差					
	7	绕组电阻		三相绕组电阻不平衡度符合 GB/T1094 标准的要求			
	8	电压比测量和联结组标号检定		符合 GB6450 标准的要求			
	9	外施耐压试验		符合 GB6450 标准的要求			复试或检查例行试验报告
	10	感应耐压试验					
	11	温升试验		符合 GB6450 标准的要求			检查在有效期内的型式试验报告（要求每个品种试验一台）
	12	雷电冲击试验					
	13	局部放电测量 PC	非包封线圈	40	30	10	检查试验报告
			包封线圈 6，10kV	30	10	5	现场抽取样本进行检验
			35kV	50	20	10	

（续）

检查内容	序号	项目		质量特性			检查方法及要求
				合格	一等	优等	
电气性能	14	短路承受能力试验		符合 GB6450 标准的要求			检查试验报告（要求每个系列段中较大容量产品试验一台）
铁心	15	铁心接地		铁心必须只有一点有效接地			在接地片侧用2500V兆欧表或高阻计进行测量（测试值温度为10℃～40℃，相对湿度小于85%）
线圈	16	多根并绕绝缘导线间	非包封线圈	并绕导线间无短路，每根导线无断路			半成品浸漆前用500V兆欧表或高阻计逐根测量检查
	17	引线绝缘距离（裸导体）		符合 GB10237 标准的要求			用钢板尺进行测量
器身	18	器身清洁度	非包封线圈	无金属异物，非金属异物不超过3个	无金属异物，非金属异物不超过2个	无金属异物和非金属异物，不允许有其他污迹	用手电筒照射检查，非金属异物≥9mm³为一个，<9mm³总计为一个
			包封线圈 浇注式	线圈表面应平滑、洁净，不得有露出导体的划痕和麻坑		线圈表面应平滑、洁净，允许有轻微的划痕和凹痕	目测检查半成品
			包封线圈 包绕式	线圈表面应平滑、洁净，不得有露出导体的划痕和麻坑		线圈表面应平滑、洁净，允许有轻微的划痕和凹痕	

3. 竣工文件移交应包括下列内容：
（1）主、附件制造厂的产品说明书和出厂试验报告；
（2）安装技术记录和安装图纸等；
（3）交接试验报告。

六、干式电力变压器的运行及维护

（一）运行的基本条件

1. 干式电力变压器运行，应技术文件齐全。应包括履历卡片，安装竣工后移交的全部文件，检修后移交的文件，预防性试验记录，保护和温控、温显装置的校验记录，其他试验和检查记录，以及事故和异常运行记录等。

2. 干式电力变压器的运行应符合下列条件：
（1）干式电力变压器设有铭牌，标明运行编号和相位，并悬挂警告牌；变压器室的门

采用难燃或不燃材料,并加锁,门上标明干式电力变压器的名称和运行编号,门外应挂警告标志牌;

(2) 有独立电源的通风系统,且每1kW损耗达到 $2\sim4\text{m}^3/\text{min}$ 通风量,当机械通风停止时,能发出远方信号;

(3) 干式电力变压器安装在地震列度为七度及以上地区时,应采取下列防震措施:

1) 将干式电力变压器底盘固定于基础槽钢或轨道上;

2) 干式电力变压器出线端子与软导线的连接适当放松,与硬导线连接时将过渡软连接适当加长。

(4) 当干式电力变压器所在系统的实际短路表现容量大于规定值时,订货应提出要求;对运行中的干式电力变压器采取限制短路电流措施,变压器保护动作时间应小于承受短路耐热能力的持续时间;

(5) 当干式电力变压器上装有反映绝缘情况的在线监测装置时,其电气信号经传感器采集,并保持可靠接地;

(6) 当接线组合标号相同、电压比相等和短路阻抗相等时,干式电力变压器可并列运行。电压比不等或短路阻抗不等的变压器,任何一台在满足运行方式的规定时,也可并列运行。短路阻抗不同的变压器,可适当提高短路阻抗高的变压器的二次电压,使并列运行的干式电力变压器的容量均能充分利用。新装或变动过内外连接线的干式电力变压器,在并列运行前必须核定相位。

3. 干式电力变压器的运行方式应符合下列规定:

(1) 正常运行方式

1) 运行电压不高于该运行分接额定电压的10.5%。对于特殊使用情况(例如,变压器的有功功率可以在任何方向流通),可在不超过110%的额定电压下运行。对电流与电压的相互关系如无特殊要求,当负载电流为额定电流的 K($K\leqslant1$)倍时,按下列公式对电压 U 加以限制。

$$U(\%) = 110 - 5K^2$$

并联电抗器、消弧线圈、接地变压器等设备的过电压运行倍数和时间,按制造厂的规定采用。

2) 无励磁调压的干式电力变压器在额定电压±5%范围内改换分接位置运行时,其额定电流不变。分接为-7.5%和-10%时,其容量按制造厂的规定;制造厂无规定时,则容量相应降低2.5%和5%。

3) 干式电力变压器三相负载不平衡时,监视最大一相的电流。接线为YN, yn0的2500kVA及以上干式电力变压器,允许的中性线电流按制造厂及有关规定采用。接线为Y, yn0(或YN, yn0)、Dyno11和Y、zn11(或YN, zn11)的干式配电变压器,其中性线电流的允许值如有特殊需要在订货时间制造厂提出要求。

(2) 不同负载状态下的运行方式

1) 长期急救周期性负载多数在以下情况发生:

① 系统中部分干式电力变压器因故障或检修而长期退出运行;

② 系统运行方式改变,使部分变压器负载增大;

③ 用户负载增加,而新的变压器短时间内不能投入。

2) 短期急救负载多数在以下情况发生：

① 一个变电站的某台干式电力变压器发生故障，且其负载不能全部切除或转移到其他变电站，迫使本站其他变压器超负载；

② 系统发生局部故障，使部分不能切除的负载转移到某台或几台干式电力变压器上。

3) 负载状态的分类

① 正常周期性负载：干式电力变压器允许在平均相对老化率等于 1 的情况下，周期性超铭牌（规定的条件）运行（即干式电力变压器在额定使用条件下，全年可按额定电流运行。在周期性负载中，某段时间环境温度较高或超过额定电流，但可由其他时间内环境温度较低或低于额定电流所补偿）。此时，热老化与设计采用的环境温度下施加额定负载是等效的。

② 长期急救周期性负载：在装有强风冷却装置的干式电力变压器进行风冷时，其输出容量可提高自冷铭牌容量的 40%～50%。当有制造厂规定时，按制造厂的规定执行。超铭牌下运行时，应有负载电流记录。

③ 短期急救负载：当超过上列规定，干式电力变压器处于短时间较大幅度超自冷铭牌电流运行时，绕组热点不应超过最高允许值，且尽量压缩超载，减少时间。合适的负载曲线，参照现行国家标准《干式电力变压器负载导则》GB/T17211 采用。

4) 附件和回路元件的限制

干式电力变压器的载流附件和外部回路元件应能满足超额定电流运行的要求。当任一附件和回路元件不能满足要求时，应按负载能力最小的附件和元件限制负载。当干式电力变压器的结构件不能满足超额定电流运行的要求时，应视具体情况确定是否限制负载及限制负载的程度。

5) 其他运行条件的限制

① 凡遇到下列情况之一时，应对运行条件加以限制：

当干式电力变压器有较严重的缺陷（如风机运转不正常、局部过热、局部放电有较高的增值、绝缘外观有微开裂等）时，不允许超铭牌运行；

② 无人值班变电站内的干式电力变压器，其超额定电流的运行方式由现场规程确定；

③ 电抗器、接地变压器、消弧线圈等干式设备的超额定电流运行限值和负载图表，按制造研制的规定采用。当干式消弧线圈和接地变压器处在系统单相接地时，其运行时间和温升不超过制造厂的规定。

（二）干式电力变压器的维护

1. 运行中的干式电力变压器的维护性检修和维修项目应参考电力变压器检修导则推荐的检修周期和项目，还应综合分析变压器结构特点和制造情况，运行中存在的缺陷及其严重程度，负载状况和绝缘老化情况，历次电气试验和局部放电值分析结果，温控装置的运行状态和周检期限，变压器故障和事故情况，以及变压器在本系统中的重要性等诸多因素来确定。

2. 运行中的干式电力变压器有载分接开关的维修和维修项目应参考有载分接开关运行维修导则推荐的检修周期和项目，还应综合分析制造厂的有关规定，动作次数，运行中存在的缺陷及其严重程度，历次电气试验分析结果，以及变压器在本系统中的重要性等诸多因素来确定。

3. 干式电力变压器的试验周期、项目和要求，应符合电力设备预防性试验规程的规定。

变压器检修后的验收,应符合《电力变压器检修导则》DL/T573 和电力设备预防性试验规程的有关规定。

4. 干式电力变压器在投运前有明显受潮或进水时,应以60℃～80℃温度进行干燥,使绝缘电阻值符合规定,见表7-3。

表7-3 绝缘电阻值的规定

项 目	数 值					
额定电压/kV	<1	3	6	10	20	35
绝缘电阻/MΩ	5	20	20	30	50	100

5. 干式电力变压器的运行监视应符合下列规定:

(1) 观察仪表指示的变化是监视干式变压器运行的重要手段,检查项目和周期常因运行经验、环境条件、管理方式不同而在不同地区、不同部门存在差异,各使用单位尚应结合自身情况,提出现场规定。

安装在发电厂或变电站内,以及安装在无人值班变电站内但有远方监测装置的干式电力变压器,应经常监视温控温显仪表的显示值。监视仪表的抄表次数由现场规程规定。当干式电力变压器超过额定电流运行时,应及时作好记录。无人值班变电站的干式电力变压器应在每次定期检查时记录其电压、电流和绕组温度,以及曾达到的最高绕组温度的数值等,并应在最大负载期间测量三相电流,设法保持其基本平衡。测量周期由现场规程规定。

(2) 在干式电力变压器运行时应按规定检查外观,确认处于正常运行状态。当出现事故症状时,应及时处理。无人值班的干式电力变压器,其检查周期和次数应符合现场运行规程的规定。

日常检查项目的规定,见表7-4。

表7-4 日常检查项目

检查项目	次数	检查要点	措 施
运行状况	1次/日	电压、电流、负荷、频率、功率因数、环境温度有无异常。	及时记录各种上限值。发现异常要查明原因,查不明的应与制造厂联系
变压器温度	1次/日	①分别记录温控器和温显器的温度显示值。温度通常从铁心和低压线圈测定,还需要参考制造厂试验记录。②干式电力变压器温度,不仅影响干式电力变压器寿命,有时还会中止运行,因此应特别注意监视。③与油浸变压器的油温不同,即使在空载状态下,只要对铁心温度有影响的数据都要记录下来,因为它表明部分温度附加在铁心上,因而整体温升与负载电流的增加不成正比	①在温度异常时,测量仪器本身必须确保准确。通常在干式电力变压器上同时安装刻度温度计和电阻温度计,以资比较。②发现温度计失灵,应及时修理或更换。③空气过滤器堵塞造成冷却风扇风量减少,温度异常时,应立即清扫
异常响声异常振动	1次/日	①外壳内有无先振音,铁板有无振动发出声响;②有无接地不良引起的放电声;③附件有无异常的声音及异常的振动	从外部就能观测出共振或异常噪声时,应立即处理;变压器主体有放电声及异常响声时,应当即切换,作临时检查,也可根据情况与制造厂联系解决
风冷装置	1次/日	观察有无异常声响,振动,以及温度是否异常	附件有过热和异常时,应解体检查和修理,必要时与制造厂联系

(续)

检查项目	次数	检查要点	措 施
引线接头电缆、母线	1次/日	根据示温涂料变色和油漆颜色情况,判断引线接头、电缆、母线等有无过热	有异常时,应退出运行、拆卸检查,并进行修理
有载分接开关、触头	1次/日	有无过热现象,电源指示有无异常	有异常时,应退出运行,作检查,并进行修理
臭味	1次/日	温度异常高时,应检查附着的脏物或绝缘件是否烧焦而发生臭味	有异常时,应进行清扫和必要的处理
绝缘件、线圈外观	1次/日	绝缘件和线圈表面有无放电痕迹,有无碳化和龟裂现象	有异常时,应进行清扫和必要的处理
外壳	1次/日	检查是否有异物侵入、雨水滴入和脏污	应检查清理、清扫和必要的处理
变压器室及其他	1次/日	门窗是否完好,照明是否正常,温度有无异常	有问题时,应进行必要的处置

(3) 在下列情况下,对于干式电力变压器,应增加巡视检查的次数:
1) 新设备或经过检修、改造后投运 72h 之内;
2) 有严重缺陷时;
3) 气象突变(如大风、大雾、大雪、冰雹、寒冷等)时(特别是对于安装在室外的干式电力变压器);
4) 雷雨季节,特别是雷雨后;
5) 高温季节、高峰负载期间;
6) 急救超载运行时。

(4) 干式电力变压器投入运行后,每隔一定时间应进行一次停电检查,运行后的第一次检查应掌握设备状态。定期检查每年至少检查一次。定期检查项目的规定,见表7-5。

表7-5 定期检查项目

检查部位	检查项目	检查要点和措施
浇注线圈、铁心、风道等	① 有无尘埃堆积 ② 有无生锈	① 尘埃积明显时,用干燥的压缩空气吹净,或用相应的机具进行清扫 ② 铁心和套管表面应经常用干布擦拭,但注意不要碰伤线圈和绝缘件。检查铁心类零部件和引线露出部分有无腐蚀(生锈主要是冷却空气引起的,因此对空气应进行过滤)
温控器	最高温度	记录曾出现过的最高温度,并拨回最高温度指示针
湿显器	准确度	检查准确度。如出现不合格项,应查明原因后进行处置
引线,分接头及其他导电部位	过热、紧固松弛情况	检查引线连接处、分接头接点及其他导电部分有无过热,紧固件有无松动情况(过热是因为接触不良、接触面腐蚀或接触压力等原因引起,应查明原因进行正确的处置)
风冷装置	风冷装置、电动机和风机轴承	对风冷却装置各部件进行检查,电动机运行是否正常,对报警装置,应确认其动作是否正常,附设温度计时,应检查其指示值
线圈压紧	松动	查明松动的紧固件,重新加固
绝缘	绝缘老化判定	检查浇注树脂有无脱层、变色、龟裂等,此时可与制造厂联系解决异常问题。清扫和修理后应测量绝缘电阻,使其符合规定要求

6. 具备带电运行条件是指干式电力变压器本体正常、外部条件齐备、试验结果合格、保护和测量装置有效等广泛内容，这些均由值班人员确认。

备用的干式电力变压器应随时可投入运行。长期备用时，应定期充电，以证实是否正常。当备用时间超过一年时，需经试验合格后方可投入运行。

用隔离开关切投，在实际运行中尚未经进一步试验。隔离开关的切投能力，对小容量干式电力变压器不存在问题。

用熔断器切投干式电力变压器，在电力部门有这样的做法，且尚未发生过故障。

在干式电力变压器停运保管期内，要防止绝缘受潮，这是一些地区的运行经验。

干式电力变压器的投运和停运应符合下列规定：

（1）在投运干式电力变压器前，检查和确认干式电力变压器及其保护装置处在良好状态，具备带电运行条件，外部无异物，临时接地线已拆除，分接开关位置正确。干式电力变压器在高湿度下投运时，绕组外表应无凝露；

（2）备用的干式电力变压器具备随时投运的条件。长期停运的干式电力变压器应定期充电和启动风冷装置，且符合下列规定：

1）干式电力变压器投运时，在保护装置的电源侧用断路器操作；停运时先停负载侧，后停电源侧；

2）在无断路器时，可用隔离开关投切35kV及以下且电流不超过2A的空载干式电力变压器；用于切断20kV及以上干式电力变压器的隔离开关必须三相联动且装有消弧角；装在室内的隔离开关在各相之间安装耐弧隔板。当不能满足上述规定，又用隔离开关操作时，经本单位总工程师批准；

3）允许用熔断器投切空载干式配电变压器和35kV及以下的站用干式电力变压器。

（3）新投运的干式电力变压器可参照现行国家标准《电气装置安装工程电力变压器、油浸电抗器、互感器施工及验收规范》GBJ 148—1990的规定试运行。更换绕组后的干式电力变压器参照执行，其冲击合闸次数为三次。

（4）在中性点有效接地系统中，投运或停运干式电力变压器操作时，中性点必须先接地，投入后，可按系统需要决定中性点是否断开。干式电力变压器在停运和保管期间，应防止绝缘受潮。

（5）消弧线圈投入运行前，其分接位置与系统运行情况应相符，导通良好。消弧线圈应在系统无接地状况下投切。当系统中性点位移电压高于0.5倍相电压时，不能用隔离开关切断消弧线圈。消弧线圈运行中，从一台干式电力变压器的中性点切换到另一台时，必须将消弧线圈断开后再切换，不应将两台干式电力变压器的中性点同时接到一台消弧线圈的中性母线上。

7. 有载分接开关的正确操作包括两个主要方面：一是操作时需监视分接位置和电流变化，二是注意并联运行的变压器调节分接位置时要避免形成过大的环流。

目前，国内已生产110kV的单相干式电力变压器组，且有载调压单相干式电力变压器组中每台变压器均有独立的有载分接开关，个别三相变压器还具有分相的有载分接开关。由于这种变压器一般是高电压大容量的，如分相操作有可能造成系统的电压不平衡和中心点偏移，因此一般不允许分相操作。

有载分接开关运行中的检查维护项目和周期，一般制造厂均有规定，应按其规定执行。

对新投入的有载分接开关缺少运行经验,因而在投运 1~2 年或切换 5000 次后,对切换开关进行检查是必要的。切换开关触头的损坏情况与切换次数有关。

长期不用的分接位置的有载分接开关,分接触点处会产生氧化膜和积聚污垢,一旦使用可能出现接触不良的情况,因此需利用切换方法清除氧化膜和污垢。

干式电力变压器分接开关的运行维护,应符合下列规定:

(1) 无励磁调压干式电力变压器在变换分接时,对接头的接触应作检查并消除触头上的氧化膜和积聚的污垢。在确认变换分接正确并拧紧后,测量绕组的直流电阻,并记录分接变换情况。10kV 及以下干式电力变压器和消弧线圈变换分接的操作和测量,可在现场规程中自行规定。

(2) 干式电力变压器有载分接开关的操作,应符合下列规定:

1) 逐级调压,同时监视分接位置及电压、电流的变化;

2) 单相干式电力变压器组和三相干式电力变压器分相安装的有载分接开关,宜三相同步操作;

3) 有载调压干式电力变压器并联运行时,其调压操作为轮流逐级或同步进行;

4) 有载调压干式电力变压器与无励磁调压干式电力变压器并联运行时,两台干式电力变压器的分接电压尽量靠近;

5) 核对系统电压与分接额定电压间的差值应符合规定。

(3) 干式电力变压器有载分接开关的维护,按制造厂的规定进行。无制造厂规定时按下列规定进行:

1) 新投入的分接开关,在投运后 1~2 年或切换 5000 次后,进行检查,此后可按实际情况确定检查周期;

2) 调压用真空开关的维护和检测按制造厂的规定进行;

3) 操作机构保持良好状态;

4) 长期不励磁和长期不用的分接位置的有载分接开关,当有停电机会时,在最高和最低分接间操作几个循环。

(4) 为防止开关在严重过负载或系统短路时进行切换,在有载分接开关控制回路中加装电流用锁装置,其整定值不超过变压器额定电流的 1.5 倍。

(5) 干式电力变压器应加强清扫,防止污染,孔洞应封堵,并记录短路发生的详细情况。

(三) 干式电力变压器的不正常运行和处理

干式电力变压器在运行中的不正常现象,种类较多。因为无油化的特点,干式电力变压器丧失了通过油介质来获得油压、气压和油气含量等测量信息的途径,因此对干式电力变压器运行唯一的温度监测手段采取了多种保护措施。

1. 干式电力变压器运行中不正常现象和处理,应符合下列规定:

(1) 值班人员发现干式电力变压器运行中有不正常现象时,设法尽快消除,并报告上级和做好记录。

(2) 干式电力变压器有下列情况之一时立即停运:

1) 响声明显异常增大,或存在局部放电响声;

2) 发生异常过热现象;

3）冒烟或着火；
4）当发生危及安全的故障而有关保护装置拒动；
5）当附近的设备着火、爆炸或发生其他情况，对干式电力变压器构成严重威胁。

如有备用干式电力变压器，在确认相关情况后，应尽可能投入运行。

（3）干式电力变压器温升超过制造厂规定时，值班人员应按下列步骤检查处理：

1）当同时装有温控和温显装置时，可分别读取温控和温显装置的温度显示值，判定测温装置的准确性；

2）检查干式电力变压器的负载和各线圈的温度，并与记录中同一负载条件下的正常温度进行核对；检查冷却装置或变压器的通风情况，当温度升高的原因是由于风冷装置的故障时，值班人员应按现场规程的规定调整变压器负载至允许运行温度下的相应容量；

3）在正常负载和风冷条件下，干式变压器温度不正常并不断上升，且经温控与温显比较证明测温装置指示正确，并认为干式电力变压器发生内部故障时，应立即停运；

4）干式电力变压器在各种超铭牌电流方式下运行，温升限值超过最高允许值时，应立即降低负载。

（4）干式电力变压器在低负载下运行、温升较低时，风机不投入运行；铁心多点接地而接地电流较大时，安排检修处理；在缺陷消除前，采取措施将电流限制在100mA左右，并加强监视；系统发生单相接地时，监视消弧线圈和接有消弧线圈变压器的运行情况。

2. 干式电力变压器的保护动作跳闸时，查明原因，应根据以下因素作出判断：

（1）保护及直流等二次回路是否正常；

（2）温控与温显装置的示值是否一致；

（3）外观上有无明显反映故障的异常现象；

（4）输出侧电网和设备有无故障；

（5）必要的电气试验结果，以及其他继电保护装置的动作情况。

3. 干式电力变压器跳闸和着火时，应按下列要求处理：

（1）干式电力变压器跳闸后，经判断确认跳闸不是由内部故障所引起，可重新投入运行，否则作进一步检查；

（2）干式电力变压器跳闸后，停用风机；

（3）干式电力变压器着火时，立即断开电源，停止风冷装置，并迅速采取正确的灭火措施。

（四）干式电力变压器的预防性试验

1. 预防性试验宜为每三年一次，当发生故障时应视需要提前进行。预防性试验应详尽、准确，测试内容包括：

（1）测量绕组直流电阻、绕组绝缘电阻、铁心绝缘电阻，做工频耐压、感应耐压试验；

（2）对曾经处于短期急救等超负载运行状态的干式电力变压器，还应测试空载损耗、负载损耗、空载电流数据。

2. 局部放电试验应每隔3~5年定期进行一次。当局部放电数值大于50pC时，应进一步加强监视和缩短测试周期；当局部放电数值异常增大至100pC时，应停止运行。

3. 温控和温显装置应有一定数量的备品，或使用后重新送检调整。风冷装置电动机的绝缘电阻和噪声水平测量周期，应根据风冷装置的累积工作时间决定。

4. 有载调压开关预防性检查和试验的周期,宜每切换操作10000次或运行两年后进行一次。检查和试验的内容,包括:开关的外部状态、机械状态、绝缘情况、选择开关的接触性能、电动机及其驱动机构、位置指示以及保护继电器等的良好程度。同时测量开关的绝缘性、电动机的绝缘性、限流电阻的阻值,真空开关的密封性能。

第二节 输配电线路的运行和维护

一、输配电线路的运行

（一）线路巡视的类别

线路巡视检查的目的,是为了经常掌握线路的运行情况,及时发现设备缺陷和隐患,为线路检修提供内容,以保证线路的安全运行。

线路巡视检查的方法及类别,有以下几种：

1. 定期巡视：定期巡视是为了经常掌握线路各部件的运行状况及沿线情况,搞好群众护线工作。定期巡视由专职巡线人员负责。35~110kV线路一般每月进行一次,6~10kV线路每季至少进行一次。

2. 特殊巡视：特殊巡视是在气候剧烈变化（如大风、大雪、大雾、导线结冰、暴雨等）、自然灾害（如地震、河水泛滥、山洪暴发、森林起火等）、线路过负荷和其他特殊情况时,对全线或某几段或某些部件进行巡视,以便及时发现线路的异常情况和部件的变形损坏。

3. 夜间巡视：夜间巡视是为了检查导线、引流线接续部分的发热、冒火花或绝缘子的污秽放电等情况。夜间巡视最好在没有光亮或线路供电负荷最大时进行。一般来说,35~110kV线路每季一次;6~10kV线路每半年一次。

4. 故障巡视：故障巡视是为了及时查明线路的故障原因、故障地点及故障情况,以便及时消除故障和恢复线路供电。所以,在线路发生故障后,应立即进行巡视。

5. 登杆塔巡查：登杆塔巡查是为了弥补地面巡视的不足,而对杆塔上部部件的巡查。这种巡查根据需要进行。登杆塔巡查要派专人监护,以防触电伤人。

（二）巡视检查线路时应遵守的规定

巡视检查线路时应遵守以下规定：

1. 新担任巡线工作的人员不得单独巡线,以免因经验不足而不能发现设备缺陷,或者由于不熟悉巡视路线而走错路。

2. 为了保证巡线人员的安全,在偏僻山区及夜间巡线时必须由两人进行。在大雪天巡线时也宜由两人进行。雨季巡线应带雨衣。

3. 单人巡线时,禁止攀登杆塔,以免因无人监护造成触电。

4. 夜间巡线应沿线路外侧行走,大风时巡线应沿线路上风侧行走,以免触及断落的导线造成触电。

5. 故障巡线时应始终认为线路带电,即使明知线路已停电,也应认为线路有随时恢复送电的可能。在故障巡线时,巡线人员应将所负责巡查的线段全部巡完,不得有"空白点"。

6. 巡线人员发现导线断落在地面或悬吊空中时,应设法防止行人靠近断线地点8m以内，以防跨步电压触电。同时应迅速向领导报告，等候处理。

（三）线路沿线巡视检查的内容

对线路沿线巡视检查的主要内容，如下：

1. 检查防护区内有无挖掘土方、修建房屋和开山放炮等情况，当发现危及线路安全运行时，应立即制止。如发现有可能导致导线对地距离不够或危及导线、杆塔、拉线等部件的安全时，巡线人员应向修建部门提出，采取安全措施后方可继续施工。
2. 检查防护区内有无存放易燃、易爆物品。
3. 检查防护区内是否栽植树、竹。树、竹对导线的距离是否符合规程要求。
4. 检查防护区内有无新架的电力线路、弱电线路、架空索道、管道及电缆等。与电力线路的交叉角度、垂直距离、平行距离是否符合规程要求。
5. 检查线路附近有无修建道路、铁路、码头、卸货场、射击场等。
6. 检查线路附近有无高大机械设施及可移动的设施。
7. 检查线路附近的污染源情况。
8. 检查沿线检修的道路、桥梁有无损坏。
9. 检查其他不正常现象，如江河泛滥、山洪、杆塔被淹、森林起火等。
10. 和有关单位（个人）联系，修剪接近导线的树枝、消除威胁线路安全的电视机天线、烟囱或其他凸出物。

（四）导线、避雷线巡视检查的内容

对导线、避雷线巡视检查的主要内容，如下：

1. 检查导线、避雷线有无锈蚀、断股、损伤或闪络烧伤。
2. 检查导线、避雷线的弧垂有无变化。
3. 检查导线、避雷线有无上扬、振动、舞动、脱冰跳跃情况。
4. 检查导线接头、连接器有无过热现象。如果发现变色、下雨时有"吱吱"声，下雪时不积雪等情况时，则说明导线接头、连接器温度过高。有条件的地区，可以用红外线测温仪或半导体点温计测量实际温度。
5. 检查导线在线夹内有无滑动，释放线夹船体有无从挂架中脱出。
6. 检查导线跳线（又称引流线、弓子线）有无断股烧伤、歪扭变形，跳线对杆塔的距离有无变化。
7. 检查导线上、下方或沿线附近有无新架的电力线、电话线及建筑物等。导线对交叉跨越设施的距离是否符合规程要求。
8. 检查导线对地面、对交叉跨越设施、对线路附近的树木、电视机天线及建筑物等的距离是否符合规程要求。
9. 检查导线、避雷线上有无悬挂的风筝或其他物品。
10. 检查导线上的预绞丝护线条有无滑动、断股或烧伤。
11. 检查防振锤有无跑动、偏斜、螺母丢失、钢丝断股。检查阻尼线有无变形、烧伤、绑线有无松动。
12. 检查导线与绝缘子的绑线有无松动、烧伤。

（五）绝缘子巡视检查的内容

对绝缘子巡视检查的主要内容，如下：

1. 检查绝缘子表面是否脏污，特别要注意检查线路污秽地段。当绝缘子安装了泄漏电流记录仪时，应检查仪表的动作情况，并记录测得的泄漏电流值。

2. 检查绝缘子有无裂纹、破碎及闪络、烧伤痕迹。

3. 检查绝缘子钢脚、钢帽是否锈蚀，钢脚是否弯曲。

4. 检查绝缘子串和瓷横担有无严重偏斜。直线杆塔悬垂绝缘子串顺线路方向的偏斜不得大于15°。

5. 检查针式绝缘子和瓷横担上固定导线的绑线有无松动、断股或烧伤。

6. 检查悬式绝缘子的弹簧销、开口销有无缺少或脱开口销是否张开。

7. 检查金具有无锈蚀、磨损、裂纹或开焊。

（六）杆塔巡视检查的内容

对杆塔巡视检查的主要内容，如下：

1. 检查杆塔有无倾斜，横担有无歪扭，杆塔及横担的倾（歪）斜度不能超过规定的数值。

2. 检查杆塔部件有无丢失、锈蚀或变形；部件固定是否牢固；螺栓或螺母有无丢失或松动；螺栓丝扣是否外露；铆焊处有无裂纹、开焊；绑线有无断裂或松动等。

3. 检查钢筋混凝土杆有无裂纹；旧有的裂纹有无变化；混凝土有无脱落；钢筋有无外露；脚钉有无丢失。

4. 检查木杆及木质构件有无开裂、腐朽、烧焦和鸟洞；帮桩有无松动；木楔是否脱出或变形。

5. 检查杆塔周围土壤有无突起、裂缝或沉陷；杆塔基础有无裂纹、损坏、下沉或上拔；护基有无沉陷或被雨水冲刷。

6. 检查杆塔横担上有无威胁安全的鸟窝及附生蔓藤类植物；杆塔周围有无过高的杂草。

7. 检查杆塔防洪设施有无坍塌、损坏；杆塔是否缺少防洪设施。

8. 检查塔材有无丢失；主材有无弯曲（弯曲度不得超过5/1000）；基础地脚螺栓帽有无松动或丢失。

9. 检查杆塔周围是否有人取土；卡盘、拉线盘有无外露。

（七）电力电缆巡视检查的内容

正常时对电力电缆巡视检查的主要内容，如下：

1. 对敷设在地下的每一电缆线路，应查看路面是否正常，有无挖掘痕迹及路线标桩是否完整无缺等。

2. 站内进行扩建施工期间，电缆线路上不应堆置瓦石、矿渣、建筑材料、笨重物件、酸碱性排泄物或砌堆石灰坑等。

3. 进入房屋的电缆沟口处不得有渗水现象。电缆隧道及电缆沟内不应积水或堆积杂物和易燃品，不许向隧道或沟内排水。

4. 电缆隧道及电缆沟内支架必须牢固，无松动和锈蚀现象，接地应良好。

5. 电缆终端头瓷瓶应完整清洁。引出线的连接线应紧固无发热现象。

6. 电缆终端头应无漏油、溢胶、放电、发热等现象。

7. 电缆终端头接地必须良好，无松动、断股和锈蚀现象。

8. 对于电缆头1~3年应停电打开填注孔塞头或顶盖，检查盒内绝缘胶有无水分、空隙及裂缝等。

9. 户外电缆头每 3 个月巡视一次，户内电缆头的巡视与检查可与其他设备同时进行。

二、输配电线路的故障和检修

（一）架空线路的故障和检修

1. 钢筋混凝土电杆有缺陷和腐蚀

在正常运行情况下，钢筋混凝土电杆不得有水泥层剥落、漏筋、裂纹、酥松、杆内积水和铁件锈蚀等现象。

钢筋混凝土电杆在运输、施工、运行过程中，有时受外力冲撞而出现混凝土剥落，使钢筋裸露在外，时间长久容易生锈。由于铁锈有膨胀作用，会使更多的混凝土被挤掉。

在使用中，由于土质、水分和空气的污染，混凝土在水的长期作用下会产生腐蚀，腐蚀后的钢筋混凝土变得疏松，甚至剥落，因此混凝土电杆的地下部分或接近地面的部分出现混凝土酥碎现象，同时内部钢筋发生锈蚀，使电杆强度降低。

出现这种现象后，应清除掉混凝土表面的灰渣，在损伤部位涂刷防腐油膏，以防止腐蚀进一步加剧，危及架空线路的安全运行。

2. 杆塔"冻鼓"或倾斜

在水位较高的低洼地点，由于冬季浅层地下水结冰，地基的体积增大，易将杆塔推向土壤的上层，出现杆塔冻鼓，解冻后杆塔倾斜，严重的由于埋深不足而倾倒。

杆塔倾斜，除了冻鼓的原因外，由于终端杆、转角杆或分支杆的外力作用或拉线低锚安装不牢固，路边、街口的杆塔受移动机械的撞击等原因。杆塔倾斜会导致倒杆、断线、混线等重大事故。

在杆塔距地面的一定高度上画一标记，平时应观察埋深的变化，增加埋深，换土填石等措施可以防止"冻鼓"的发生。在发现杆塔倾斜时，应及时扶正，加实地基。对于线路受力不均的情况，应调整线路或增加拉线；雨季使杆根基础变得松软，必要时应采取防汛措施。

发生倒杆时，会引起严重后果，应及时组织抢修。

3. 导线断线、碰线及短路故障

导线弧垂过大或过小，导线截面有损伤或受外力作用产生断线或碰线；刮大风时，同挡水平排列的弧垂不相等时，引起相间导线相碰，或刮落树枝砸断导线，有时还使导线接地，往往引起短路故障。导线制造上的缺陷，或施工时导线表面损伤断股，导线连接工艺不当，连接不紧密，通过电流时，因接触电阻大，导线烧红，严重时熔断。

导线短接，绝缘击穿，导线摆动，两条线相碰，临时短接线未拆，架空线下违章作业，吊装等作业和导线过近，甚至于鸟类等动物，都会引起导线的短路，发生短路事故。

有时导线碰线、短路、断线，同时发生，一连串的联锁反应，使输配电线路中断运行，造成停电事故，事故发生后，应立即组织检修，有针对性地处理。

当损伤导线或断股不超过 15% 时，可采用钳压管修补，钳压管的长度应超过损伤部位两端各 30mm。或者采用同规格导线缠绕修补，两端的缠绕长度也应超出损伤部位各 30mm；导线上出现"灯笼"时，以及钢心断股时，则应将损伤部位锯掉重接。对弧垂过大或过小的导线，应调整弧垂；有碍树枝应进行修剪，对连接不良的，应更换连接器并重新连接。由于覆冰过重而造成的断线事故，应采取预防措施，当导线上出现越来越厚的结冰现象时，可用电流融冰法和机械除冰法两种方法来解决。对于长期受空气中的有害气体侵蚀时，应设法控制腐蚀性气体或远离、隔离腐蚀性气体。对避雷装置要经常检查，保证其处于良好状态下，以防止遭受雷击而形成的短路事故。

4. 绝缘子故障

在输电线路经过的地区，由于工厂的排烟、海风带来的盐雾、空气中飘浮的尘埃和大风刮起的灰尘等逐渐积累并附着在绝缘子表面上形成污秽层，这种污秽层具有一定的吸湿性，且具有导电性。当下毛毛雨、积雪融化、遇雾结露等潮湿天气时，湿度较高，这样，绝缘子的绝缘水平会大大降低，从而增加了绝缘子表面的泄漏电流，以致在工作电压作用下，发生绝缘闪络现象，甚至使木杆发生燃烧事故。

送电线路的绝缘子串，由于绝缘电阻和分布电容不同，电压分布不均匀，当某一绝缘子上承受的分布电压值等于零时，其绝缘电阻值必等于零，这就是所谓"零值绝缘子"。若线路上存在零值或低值绝缘子时，绝缘子绝缘水平下降，也容易发生绝缘子闪络现象。

绝缘子长期处于交变磁场中，使绝缘性能逐渐变差，金属件会逐渐锈蚀；若绝缘子内部有气隙或杂质，将会发生电离，使绝缘性能恶化更快；若绝缘子遭到雷击或操作过电压更容易损坏。绝缘子在外部应力和内部应力的长期作用下，将会发生疲劳损伤。若绝缘子的金具镀锌质量不好，在水分和污浊气体的作用下，会逐渐锈蚀；若瓷件部分与金具的胶合水泥密封不严会使水进入，水泥进水后，冬天由于结冰而体积膨胀，使绝缘子的应力增大，而水泥的风化作用加剧，从而使绝缘子的机械强度大大降低。又由于绝缘子的金具、瓷质部分和水泥三者的膨胀系数各不相同，若温度变化剧烈时，瓷质部分受到额外应力而损坏。若绝缘子的瓷质疏松、烧制不良，有细小裂纹时，会使绝缘强度降低，甚至被击穿。这种种原因，引起了绝缘子老化。

在发生零值绝缘子、绝缘子闪络、绝缘子老化时，应根据不同情况采取相应的措施。

根据绝缘子的脏污情况，应定期清扫绝缘子。线路上若存在不良绝缘子，就会降低线路绝缘水平，必须对绝缘子进行定期测试，若发现零值绝缘子和不合格的绝缘子时要及时更换，使线路保持正常的绝缘水平。如果线路中的绝缘子出现裂纹，零值绝缘子时，轻则发生闪络，严重时还会导致短路事故，绝缘子出现裂纹的判断方法主要有：停电后用绝缘电阻表测量绝缘电阻，在带电的情况下用望远镜观察闪络情况，或根据放电响进行判断。

增加悬垂式绝缘子串的片数，采用高一级的针式绝缘子；将终端杆的单茶台改为双茶台，也可将一个茶台和一片悬式绝缘子配合使用。对于严重污秽的地区，应采用防污绝缘子；一般绝缘子瓷件表面的污秽物质吸潮后，会形成导电通路，为提高绝缘子的绝缘强度，应在绝缘子上涂防污涂料。若发现有瓷件破损、瓷釉烧坏、铁脚和铁帽有裂缝的绝缘子，应立即更换，以免发生事故。

5. 电晕

在带电的高压架空电力线路中，因为通常电压较高，导线周围产生较强的电场。当电场强度超过了空气的击穿强度时，导线周围的空气会电离而出现局部放电现象，这就是电晕。电晕严重时，会产生安全事故。

为了避免电晕现象的产生，可采取加大导线半径或线间距离来提高产生电晕现象的临界电压。一般加大线间距离的效果并不显著，而增大导线半径的效果较为显著。常用的方法是更换为粗导线、使用空心导线、采用分裂导线等。

（二）电缆线路的故障和检修

1. 常见的电缆线路的故障

电力电缆线路，由于制造质量、施工质量、使用不当等诸多原因，常常发生故障、影响输配供电线路的正常供电的现象，时有发生。常见的电缆线路的故障有：

（1）电缆中间接头腐蚀；
（2）铅包龟裂；
（3）电缆接地；
（4）电缆相间绝缘击穿短路或相地绝缘击穿，对地短路；
（5）终端头击穿；
（6）终端头电晕放电；
（7）室外电缆终端头瓷套管碎裂；
（8）室外电缆终端头的铁闸胀裂；
（9）电缆终端盒爆炸起火；
（10）电缆在"两线一地"系统中运行，电缆头损坏；
（11）电缆头漏油；
（12）电缆中间接头击穿。

2. 电缆线路故障的原因

电缆线路故障的原因有如下几种：

（1）机械损伤：电缆直接受外力损伤。如因震动引起铅护套的疲劳损坏、弯曲过度、地沉承受过大的拉力，热胀冷缩引起铅护套的磨损及龟裂等。

（2）绝缘受潮：终端头或连接盒因设计或施工不良使水分侵入，铅护套因腐蚀或外物刺穿受损使潮气侵入。

（3）绝缘老化：浸渍剂在电热作用下化学分解成蜡状物等，产生气隙，发生游离，使介质损耗增大，而导致过热击穿。

（4）护层腐蚀：由于电解腐蚀或化学腐蚀使护层损坏。

（5）过电压：雷击或其他过电压使电缆击穿。

（6）过热：过载或散热不良，使电缆热击穿。

终端头及连接盒故障的一般原因如下：

（1）设计不良：如防水层不够严密，屏蔽带处理不当，导体连接方法不良，内绝缘放电长度不够等。

（2）材料缺陷：如金属铸件有砂眼或细小裂痕，绝缘浸渍剂收缩力太大，介质损耗过高或分解成蜡状等。

（3）施工不良：如铅封不密，切割纸绝缘不慎，三岔口包扎不当，电缆弯曲过度等，使纸绝缘受损。

3. 电缆故障的诊断

电力电缆在运行中可能发生各种故障，如单相接地、多相短路接地、相间短路、断线以及不稳定击穿的闪络性故障等。根据接地或短路后过渡电阻的大小，又可分为低阻性故障和高阻性故障，电缆故障，一般难于直接检查，要借助各种仪器测寻故障点。测寻时应先了解电缆线路的状况和长度，并用兆欧表在电缆两端分别测量各芯对地及芯间绝缘电阻，以便确定故障性质，然后采用适当的仪器和方法进行测寻。

(1) 单相接地或多相短路接地：新安装电缆较常见的是接地故障，即线芯与铅包间绝缘被击穿。其中最常遇到的是由于终端头制作工艺不良，使电缆头部线芯对外壳击穿。单相接地故障一般采用电桥法来决定接地点的位置。接地点和测量端的距离，可由电缆长度及桥臂电阻值算出，然后调换两线芯接到电桥端子的位置，得出一个接地点的距离，用同样方法再在电缆另一端测量，可得另外两个数据，综合四次测量结果分别取平均值以缩小误差。测量可使用一般的惠斯登电桥（单臂电桥）进行。

对于三相短路接地故障测量时，也可采用电桥法测量，在没有完整的电缆芯线可利用时，应增设临时线，测量后计算出故障点到测量端的距离。当接地过渡电阻在 10kΩ 以下时，为低电阻故障，当接地过渡电阻在数 10kΩ 以上时，此种情况称为高电阻故障，需要采用高压电源，这就不很方便，实际上遇到高电阻接地故障时，一般先用高压整流电源或高压交流电源接在电缆上，将故障点进一步烧穿（如用直流电源，回路中应串联限流电阻、限制电流在 1A 左右，以保护高压整流之件），必要时再通以 220～380V 交流电，使故障点的对地电阻由较高电阻转变为低电阻，然后再按普通的电桥法进行测量。

(2) 断线故障：因为有一相断线时，断相的两段导线和完整导线间存在两个电容值，而两相完整的线间又有一个电容值，利用交流电桥，可以测出这几个电容值，再计算各线段的距离，从而确定断线的位置。

如果断线处不是完全断线，又有过渡电阻存在，这时通常通过交流电将断线处完全烧断，使之变为真正的断线，再用以上方法测量确定。

(3) 闪络性故障：电力电缆在耐压试验中有时发生这种情况：直流电压升高至某值时即发生击穿，然后去掉电压，测量绝缘电阻，绝缘电阻值却很高，再升压又发生击穿，电压降低绝缘又恢复，这种现象称为闪络性击穿。遇到这种情况，通常是反复击穿几次，使之转化为稳定性接地故障，然后按上述方法测寻。

测寻电缆故障点的方法很多，例如有感应法、声测法、冲击检流计法等。

所谓感应法，其原理是当音频电流经过电缆线芯时，在电缆的周围有电磁波存在，因此携带电磁感应接收器，沿线路行走时，可以听到电磁波的音响，音频电流流到故障点时，电流突变，电磁波的音响也发生突变。这种方法对寻找断线、相间低电阻短路故障很方便，但不宜寻找高电阻短路及单相接地故障。

声测法其原理是用高压脉冲促使故障点放电，产生放电声，用传感器在地面上接收这种放电声，以测出故障点的精确位置。

4. 电缆故障的检修和预防措施

(1) 敷设电缆时温度不能过低

敷设电缆时，如果电缆存放地点在敷设前 24h 内的平均温度以及敷设现场的温度低于规定值，应将电缆预先加热。其预热方法如下：

1) 用提高周围空气温度的方法预热电缆，将周围空气温度提高到 5～10℃，电缆需要在该温度下静置 72h；将周围空气温度提高到 25℃时，需要静置 24～36h。

2) 对电缆芯加电流进行加热，通入的电流不得大于电缆额定电流，加热后的电缆表面温度不得低于 5℃。若用单相电流加热铠装电缆时，选择电缆芯线的接线方式应考虑防止铠装内形成感应电流。

经预热的电缆,应尽快在 1h 内敷设完毕。当电缆冷却到预热前的温度时,不得再将电缆弯曲。

(2) 电缆中间接头的防腐处理

制作电缆中间接头时,一般要把金属护套外的沥青和塑料带防腐层剥去一部分,制作后外露的部分护套和整个中间接头的外壳应进行防腐处理。其方法如下:

1) 对铅包电缆,可涂沥青与桑皮纸组合(沥青层与桑皮纸间隔各两层)作为防腐层。

2) 对铝包电缆,在铝包电缆钢带锯口处,可保留 40mm 长的电缆本体塑料带沥青防腐层。铝包表面用汽油擦拭干净后,从接头盒铅封处起至钢带锯口处,热涂沥青一层,再加上沥青、桑皮纸组合成防腐层。

(3) 铅包龟裂处理

电缆终端头下部铅包龟裂事故,大多数发生在高位垂直安装的电缆头下部,一旦发现,应鉴定缺陷的严重程度,若尚未全部裂开,又无渗漏现象,可采用封铅法加厚一层和环氧树脂带包扎密封的方法进行处理。严重龟裂事故,应考虑,重新制作电缆头。

(4) 充油电缆不合格电缆油的处理

充油电缆由于制造质量不好或经过多次搬运,出现电缆油介质不符合要求。可采用经脱气处理的合格油进行冲洗置换。冲洗油量应不小于 2 倍油道的油容量,冲洗后隔五昼夜取油样进行化验。如果仍不合格,需要再冲洗,直至油合格为止。

若电缆接头的油质不合格,可冲洗电缆两端,然后在上油嘴接压力箱下油嘴放油冲洗,冲洗油量为 2~3 倍电缆接头内的油量。若电缆终端头的油质不合格,由于油量较大,不宜采用冲洗处理,可将终端头内的油放尽,重新进行真空注油。

(5) 终端头电晕放电的处理

终端头电晕放电有下列几种情况,应作相应的处理:

1) 三芯分支处距离小,在电场作用下空气发生游离而引起电晕放电。此时,应增大绝缘距离。

2) 电缆头距电缆沟太近,而且电缆沟潮湿甚至有积水,使电缆头周围温度升高而引起电晕放电。此时,应排除电缆沟内的积水,加强通风,保持干燥。

3) 芯线与芯线之间绝缘介质的变化,使电场分布不均匀,某些尖端或棱角处的电场比较集中,当其电场强度大于临界电场强度时,就会使空气发生游离而产生电晕放电。此时,应将各芯线的绝缘表面包一段金属带,并将各个金属带相互连接在一起(称为屏蔽),即可改善电场分布而消除电晕。

(6) 电缆和电缆头损坏的防止措施

1) 电缆在"两线一地"系统中运行,防止电缆头损坏的措施,如下:

① 采用高一级电压等级的电缆;

② 保护接地与工作接地分开;

③ 工作接地要远离站内接地网,各路接地电阻应尽量一致。

2) 防止电缆头漏油的措施

在敷设电缆时,违反敷设规定,将电缆铅包折伤或机械碰伤,所以在电缆敷设时,应严格按规程施工，注意不要把电缆头碰伤，如地下埋有电缆，动土时必须采取有效的预防措施。

3）防止电缆中间接头绝缘击穿的方法，有如下几点：

① 在中间接头的施工中，要用无水酒精将各套管上的灰尘和杂质清理干净，尽量不要在天气不好时施工；

② 在加热中间接线盒热缩管时，要尽量使之受热均匀，要从一端缓缓地向另一端加热，驱使管中的空气排出；

③ 中间接头做好后，要在中间接头外护套管与电缆外护套层的搭接处绕包耐压为10kV的自粘胶带，对中间接头可能产生的缝隙进行封闭；

④ 限制或消除在中性点不接地系统中，由于各种故障引起的过电压。可以在中性点接消弧线圈等。

4）防止过电压引起电缆二次故障的措施

电缆故障常引起过电压，又导致电缆的二次故障。例如由于电缆接地故障而引起电缆中间接头击穿；发生单相金属性接地故障时，非故障相的对地电压可升高至额定电压的3倍；经弧光电阻接地的故障，会形成熄灭、重燃的间歇性电弧，进而导致电路谐振，过电压长时间存在，加速电缆绝缘老化，甚至引起击穿。

为防止过电压引起电缆的二次故障，可采取以下措施：

① 在电缆架设和施工中尽量减少电缆的机械损伤；

② 定期对电缆进行耐压试验，及早发现隐患，提前防范；

③ 提高电缆终端头和中间接头的制作质量。

（7）室外电缆终端头瓷套管碎裂的处理

室外电缆终端头的瓷套管，经常受到机械损伤，尾线断线烧伤或由于雷击闪落而碎裂。当发现这类故障时不必更换终端头，只要更换损坏的瓷套管即可，其方法如下：

1）拆除终端头出线连接部分的夹头和尾线，用石棉布包好没有损坏的瓷套管；

2）将损坏的瓷套管轻轻地用小锤敲碎并取出；

3）用喷灯加热电缆头外壳上部，使沥青绝缘胶部分熔化；

4）用合适的工具取出壳内残留的瓷套管，清除绝缘胶，并疏通至灌注孔的通道；

5）清洗缆芯上的碎片、污物，并包上清洁的绝缘带；

6）套好新的瓷套管；

7）在灌注孔上安装高漏斗，灌注绝缘胶；

8）待绝缘胶冷却后，即可装配出线连接部分的夹头和尾线。

第三节　变配电室、高低压配电装置的运行和维护

变配电室设置了高低压配电装置，智能建筑中，常常是高低压柜和变压器都设置在同一个变配电室内，变配电室是供电重地，是供配电系统中重要组成部分。变配电室，高低压配电装置的正常运行和及时维护，对供电和用电有着重要的意义，而且和安全用电、节约用电有着直接的关系。

一、变配电室的运行和值班

（一）变配电室（站）安全运行的条件

变配电室（站）的安全运行要由下列条件保证：

1. 完好的供配电设备；
2. 合理的供电方案和电气接线；
3. 合理的运行方式；
4. 符合电气要求的土建设施；
5. 必要的规章制度；
6. 高素质的电气工作人员，特别是运行值班人员。

变配电室、高低压配电装置的运行要求做到经济运行，节约能源；安全运行，常说的最重要的一句话，就是"安全第一"。常说的还有"五防"，即防止误跳、误合断路器，防止带负荷拉、合隔离开关，防止带电挂接地线，防止带接地线合隔离开关，防止人员误入带电间隔。

要重复强调的是：操作隔离开关前，必须先检查断路器是否确已断开；停电时，在断开断路器之后，先断开线路侧隔离开关，而送电时要先合母线侧隔离开关；电压互感器的一次侧熔断器保护不能用普通熔丝代替；电压互感器的二次回路必须接地；电压互感器在运行中不允许二次短路；电流互感器在运行中不允许二次开路；不允许任意加大熔断器熔体的容量；全站无电后，必须将电容器开关拉开，移相电容器组禁止带电合闸！

（二）变配电室（站）值班的任务

值班人员必须熟悉本室（站）电气设备的性能及运行方式，掌握操作技术。电气值班最重要的任务是保证安全、可靠地供电。

电气值班工作内容大致有：

1. 倒闸操作

(1) 改变运行方式的倒闸操作

1）根据用电负荷停用或投入一台或几台电力变压器。
2）根据调度要求，改变供电方式，切换进线高压开关。
3）根据需要并列（或解列）电力变压器、投入（或断开）母线联络开关。
4）根据功率因数投入（或切除）电力电容器。
5）按规定投入（或断开）避雷器。
6）定期切换备用设备，如充放电直流系统。

(2) 配合生产、工作安排及检修工作的倒闸操作

1）本单位用电部门由于生产、工作班次，生产、工作任务要求的停电或送电。
2）供电设备，如变压器、线路开关检修和试验需要的停电和竣工后的送电。
3）本单位内与电气有关的设备检修、试验需要的停电和竣工后的送电。
4）本单位内因工作需要提出的各种停、送电要求。如基建施工、仪表拆装、接临时电源等。

(3) 按有关规定必须进行的倒闸操作

如按规定，在高峰时间必须执行电力指标，为此由变配电室（站）值班人员执行拉闸

限电而进行的倒闸操作就属此类。

以上三类操作是正常倒闸操作。另有一类是非正常倒闸操作。

(4) 事故或故障状况下的倒闸操作

1) 设备出现异常、按规程必须立即停用而采取的操作。

2) 人身安全受到威胁或已经出现后果必须立即停电的操作。

3) 火灾或其他自然灾害和事故要求立即停电的操作。

2. 巡视和检查

运行设备巡视分为正常巡视和特殊巡视两种。

(1) 正常巡视

值班人员按运行设备的电气参数和正常运行条件进行的常规巡视检查。

(2) 特殊巡视

1) 天气不正常，往往在雷雨、大风、浓雾等恶劣条件所进行的有针对性的巡视。

2) 新设备投入运行或新检修的设备投入运行时，针对该设备安排的巡视。

3) 非正常运行（如变压器过负荷）所必须进行的巡视。

运行设备巡视的目的是及时发现设备的缺陷和缺陷的先兆，及时正确处理，避免电气事故的发生。

此外，新投入的供电设备，不论新投产的设备还是经过检修、试验后的设备，在接入系统送电之前都必须由值班人员验收方可。

3. 配合检修工作

电气检修工作是通过检修人员和运行人员共同来完成的，例如执行工作票制度，有些技术措施要由运行人员实施，如停电、验电、挂地线、挂标示牌等。

4. 做好运行记录

值班人员必须如实地、及时地、准确地做好必要的记录。这是保证安全运行、安全供电的基本条件。记录的项目，如下：

(1) 运行情况记录：主要指运行方式。

(2) 设备检修情况记录：如有工作票制度，主要是指工作票的发出和收回情况。

(3) 倒闸操作记录：主要指本班进行的倒闸操作情况。

(4) 设备状况记录：主要指设备巡视中发现的异常情况和处理结果。

(5) 非正常情况记录：主要记录由于继电保护动作出现的跳闸；设备过负荷运行等等。

(6) 抄表记录：根据本单位情况，定时抄录有关电压、电流、用电量、温度、功率因数等参数，一般还要进行有功电能、无功电能和功率因数的计算，以及报表的报送。

除此之外，值班人员还要记录有关调度命令、电话、上级要求等。

运行记录是值班人员的一项重要工作，也是检验值班人员责任的一个重要方面。运行记录不但为设备检修提供重要依据，也为本单位安全、合理用电提供第一手资料。应该指出、值班时睡觉、抄表数据不符实、不负责的现象时有发生，必须予以纠正。

近年来，许多单位实行无人值班，采用监控装置进行监视，在没有完全自动化、智能化情况下，应严密监视，仍应有值班人员对相关的问题进行及时的处理，以免发生事故。

5. 非正常运行情况的处理

非正常运行情况指电气系统运行时并未发生事故，但设备由于未按正常参数运行而必须进行的应急处理。如出现系统铁磁谐振；出现操作直流接地；电压互感器二次断线等。

非正常运行情况的处理必须迅速、正确，否则可能转化为电气事故。

二、高低压配电装置的运行

（一）中、高压断路器运行

1. 如发现断路器与连接排处有发热现象，应及时汇报并进行测温或补贴示温蜡片，同时用轴流风扇吹风降温，必要时应与调度取得联系，转移负荷或将回路停投。

2. 断路器发生跳闸后，应检查断路器外观。检查项目有：断路器的实际位置，瓷套是否振裂，有无放电痕迹，断路器底座是否振动移位，断路器的连接触点有无松动；少油断路器三相油位是否正常，有无发黑，有无喷油现象；六氟化硫断路器的六氟化硫压力是否正常；检查弹簧操动机构的弹簧储能是否正常，液（气）压操动机构的液（气）压是否正常。

3. 弹簧操动机构断路器操作中发生拒绝合闸或拒绝分闸时，应检查操作时合闸电磁铁或分闸电磁铁是否动作。拒绝动作表示有电气回路故障，有动作则表示有机械回路故障。

4. 断路器拒分时应按有关规定进行手动分闸，拒分断路器在未消除故障前，禁止将该断路器投入运行。

5. 断路器拒合或拒分时，应立即断开控制电源，以免烧坏合、分闸线圈。

6. 操动机构储能电动机不起动，首先应检查电源，其次可检查热电偶是否动作，第三步检查电动机控制电路，排除上述原因后可判断为电动机故障。

（二）隔离开关的运行

1. 隔离开关的操作，应遵循以下规定

（1）不准带负荷切合电路。送电时先合隔离开关，后合断路器；停电时先停断路器，后断隔离开关，单极三相隔离开关停电时先断中相，后断两个边相；送电时先合两个边相，后合中相。

（2）操作过程中如发生弧光，已合的不准再拉开，拉开的也不准再合上。

（3）带有接地刀开关的高压隔离开关，主刀开关手柄和接地刀开关手柄应有可靠的机械联锁。隔离开关与同级断路器至少要有机械的或电气的一种联锁装置。

（4）隔离开关操作时，不允许分合超过所能开断的变压器励磁电流和空载电流以及架空线的电容电流。

（5）隔离开关允许切合电压互感器、避雷器、母线充电电流电路、开关的旁路电流电路、无负荷的变压器中点地线。

（6）带电操作隔离开关时，应戴合格的绝缘手套。

2. 运行中的观察和巡回检查

隔离开关运行中，应进行的巡视和检查项目，如下：

（1）检查各连接点，特别是闸嘴处是否接触良好，有无腐蚀过热现象。监视温度的示温蜡片或变色漆有无熔化和变色。

（2）检查瓷瓶、瓷套管有无裂痕、破碎，以及闪络放电痕迹和严重电晕现象。

（3）检查定位锁是否准确进入手柄定位孔中。在进入柜内检修时，严防将高压引入柜内。

（4）定期清扫尘埃油污，转动部分加润滑油，闸嘴加凡士林。

3. 维修周期和内容

（1）隔离开关是在负荷下切合电路的，一般操作不频繁，可以半年进行一次小修、5年进行一次大修。但在事故和特殊情况下，应临时安排检修。

（2）一般检修项目有：清扫尘埃、油污、检修动静触点，使之接触良好，检查导电接头，检查锁母、销钉、开口销有无松动，检查操作机构应动作灵活可靠，接地装置和电气机械联锁装置是否可靠等。

（3）大修理时应更换磨损和弹力不足的刀片，更换磨损或损坏的零部件，修光并调节动静触头，并应测量绝缘电阻，使之符合规定。

（三）负荷开关的运行

负荷开关在运行中，应检查和调整的项目，如下：

1. 将负荷开关的跳扣往下固定，不让它顶住凸轮，然后缓慢进行分、合闸操作，应灵活、无卡阻现象；检查弧动触头与喷嘴之间有无过分的摩擦。如有，应调整，使弧动触头能顺利插入喷嘴。

2. 在分、合闸位置，检查缓冲拐臂是否均敲在缓冲器上。如果未敲在缓冲器上，应调节操作机构中的扇形板的不同连接孔，或调节操作机构与负荷开关间的拉杆长度来达到要求。

3. 把负荷开关的跳扣返回，将负荷开关处于合闸位置，检查闸刀的下边缘与主静触头的标志线上边缘是否对齐。如不齐，应调节六角偏心接头，使之对齐。三相弧动触头不同时接触偏差不应大于2mm，否则应在开关返回后，调节六角偏心接头。

4. 负荷开关在运行中，应检查紧固件，以防止在多次操作后松动。还应检查操作机构是否灵活，有无锈蚀，应在转动部分涂以润滑油。

5. 负荷开关操作到一定次数后，灭弧腔将逐渐损坏，使灭弧能力降低，甚至不能灭弧。所以，应定期检查灭弧腔的完好情况，有问题时，应及时更换，以免发生接地或相间短路。

6. 应经常检查负荷开关刀开关接触是否良好，有无过热现象。如因过热生成黑色氧化层，应用细锉清除氧化层（表面银镀面除外），触头和插口打光后，宜涂一层导电膏或中性凡士林。

7. 检查支持绝缘子、柱杆等表面，有无尘垢、裂纹、缺损及闪络痕迹，应进行清除和相应的处理。

8. 若负荷开关与熔断器配合使用，高压熔断器的选择，应考虑在故障电流大于负荷开关的开断能力时，必须保证熔断器熔体先熔断，然后负荷开关才能分闸；当故障电流小于负荷开关的开断能力时，则由负荷开关开断，熔断器不熔断。

9. 对油浸式负荷开关要经常检查油面，缺油时应及时加油，以防操作时引起爆炸。

10. 负荷开关大修后，应进行绝缘电阻测量、交流耐压试验、触头接触电阻测量及触头发热试验等，试验合格后，方可投入运行。

（四）操作人员的误操作问题

误操作会带来严重的后果，应遵循以下几项：

1. 为了防止误操作，操作人员应熟悉现场电气设备、电气系统，学习运行规程和电气安全工作规程，并经供电局考试合格，有高压电器作业本、持证上岗。监护人应由工作熟练和有经验的值班员担任，监护人的技术等级、工作职务或工作熟练程度应高于操作人。

2. 为了防止误操作，发受操作、命令要严肃，发令人向受令人不仅讲清任务，还应说明操作目的和意图。受令人接令后要认真复诵，双方确认无误后，受令人在值班日志上做好记录。受令人受令时如未复诵，发令人应要求其复诵。

3. 为了防止误操作，倒闸操作前，操作人、监护人应按操作票填写的程序在模拟图板上认真进行操作预演，以便熟悉操作过程和再次核对操作程序无误。

4. 为了防止误操作，操作监护应遵守以下规定：

（1）操作时要严格执行操作监护制度及唱票复诵制度。每项操作都应在监护人的监护下进行，没有监护人的命令操作人不得擅自操作设备，监护人也不得命令操作人员单独执行某项操作任务。

（2）操作时要按照操作票顺序逐项进行，不得颠倒。每项操作过程执行完毕，应立即在该项序号上记"√"。不允许全部操作完之后一次记"√"，更不允许在操作开始前记"√"。

（3）每个操作项目执行前，操作人、监护人应各就各位，监护人应手持操作票（操作任务票），按顺序逐项唱票，向操作人员发令，操作人要手指设备名称、编号复诵。监护人核对无误后向操作人发出"可以操作"的命令，操作人接此令后方可操作。

操作时要注意检查操作前后的设备状态，仪表指示应正常。监护人应对操作人的动作正确与否和人身安全负责。

（4）悬挂接地线和投接地刀闸前，必须验明设备无电压后方可进行。

（5）操作人员在操作中要严肃认真，注意力集中，不允许从事与工作无关的事，不允许攀登刀闸和开关的操作机构。

（6）操作中如发生疑问应停止操作，向发令人或值班负责人汇报，经核对清楚批准后再行操作。

（7）操作结束后应改正模拟图板并做好记录，使模拟图板和实际相符，操作票加盖"已执行"章，保管期为3个月。

5. 为了防止误操作，现场设备应满足以下要求：

（1）现场设备标志要齐全，清晰醒目，模拟图板应符合实际。安全工具、器具应合格齐备，并定期试验。

（2）刀闸机构应上锁，并定期上油防锈。钥匙应编号，并妥善保管。

（3）开关闭锁刀闸、接地刀闸与有关刀闸间的机械闭锁装置，应使用方便动作有效。

（4）对用刀闸切投空载线路、变压器、解环、并环等操作方式，必须经过计算；如发现刀闸容量不够，应改变操作方式或增设开关，防止操作中发生短路。

6. 隔离开关发生了带负荷拉、合的错误操作时，应遵守下列规定：

（1）如错拉隔离开关时，在刀口发现电弧时应急速合上；如已拉开，则不许再合上，并将情况及时上报有关部门。

（2）如错合隔离开关时，无论是否造成事故，均不允许再拉开，并迅速报告有关部门，以采取必要措施。

（五）电力电容器的运行

电力电容器的运行标准规定了允许过电压、允许过电流和允许外壳温度，运行中应遵照执行。

1. 投入运行前的检查

电力电容器投入运行前，应作以下检查：

（1）新装电容器组投入运行前应按交接试验项目试验，并合格；

（2）应无渗、漏油现象，接线正确，电压应与电网额定电压相符合；

（3）电容器组三相间容量应平衡，其误差不应超过单相总容量的5%；

（4）各接点应接触良好，外壳及构架接地的电容器组与接地网的连接应牢固可靠；

（5）放电电阻的阻值和容量应符合规程要求，并经试验合格；

（6）与电容器组连接的电缆、断路器、熔断器等电气元件应经试验合格；

（7）电容器组的继电保护装置应经校验合格、定值正确并置于投入运行位置。

2. 运行中的检查

对运行中的电力电容器，应监视的内容如下：

（1）电压、电流和周围环境温度是否超过制造厂规定的范围；

（2）外壳有无膨胀，熔丝是否熔断，放电装置是否良好；

（3）放电指示灯是否熄灭，电容器内部有无异常声音；

（4）各处接点有无发热或小火花放电现象；

（5）套管是否清洁完整，有无裂纹、闪络放电现象等；

（6）引线连接各处有无松动、脱落或断线；

（7）母线各处有无烧伤、过热现象；

（8）电容器室内通风装置是否良好，外壳接地线的连接是否良好，电容器组继电保护的动作情况。

（六）避雷器的运行

1. 避雷器巡视检查项目

避雷器在运行中应与配电装置同时进行巡视检查（雷电活动后，应增加特殊巡视和检查），其检查项目，如下：

（1）瓷套是否完整；

（2）导线与接地引线有无烧伤痕迹和断股现象；

（3）水泥接合缝及涂刷的油漆是否完好；

（4）10kV避雷器上帽引线处密封是否严密，有无进水现象；

（5）瓷套表面有无严重污秽；

（6）动作记录器指示数有无变化，判断避雷器是否动作并做好记录。

2. 避雷器的运行管理

避雷器运行中的管理项目，如下：

（1）避雷器投入运行时间，应根据当地雷电活动情况确定，一般在每年3月初到10月投入运行；

（2）避雷器每年投入运行前，应进行检查试验，试验项目如下：

1）用1000～2500V绝缘电阻表测量绝缘电阻，测量结果与前一次或同型号避雷器的试验值相比较，绝缘电阻值不应有显著变化。

2）测量工频放电电压，对于FS型避雷器，额定电压为3kV、6kV、10kV时，其工频放电电压分别为8～12kV、15～21kV、23～33kV。

3) FZ 型避雷器一般不做工频放电试验，但应做避雷器的泄漏电流测量。

（七）接地装置的运行

接地装置运行中，接地线和接地体会因外力破坏或腐蚀而损伤或断裂，接地电阻也会随土壤变化而发生变化。因此，应对接地装置定期进行检查和试验。

1. 检查周期

（1）变（配）电所的接地装置一般每年检查一次。

（2）根据车间或建筑物的具体情况，对接地线的运行情况一般每年检查 1~2 次。

（3）各种防雷装置的接地装置每年在雷雨季前检查一次。

（4）对有腐蚀性土壤的接地装置，应根据运行情况一般每 3~5 年对地面下接地体检查一次。

（5）手持式、移动式电气设备的接地线应在每次使用前进行检查。

（6）接地装置的接地电阻一般 1~3 年测量一次。

2. 检查项目

（1）检查接地装置的各连接点的接触是否良好，有无损伤、折断和腐蚀现象。

（2）对含有重酸、碱、盐等化学成分的土壤地带（一般可能为化工生产企业、药品生产企业及部分食品工业企业）应检查地面下 500mm 以上部位接地体的腐蚀程度。

（3）在土壤电阻率最大时（一般为雨季前），测量接地装置的接地电阻，并对测量结果进行分析比较。

（4）电气设备检修后，应检查接地线连接情况是否牢固可靠。

（5）检查电气设备与接地线连接、接地线与接地网连接、接地线与接地干线连接是否完好。

三、高低压配电装置的故障与检修

（一）断路器的故障与检修

断路器在运行中常出现的问题有：拒合、拒分、误合、误分、非全相合分、机械卡滞，以及由于渗漏油引起的缺油故障等。

1. 断路器拒合故障的诊断与维修

断路器发生拒合情况，一是电气方面故障，二是机械方面的原因。

（1）电气方面的故障

电气回路的故障有：操作电压不正常、熔断器熔断、防跳继电器故障、辅助触头有问题，或是无气压、液压闭锁等。

当操作合闸后红灯不亮，绿灯闪光且事故扬声器响时，说明操作手柄位置和断路器的位置不对应，断路器未合上。当操作断路器合闸后，绿灯熄灭，红灯亮，但瞬间红灯又灭绿灯闪光，事故扬声器响，说明断路器合上后又自动跳闸，其原因可能是断路器合在故障线路上，造成保护动作跳闸或断路器机械故障，不能使断路器保持在合闸状态。若操作合闸后绿灯熄灭、红灯不亮，但电流表已有指示，说明断路器能合上，这时还拒合，可能的原因是断路器辅助触头或控制开关触头接触不良，或跳闸线圈断线使回路不通，或控制回路熔丝熔断，或指示灯泡损坏使红灯不亮。

断路器发生拒合的原因，还可能是操作手把返回过早，分闸回路直流电源两点接地，

SF₆断路器气体压力过低，密度继电器闭锁了操作回路，或是液压机构压力低于规定值，合闸回路被闭锁。

断路器发生拒合故障时，首先应检查控制电源是否正常，若电源正常，则再检查控制回路和合闸熔断器是否正常，检查合闸接触器的触点是否真正闭合（如电磁操动机构），或是将控制开关扳至"合闸"位置，观察合闸铁心是否动作，若合闸铁心动作正常。以上检查若均正常，说明电气回路正常，如断路器仍不能合闸，则说明有可能是机械方面的故障。

（2）机械方面的故障

常见的机械故障有：传动机构连杆松动脱落，合闸铁心卡阻，断路器分闸后机构未复归到预合位置，跳闸机构脱扣，合闸电磁铁动作电压太高使一级合闸阀打不开，弹簧操动机构合闸弹簧未储能，分闸连杆未复归，分闸锁钩未钩住，分闸四连杆机构调整未越过死点；机构卡死，连接部分轴销脱落，机构处于空合状态等。

发生机械故障时，应停用断路器，安排机修人员检修，排除故障。

2. 断路器拒分故障的诊断与维修

断路器拒分故障，很容易造成"越级跳闸"，扩大事故停电范围，甚至严重时会导致系统解列，造成大面积停电事故。

断路器拒分时，往往回路光字牌亮，信号掉牌显示保护动作，但该回路红灯仍亮，上一级的后备保护如主变压器复合电压过电流，断路器失灵保护等动作。在个别情况下后备保护不能及时动作，电流表指示值剧增，电压表指示值下降，功率表指针晃动，主变压器发出沉重的"嗡嗡"响声。

拒分故障的电气原因有：控制回路的控制开关触点、断路器操动机构辅助触头，防跳继电器和继电保护跳闸回路等接触不良；液压（气动）机构压力降低导致跳闸回路被闭锁或分闸控制阀不动作；断路器气体压力低、密度继电器闭锁操作回路，跳闸线圈断线等。当然出现拒分故障时，首先应检查跳闸电源是否正常，如果操作电源正常，而操作后铁心不动，或动作无力，则引起断路器不能跳闸，如果跳闸回路完好，跳闸铁心动作正常，断路器仍然"拒跳"，则可能是机械故障所致。

常见的机械故障有：铁心卡涩或脱落，引起跳闸铁心动作时冲击力不足，分闸弹簧失灵，分闸阀卡死，触头发生粘接或机械卡死，传动部分销子脱落等。

在发生故障时，断路器又拒分时，应立即手动拉闸！断路器拒分时，主变压器电流剧增，声响异常，立即拉闸，以防烧坏主变压器。当拒分断路器拉闸后，恢复上一级电源断路器，同时检查停电范围内设备故障，故障排除后，应逐一试送各分路断路器，若设备故障未能迅速排除时，则应将"拒分"断路器进行隔离，当其他回路恢复供电后，若拒分的断路器一时难以检修时，应停用转检修处理。

3. 断路器误分、误合故障的诊断与维修

（1）断路器误分

电力系统无短路或直接接地现象，各种仪表指示正常，继电保护也未动作，断路器却自动跳闸，则称断路器"误分""误跳"。跳闸后，绿灯连续闪光、红灯熄灭，该断路器回路的电流表及有功、无功表指示为零。若是由于人员误碰、误操作、保护盘受外力振动引起自动脱扣的"误跳"，应排除断路器故障因素，立即送电。

断路器"误跳"故障原因也有电气的和机械的两个方面。常见的电气原因有：保护误动,整定不当,电流、电压互感器回路有故障,或是二次回路绝缘不良,直流跳闸回路发生两点接地等。机械原因有:合闸维持支架和分闸锁扣维持不住,液压机械分闸一级阀和逆止阀密封不良,有渗漏现象,致使工作缸合闸腔内高压油泄掉,引起断路器误跳。

断路器误分后,若无法立即恢复送电时,则应联系调度将"误跳"断路器停用,转为检修处理。针对故障的原因,针对性地修理排除。

(2) 断路器误合

若断路器未经操作自行合闸,则属"误合"。"误合"属于故障,如手柄处于"分"的位置,而红灯连续闪光,表明断路器发生误合故障了。

断路器误合故障的原因,如下:

1) 直流两点接地,使合闸控制回路接通;

2) 自动重合闸继电器动合触头误闭合,或因某些元件故障接通控制回路;

3) 合闸接触器线圈电阻过小,动作电压偏低,直流系统发生瞬间脉冲所致;

4) 弹簧操动机构的储能弹簧锁扣不可靠,如振动时,锁扣自动解除,造成断路器自行合闸。

如果发生误合时,应立即拉开误合的断路器,如果拉开后断路器又再"误合",应联系调度,停用该断路器,取下误合断路器,转入检修处理。

分析故障原因,针对性地进行修理。

4. 断路器过热和分、合闸线圈冒烟的故障

造成断路器过热的原因有:过负荷,触头接触不良,接触电阻大,导电杆与接线卡连接松动,导电回路内各种电流过渡部件、紧固件松动或氧化。

过热时,油断路器油箱外部颜色会发生异常,可闻到臭味气体。对多油断路器油箱可用手摸,对少油断路器,可观察油位、油色和引线接头示温片有无熔化,必要时可用红外线测温仪测试。

过热时,会引起绝缘材料老化、绝缘油劣化,严重时弹簧会退火,容易引发出其他多种故障,发现过热时,应根据发热原因,采取相应措施。

分、合闸线圈冒烟、甚至烧毁,其原因是:线圈内部有匝间短路,接触器机械卡涩,引起电流上升,或是分、合闸线圈长时间带电所致,发生此现象时,应马上断开直流电源,进行检修。

5. 各种断路器的故障分析要点

(1) 油断路器

油断路器常见故障是缺油,即油位异常。由于运行电压过高、绝缘油炭化、严重缺油等原因,严重时会发生爆炸的严重事故。断路器在出厂时应进行异相接地试验,变电所应装设电容器组自动投切装置。

(2) SF_6 断路器

SF_6 断路器常见的故障有:触头接触电阻过大,含水量超标,机构失灵以及漏气等。

SF_6 断路器解体中发现容器内有白色粉末状的分解物时,应用吸尘抽吸或柔软卫生纸拭净,并收集在密封的容器中深埋,以防扩散。密封件不能用汽油清洗,一般应全部换用新品。更换吸附剂时,换下的吸附剂应妥善处理,防止污染扩散;新的吸附剂必须一直在烘箱内干燥保存。SF_6 断路器在意外爆炸时,人员应防气体中毒。

(3) 真空断路器

真空断路器的机械故障率比电气故障率少。真空断路器本体的缺陷是真空灭弧室漏气、绝缘件击穿、过压保护器不合格，真空灭弧室直流电阻不合格。新投入的开关常出现拒合拒分现象。

真空断路器维护时，不能用水，应用酒精的毛巾擦拭绝缘子、绝缘杆及真空灭弧室绝缘外壳。

(二) 隔离开关的故障与检修

隔离开关的触头和接触部分是运行维护中关键部分。隔离开关常见的故障及处理方法，如下：

1. 触头紧固部件松动、引起接触不良，刀片或刀嘴的弹簧片锈蚀或过热，会使弹簧压力减低。

2. 隔离开关断开后，触头暴露在空气之中，发生氧化和脏污。

3. 隔离开关在操作时可能有电弧，引起动、静触头的接触面烧伤。

4. 各个联动部件发生变形或磨损，影响接触面的接触。

5. 在操作过程中，用力不当时，会使触头位置不正，触头压力不足，导致接触不良，使触头过热。

在隔离开关触头过热时，应观察色漆和示温片颜色的变化，观察刀片颜色是否变色、发红，有无火花，或用红外线测温仪测量触头的实际温度，若超过规定值（70℃）时，首先用相应电压等级的绝缘杆将触头向上推动，以改善接触情况，注意防止滑脱，检查是否过负荷，若过负荷时应汇报调度进行减负荷处理。如瓷件有较大的破损或有放电现象，应采用上一级开关断开电源。

6. 发生拒绝拉闸故障。隔离开关发生拒绝拉闸故障的原因如下：

(1) 操作机构冰冻、机构锈蚀、卡死；

(2) 隔离开关动、静触头熔焊、变形，或瓷件破裂、或断裂；

(3) 操作电源有问题；

(4) 电动操作机构、电动机失电，或机构损坏、闭锁失灵等。

当发生隔离开关拒绝拉闸、开关拉不开时，不能用力硬拉，特别是母线侧的隔离开关。应查明原因，或改变运行方式，及时停电检修。

7. 发生拒绝合闸故障。应进行下列检查：

(1) 首先检查闭锁回路及操作顺序是否符合规定；

(2) 检查轴销是否脱落，是否有楔栓退出、铸铁断等机械故障；

(3) 电动机构的电动机是否没电；

(4) 操作电源是否正常，电气回路有无故障。

发生拒绝合闸故障时，可先用相同电压等级的绝缘杆配合操作，但用力不应太大，当不能见效时，应停电检修。

8. 再次强调：操作人员误操作，带负荷拉、合隔离开关时处理方法。

误拉、合隔离开关是由于运行人员对实际情况未掌握，或没有认真执行规程而发生的，误操作发生时，应作如下处理：

(1) 一旦发生带负荷，误拉隔离开关时，如刀片刚离刀口时，已起弧，应立即将隔离开关合上，但如已误拉开，且已切断电弧时，则不允许再合隔离开关；

（2）运行人员误带负荷误合隔离开关时，则不论任何情况，都不允许再拉开，如确需拉开，则应用该回路断路器将负荷切断后，再拉开误合的隔离开关！

（三）负荷开关的故障与检修

负荷开关的常见故障、原因及处理方法，如下：

1. 触头部分过热，其原因及处理

（1）闸刀与插口接触面积太小。应调整连杆长度，使闸刀合闸到位；

（2）压紧弹簧或螺栓松动。应更换失去弹力的压紧弹簧及拧紧螺栓；

（3）接触面有氧化层，使接触电阻增大。应清除氧化层，涂以导电膏或中性凡士林，拧紧松弛的螺栓或更换压紧弹簧；

（4）长期运行后，在镀银触头表面产生一层黑色硫化银，使接触电阻增大。对于镀银触头，不宜用打磨法，而应将触头先用汽油清洗，再放入氨水浸泡（15min）用尼龙刷将硫化层刷去，然后用清水清洗、擦干，涂以导电膏或中性凡士林；

（5）长期过负荷运行。应更换容量更大的负荷开关或减轻负荷运行；

（6）拉合开关时产生电弧。应修正烧伤部位，必要时更换刀片和插口，不带负荷拉合开关。

2. 闸刀不能拉合，其原因及处理

（1）操作机构有毛病或锈蚀。应轻轻摇动操作机构，找出阻碍操作的死点，切不可硬拉硬合；

（2）闸刀被冰冻住。先轻轻摇动操作机构，如仍不行，则应停电除冰；

（3）连杆的连接轴等因使用年久，磨损严重或脱落。应更换轴销。

3. 支持绝缘子损伤，其原因及处理

（1）绝缘子自然老化或胶合不好，引起瓷件松动，弹簧掉落或绝缘子瓷釉剥落。应更换绝缘子，平时宜加强巡视，避免闪络和短路事故；

（2）传动机构配合不良，使绝缘子受过大的应力。应重新调整传动机构；

（3）外力机械损伤。应加强巡视，防止外力损伤；

（4）操作时用力过猛。应掌握正确的操作方法，拉、合闸动作要迅速，但不能用力过猛。

（四）熔断器的故障与检修

一般熔断器和跌落式熔断器的常见故障、原因及处理方法，如下：

1. 熔断器过热，其原因及处理

（1）熔断器规格过小，负荷过重。应更换容量规格较大的熔断器，其熔体额定电流应符合规定；

（2）环境温度过高。应改善环境条件，或将熔断器安装在环境较好的位置；

（3）接线头松动，导线连接处接触不良，或接线螺钉锈蚀。应清洁螺钉、垫圈，或更换螺钉、垫圈，紧固时将螺钉拧紧，使导线压接牢靠；

（4）负荷过重，导线规格小。应减轻负荷，否则应更换成相应较粗、截面较大的导线；

（5）铜铝接线，接触不良。尽量将铝导线交换成铜导线，否则在连接时应作可靠的处理；

（6）触刀与刀座接触不紧密或锈。应除去氧化层，使之接触紧密，若失去弹性，应予以更换；

（7）熔体与触刀接触不良。应进行调整，使两者接触良好。

2. 熔断器熔体熔断，其原因及处理

（1）线路发生短路故障。应查明原因，排除短路故障点后，再更换新的熔体投入使用；

（2）熔体选得过细。这时应首先确认是熔体额定电流选择得太小，再经过计算，选择规格符合要求的熔体；

（3）负荷过大。应调整负荷，使运行负荷符合规定，不超过负荷；

（4）熔体安装不当，如将熔体损伤、压伤或拉得过紧，螺钉未压紧或锈蚀。应注意正确的安装熔体，防止划伤，碰伤熔体，安装时用力适当，既牢靠又不拧伤熔体，必要时更换螺钉和垫圈。

3. 瓷铁等器件破损，其原因和处理

（1）外力损坏。安装应有一定的高度，避免机械损坏，插件有轻微裂损时，可暂用绝缘胶带包扎后使用。平时应加强巡视，防止有意外损坏；

（2）操作时不慎，用力过猛。操作应注意力集中，用力应适当。

4. 跌落式熔断器，误跌落，其原因及处理

（1）熔断器质量差、装配不良、遇大风被吹落。应选用质量好的熔断器，并应重新装配调整；

（2）操作时未将熔管合紧。合上熔管后，应用绝缘杆端钩头轻轻拉操作环几下，以确保合闸到位；

（3）熔断器上部触头的弹簧压力过小，在鸭嘴内的直角突起处被烧伤或磨损。此时一般应该更换弹簧及鸭嘴，或者更换整个熔断器。

5. 跌落式熔断器熔管操作不灵活

发生这种情况，一般是因为装配不良、机械卡阻锈蚀，接口有熔疤等。应该重新装配，除锈，涂润滑油；产生熔疤后应用细锉锉平熔疤，必要时更换部件。

熔断器熔断起到短路保护的作用，熔体该熔断时不熔断，起不到保护作用，而不该熔断时误熔断也是不正常的，应该正确选择熔体的额定电流，使用质量较好的熔体和熔断器，正确操作、严格装配，使熔断器在系统中发挥应有的保护作用。

（五）电力电容器的故障与处理

电容器作用的原理基于电容器的充电和放电的特性，但它的用途可以列举数十种，例如移相，波形变换，升压、降压、分压，调谐，滤波，隔直，旁路，耦合，均匀增益和退耦，组成振荡器，组成微分电路，组成积分电路，作加速电容，作衰减器用，提高功率因数（实际上是移相），发电（异步发电用），制动用（电容制动），组成锯齿波发生器，高低通网络选择，组成音调网络，负反馈音色控制网络，垫整（中、短波），分相起动（单相电动机中），控制再合等。

电容器的种类也很多，例如移相电容器、耦合电容器、串联电容器、电热电容器、均压电容器、滤波电容器、脉冲电容器、标准电容器等。

电力电容器主要是利用它的移相作用来提高功率因数，从而补偿无功功率。采用自动切换装置主要是控制电力电容器组投入数量，投入少了，功率因数达不到规定要求，投入太多

了，会引起过电压。

电力电容器常出现的故障有："鼓肚"，缺油和渗漏油，绝缘不良，接线松动、接触不良等。电容器最严重的故障是"爆炸"，产生爆炸的根本原因是极间游离放电造成电容器极间击穿短路。

"鼓肚"现象在电容器故障中占比例最大，一般油箱随温度变化发生膨胀和收缩现象，但当内部发生局部放电，绝缘油产生大量气体时，就会使箱壁变形，形成明显的"鼓肚"现象，发生"鼓肚"的电容器不能修复，只能拆下更换新电容器。电容器缺油时，若缺油不多，可添加新油，若潮气已侵入，缺油严重时，则需将油倒出后进行真空注油。电容器渗漏油的故障，一般是因为焊缝不严，需进行补焊或钎焊解决。如电容值过高和介质损失角过大会造成电容器绝缘不良，一般对这些不合格的电容器应予以更换。

星形接线的电容器组，由于故障电流受到限制很少发生爆炸现象，单台保护熔丝是很重要的保护装置，当电容器发生短路击穿时，熔丝将熔断切断电源，避免爆炸。为了防止爆炸事故，宜选用全膜电容器。

为了保护电容器，应装设过电压、过电流和失压保护等保护装置。

（六）避雷器和接地装置的故障、问题及处理

1. 避雷器的故障及处理

避雷器有时内部受潮，其绝缘电阻降低，工频放电电压下降。是由螺母松动、瓷套破裂、密封不良等原因所致。

避雷器在中性点不接地系统中发生单相接地时，使电压升高，避雷器持续处于过电压，系统发生铁磁谐振过电压，使避雷器放电，或是火花间隙灭弧性能差，间隙击穿，以及密封不良等原因，严重时发生避雷器爆炸。

避雷器还常见引线松脱和断股，接地线接地不良、阻值增大等故障。

所以，平时应加强避雷器运行情况的巡视与检查，如发现泄漏电流明显增加时，在天气正常时，应及时停电处理，或更换避雷器；雷雨天气时，尽可能保持运行，但应严密监视。

2. 接地装置的故障、问题及处理

接地装置的故障主要是接地电阻大和接地装置腐蚀，接地网均压有问题；造成地电位干扰。所以有效地降阻、防腐，一方面要降低工频接地电阻，还应有效地降低冲击接地电阻。

目前接地装置使用中存在许多问题，如入地电流计算不准确，接地电阻值难以测量准确。所以应改进设计计算，如统一按有效接地系统的最大短路电流进行校验；以及采取有效办法，如倒相法，来降低接地电阻测量中的测量误差。

参 考 文 献

[1] 中国航空工业规划设计研究院. 工业与民用配电设计手册 [M]. 3版. 北京：中国电力出版社, 2005.
[2] 焦留成. 实用供配电技术手册 [M]. 北京：机械工业出版社, 2001.
[3] 柳春生. 实用供配电技术问答 [M]. 北京：机械工业出版社, 2006.
[4] 国家经济贸易委员会电力司. 电气工程施工与安装 [M]. 北京：中国电力出版社, 2002.
[5] 《建筑施工手册》（第四版）编写组. 建筑施工手册 [M]. 北京：中国建筑工业出版社, 2003.
[6] 安顺合. 工厂常用电气设备故障诊断与排除 [M]. 北京：中国电力出版社, 2002.
[7] 陈家斌. 常用电气设备故障排除实例 [M]. 郑州：河南科学技术出版社, 2001.
[8] 黄海平. 电气故障快速排查手册（电工便携本）[M]. 北京：科学出版社, 2006.
[9] 方可行. 断路器故障与监测 [M]. 北京：中国电力出版社, 2003.
[10] 陈化钢. 高低压开关电器故障诊断与处理 [M]. 北京：中国水利水电出版社, 2000.
[11] GB 50169—2006 电气装置安装工程接地装置施工及验收规范 [S]. 北京：中国标准出版社, 2006.
[12] 芮静康, 余发山, 王福忠, 王少华等. 常见电气故障的诊断与维修 [M]. 北京：机械工业出版社, 2007.
[13] 芮静康, 余发山, 王福忠等. 建筑防雷与电气安全技术 [M]. 北京：中国建筑工业出版社, 2003.